Reiner Thiele

Optische Netzwerke

Aus dem Programm Informationstechnik

Hochfrequenztechnik
von H. Heuermann

Antennen und Strahlungsfelder
von K. W. Kark

Satellitenortung und Navigation
von W. Mansfeld

Kommunikationstechnik
von M. Meyer

Signalverarbeitung
von M. Meyer

Digitale Kommunikationssysteme 1 und 2
von R. Nocker

Bussysteme in der Automatisierungs- und Prozesstechnik
herausgegeben von G. Schnell und B. Wiedemann

Digitale Signalverarbeitung mit MATLAB
von M. Werner

Nachrichtentechnik
von M. Werner

Nachrichten-Übertragungstechnik
von M. Werner

Netze, Protokolle, Schnittstellen und Nachrichtenverkehr
von M. Werner

Signale und Systeme
von M. Werner

Bussysteme in der Fahrzeugtechnik
von W. Zimmermann und R. Schmidgall

Reiner Thiele

Optische Netzwerke

Ein feldtheoretischer Zugang

Mit 29 Abbildungen und 12 Tabellen
sowie 904 Formeln und 29 Aufgaben
mit Lösungen

vieweg

Bibliografische Information der Deutschen Nationalbibliothek
Die Deutsche Nationalbibliothek verzeichnet diese Publikation in der Deutschen Nationalbibliographie; detaillierte bibliografische Daten sind im Internet über <http://dnb.d-nb.de> abrufbar.

1. Auflage 2008

Lektorat: Reinhard Dapper

Der Vieweg Verlag ist ein Unternehmen von Springer Science+Business Media.
www.vieweg.de

Technische Redaktion: FROMM MediaDesign, Selters/Ts.
Umschlaggestaltung: Ulrike Weigel, www.CorporateDesignGroup.de
Druck und buchbinderische Verarbeitung: Wilhelm & Adam, Heusenstamm
Gedruckt auf säurefreiem und chlorfrei gebleichtem Papier.
Printed in Germany

ISBN 978-3-8348-0406-8

Vorwort

Optische Netzwerke mit Lichtwellenleitern sind für die moderne Informationstechnik von zentraler Bedeutung, weil mit ihnen hohe Bitraten störungssicher übertragen werden können.

Dem Streben, immer höhere Bitraten zu verwenden, wirken jedoch begrenzende Effekte, wie die Polarisationsmodendispersion und die polarisationsabhängige Dämpfung im Zusammenwirken mit der Modenkopplung und der Doppelbrechung, entgegen. Diese nachteiligen Erscheinungen in Lichtwellenleitern gilt es zu eliminieren, wenn man davon ausgeht, dass die polarisationsunabhängige Dämpfung schon durch faseroptische Verstärker und die chromatische Dispersion durch Faser-Bragg-Gitter kompensiert sind.

Zunehmend erlangen optische Prinzipien der Präzisionsmesstechnik an Bedeutung. Mit faseroptischen Sensornetzwerken gelingt bauelementekompatibel zur Informationsübertragungstechnologie die Messgrößenerfassung bei hoher Empfindlichkeit und ausreichender Streckenneutralität. Dem Wunsch, hochpräzise Verfahren bei der messtechnischen Erfassung physikalischer Größen einzusetzen, wirken jedoch die gleichen Effekte begrenzend entgegen, wie sie von optischen Nachrichtensystemen her bekannt sind.

Das vorliegende Buch soll feldtheoretische Methoden zur Berechnung optischer Nachrichtensysteme und Sensornetzwerke vermitteln. Es wendet sich sowohl an die in der Praxis tätigen Ingenieure als auch an Studierende an Universitäten und Fachhochschulen. Zahlreiche Aufgaben mit ausführlichen Lösungen sollen zum Verständnis der zum Teil mathematisch aufwendigen Verfahren beitragen.

Das Buch gliedert sich in zehn Kapitel. Nach der Einleitung, in der ein Überblick zu optischen Netzwerken gegeben wird und das Ziel für das Studium des Buches formuliert ist, erfolgt im 2. Kapitel die Darstellung der Grundlagen mit den Maxwell-Gleichungen als Ausgangspunkt. Im Kapitel 3 finden Sie eine erweiterte Form des Jones-Kalküls bei Verwendung aller drei Komponenten des jeweiligen Feldes für Licht als elektromagnetische Welle. Das Kapitel 4 ist dem erweiterten Kohärenz-Matrizen-Kalkül zur Erfassung stochastischer Eigenschaften optischer Netzwerke gewidmet. Im 5. Kapitel wird gezeigt, dass es häufig möglich ist, optische Netzwerke durch die skalare z-Komponenten-Übertragungsfunktion zu charakterisieren. Anschließend erfolgt im Kapitel 6 eine Klassifizierung optischer Netzwerke, mit der Rechenvereinfachungen möglich sind. Die z-Komponenten-Eigenanalyse im Kapitel 7 ist der Störungsrechnung bei schwankenden Dielektrizitätstensoren von Lichtwellenleitern gewidmet. Im Kapitel 8 finden Sie ein ausführliches Anwendungsbeispiel für die Theorie der vorhergehenden Kapitel. Nach der Zusammenfassung im Kapitel 9 sind im 10. Kapitel Anhänge dargestellt, die das Verständnis der ausgearbeiteten Theorie erleichtern sollen.

Es ist mir ein Bedürfnis, besonders unserer Sekretärin, Frau Karola Sperlich, für die korrekte Ausführung der Schreibarbeiten einschließlich der Zeichnungen zu danken. Dem Verlag danke ich für die Möglichkeit der Veröffentlichung des vorgelegten Werkes. Nicht zuletzt gebührt meiner Frau Karola Thiele herzlicher Dank für die moralische Unterstützung, auch in vielen Stunden der beschnittenen gemeinsamen Freizeit.

Hörnitz, im Oktober 2007 *Reiner Thiele*

Inhaltsverzeichnis

1 Einleitung

1.1 Überblick

Die Theorie optischer Netzwerke ist für die wellenleitergebundene Informationsübertragung einerseits und die sensorische Messwerterfassung andererseits von zentraler Bedeutung, weil damit viele Probleme lösbar sind.

So bilden die Polarisationsmodendispersion (PMD) und die polarisationsabhängige Dämpfung (PDL) die begrenzenden Effekte bei der Erhöhung der Bitrate in optischen Netzwerken, wenn man davon ausgeht, dass die chromatische Dispersion und die polarisationsunabhängige Grunddämpfung durch Faser-Bragg-Gitter bzw. faseroptische Verstärker kompensiert sind.

In dieser Arbeit finden Sie Ansätze, wie die nachteiligen Effekte PMD und PDL grundsätzlich vermieden werden können. Dazu dient ein feldtheoretischer Ansatz für Licht als elektromagnetische Welle im Zusammenhang mit dem erweiterten Jones-Kalkül für alle drei Komponenten des jeweiligen Feldvektors, der vom Prinzip her durch die Maxwell-Gleichungen bestimmt ist.

Unter Verwendung orthogonaler und unitärer Transformationen können auch Modenkopplungsprobleme und Doppelbrechungseigenschaften, z. B. bei faseroptischen Stromsensoren, durch Diagonalisierung der erweiterten Jones-Matrix oder die Anwendung der z-Komponenten-Übertragungsfunktion eliminiert werden.

1.2 Ziel

Das Hauptziel, dass die Leserinnen und Leser bei Studium dieses Buches verfolgen sollten, ist die Aneignung grundlegender Methoden zur Analyse und zum Entwurf optischer Netzwerke.

Dabei ist das Wissen nach feldtheoretischen Gesichtspunkten dargestellt und umfasst die Teilgebiete

- Grundlagen der Feldtheorie,
- Jones-Kalkül in erweiterter Form,
- Erweiterter Kohärenz-Matrizen-Kalkül,
- z-Komponenten-Übertragungsfunktionen,
- Klassifizierung optischer Netzwerke,
- z-Komponenten-Eigenanalyse und
- Anwendungsbeispiele.

Die elementaren systemtheoretischen Grundlagen der optischen Nachrichtentechnik und der Stand der Technik sind dabei in [1.1] abgehandelt.

1.3 Literatur

[1.1] Thiele, R.: Optische Nachrichtensysteme und Sensornetzwerke. Vieweg Verlag Braunschweig/Wiesbaden 2002

2 Grundlagen

2.1 Maxwell-Gleichungen

2.1.1 Integralform

Ausgangspunkt. Licht lässt sich bei seiner Ausbreitung als elektromagnetische Welle auffassen [2.1]. Elektromagnetische Wellen genügen den aus der Feldtheorie bekannten Maxwell-Gleichungen in Integral- oder Differenzialform.

Feldbegriff. Unter einem Feld versteht man dabei die Gesamtheit der allen Punkten des leeren oder stofferfüllten Raumes zugeordneten Werte einer physikalischen Größe, der Feldgröße. Als Feldgrößen verwendet man orts- und zeitabhängige Vektoren der elektrischen und magnetischen Feldstärke sowie der elektrischen Verschiebungsflussdichte, der magnetischen Flussdichte und der elektrischen Stromdichte.

Gleichungssystem. Die Maxwell-Gleichungen charakterisieren ein elektromagnetisches Feld vollständig und lauten:

- Integrales Induktionsgesetz

$$\boxed{\oint_r \vec{E}\cdot d\vec{r} = -\int_F \frac{\partial \vec{B}}{\partial t}\cdot d\vec{F}} \tag{2.1}$$

  In Worten: Das Linienintegral der elektrischen Feldstärke $\vec{E}$ über die geschlossene Kurve r ist gleich dem Flächenintegral über die negative zeitliche Änderung der magnetischen Flussdichte $\vec{B}$, wobei F die von der geschlossenen Kurve r eingespannte Fläche darstellt.

- Integrales Durchflutungsgesetz

$$\boxed{\oint_r \vec{H}\cdot d\vec{r} = \int_F \left(\vec{S} + \frac{\partial \vec{D}}{\partial t}\right)\cdot d\vec{F}} \tag{2.2}$$

  In Worten: Das Linienintegral der magnetischen Feldstärke $\vec{H}$ über die geschlossene Kurve r ist gleich dem Flächenintegral über die elektrische Stromdichte $\vec{S}$ plus der zeitlichen Änderung der elektrischen Verschiebungsflussdichte $\vec{D}$, wobei F die von der geschlossenen Kurve r eingespannte Fläche bezeichnet.

- Grundgesetz der Elektrostatik in integraler Form

$$\boxed{\oint_F \vec{D}\cdot d\vec{F} = \int_V \rho dV} \tag{2.3}$$

  In Worten: Das Hüllenintegral der elektrischen Verschiebungsflussdichte $\vec{D}$ über die Hüllfläche F ist gleich dem Volumenintegral über die Raumladungsdichte ρ, wobei V das von der Hüllfläche F eingeschlossene Volumen darstellt.

- Grundgesetz der Magnetostatik in integraler Form

$$\boxed{\oint_F \vec{B}\cdot d\vec{F} = 0} \tag{2.4}$$

In Worten: Das Hüllenintegral der magnetischen Flussdichte $\vec{B}$ über die Hüllfläche F ist gleich Null.

- Materialgleichungen

$$\vec{S} = \underline{\kappa}\,\vec{E} \tag{2.5}$$

$$\vec{D} = \underline{\varepsilon}\,\vec{E} \tag{2.6}$$

$$\vec{B} = \mu\,\vec{H} \tag{2.7}$$

Gleichung 2.5 beschreibt die leitenden Eigenschaften eines Stoffes mit dem Leitfähigkeitstensor $\underline{\kappa}$, der vorerst Diagonalform besitzen soll. 2.6 ist die Materialgleichung für die dielektrischen Eigenschaften eines Stoffes mit dem Dielektrizitätstensor $\underline{\varepsilon}$, hier ebenfalls in Diagonalform. Diese Tensoren sind in 2.8 für das kartesische x, y, z-Koordinatensystem gezeigt.

$$\underline{\kappa} = \begin{pmatrix} \kappa_x & 0 & 0 \\ 0 & \kappa_y & 0 \\ 0 & 0 & \kappa_z \end{pmatrix}, \quad \underline{\varepsilon} = \begin{pmatrix} \varepsilon_x & 0 & 0 \\ 0 & \varepsilon_y & 0 \\ 0 & 0 & \varepsilon_z \end{pmatrix} \tag{2.8}$$

2.8 beschreibt isotrope Stoffe, bei denen die Stromdichte $\vec{S}$ bzw. die Verschiebungsflussdichte $\vec{D}$ mit der elektrischen Feldstärke $\vec{E}$ jeweils ein Paar gleichgerichteter Vektoren bilden, falls für die Hauptleitfähigkeiten und Hauptdielektrizitäten gilt:

$$\begin{aligned} \kappa_x = \kappa_y = \kappa_z = \kappa &\rightarrow \vec{S} \parallel \vec{E} \\ \varepsilon_x = \varepsilon_y = \varepsilon_z = \varepsilon &\rightarrow \vec{D} \parallel \vec{E} \end{aligned} \tag{2.9}$$

In allen anderen Fällen kennzeichneten $\underline{\kappa}$ und $\underline{\varepsilon}$ anisotrope Stoffe, bei denen $\vec{S}$ bzw. $\vec{D}$ und $\vec{E}$ unterschiedliche Richtungen aufweisen. 2.7 beschreibt die magnetischen Materialeigenschaften, vermittelt durch die Permeabilität μ. Es wird vorausgesetzt, dass μ gleich der Induktionskonstanten μ_o für die zu behandelnden optischen Netzwerke sei:

$$\boxed{\mu = \mu_o} \tag{2.10}$$

Außerdem sollen die Voraussetzungen

$$\boxed{\begin{aligned} \underline{\kappa} &= const. \\ \underline{\varepsilon} &= const. \\ \mu &= const. \end{aligned}} \tag{2.11}$$

für lineare und homogene Stoffe gelten. Bei linearen Stoffen hängen $\underline{\kappa}$, $\underline{\varepsilon}$ und μ nicht von den jeweiligen Feldstärken in 2.5 bis 2.7 ab. Homogenität bedeutet, dass $\underline{\kappa}$, $\underline{\varepsilon}$ und μ nicht von den Ortskoordinaten abhängen.

2.1.2 Differenzialform

Integralsätze. Ausgangspunkt zur Ableitung der Maxwell-Gleichungen in Differenzialform sind die Integralsätze von Gauß und Stokes.

Der Integralsatz von Gauß ermöglicht die Umformung zwischen Hüllen- und Volumenintegral in der Form

$$\boxed{\oint_F \vec{A} \cdot d\vec{F} = \int_V div\, \vec{A}\, dV}, \tag{2.12}$$

wobei $\vec{A}$ einen beliebigen Vektor und $div\,\vec{A}$ die Divergenz von $\vec{A}$ im jeweiligen Raumpunkt darstellt [2.2].

Der Integralsatz von Stokes gestattet die Umformung zwischen Umlauf- und Flächenintegral in folgender Form:

$$\boxed{\oint_r \vec{A} \cdot d\vec{r} = \int_F rot\, \vec{A} \cdot d\vec{F}} \tag{2.13}$$

$rot\,\vec{A}$ ist die Rotation des Vektors $\vec{A}$ im entsprechenden Raumpunkt [2.2].

Gleichungssystem. Mit Hilfe der Integralsätze von Gauß und Stokes erhält man die Maxwell-Gleichungen in Differenzialform [2.3].

- Induktionsgesetz in Differenzialform

$$\boxed{rot\, \vec{E} = -\frac{\partial \vec{B}}{\partial t}} \tag{2.14}$$

Beweis:

$$\oint_r \vec{E} \cdot d\vec{r} = \int_F rot\, \vec{E} \cdot d\vec{F} = -\int_F \frac{\partial \vec{B}}{\partial t} \cdot d\vec{F}$$

Die beiden Flächenintegrale sind identisch für gleiche Integranden. Daraus folgt 2.14.

In Worten: In jedem Punkt des Raumes ist der Wirbel der elektrischen Feldstärke $\vec{E}$ gleich der negativen zeitlichen Änderung der magnetischen Flussdichte $\vec{B}$.

- Durchflutungsgesetz in Differenzialform

$$\boxed{rot\, \vec{H} = \vec{S} + \frac{\partial \vec{D}}{\partial t}} \tag{2.15}$$

Beweis:

$$\oint_r \vec{H} \cdot d\vec{r} = \int_F rot\, \vec{H} \cdot d\vec{F} = \int_F \left(\vec{S} + \frac{\partial \vec{D}}{\partial t} \right) \cdot d\vec{F} \quad \rightarrow \quad rot\, \vec{H} = \vec{S} + \frac{\partial \vec{D}}{\partial t}$$

In Worten: Der Wirbel der magnetischen Feldstärke $\vec{H}$ ist in jedem Punkt des Raumes gleich der Leitungsstromdichte $\vec{S}$ plus der Verschiebungsstromdichte $\dot{\vec{D}}$.

- Grundgesetz der Elektrostatik in Differenzialform

$$\boxed{div\, \vec{D} = \rho} \tag{2.16}$$

Beweis:

$$\oint_F \vec{D} \cdot d\vec{F} = \int_V div\, \vec{D}\, dV = \int_V \rho\, dV$$

Die beiden Volumenintegrale sind gleich für identische Integranden. Daraus folgt 2.16.

In Worten: Die Divergenz der Verschiebungsflussdichte $\vec{D}$ ist an jedem Ort gleich der Raumladungsdichte ρ.

- Differenzialform des Grundgesetzes der Magnetostatik

$$\boxed{div\, \vec{B} = 0} \tag{2.17}$$

Beweis:

$$\oint_F \vec{B} \cdot d\vec{F} = \int_V div\, \vec{B}\, dV = 0 \quad \rightarrow \quad div\, \vec{B} = 0$$

In Worten: Das Feld der magnetischen Flussdichte $\vec{B}$ ist überall quellenfrei.

2.2 Grenzflächenbedingungen

2.2.1 Grenzflächen

In Bild 2.1 sind die zu untersuchenden Grenzflächen gezeigt. Es wird für beide Medien die Permeabilität μ_o vorausgesetzt. Die Leitfähigkeits- und Dielektrizitätstensoren sollen unterschiedlich sein und sind mit $\underline{\kappa}_1, \underline{\varepsilon}_1, \underline{\kappa}_2, \underline{\varepsilon}_2$ bezeichnet.

a) b)

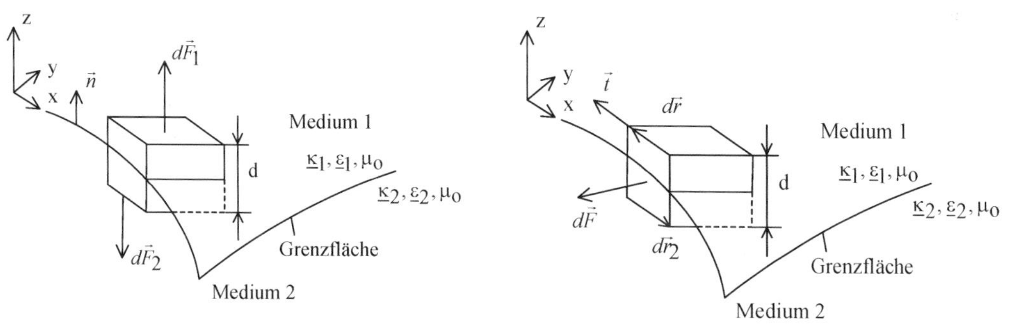

Bild 2-1 Zu den Stetigkeitsbedingungen
a) Normalkomponenten
b) Tangentialkomponenten

2.2.2 Normalkomponenten [2.3]

Magnetische Flussdichte. Aus 2.4 folgt, angewandt auf den im Bild 2-1a gezeigten Bereich,

$$\lim_{d \to 0} \oint \vec{B} \cdot d\vec{F} = \int \vec{B}_1 \cdot d\vec{F}_1 + \int \vec{B}_2 \cdot d\vec{F}_2 = \int \left(\vec{B}_1 - \vec{B}_2\right) \cdot \vec{n}\, dF = 0\,, \tag{2.18}$$

wenn man beachtet, dass $d\vec{F}_1 = -d\vec{F}_2 = \vec{n}\,dF$ gesetzt werden darf, wobei $\vec{n}$ die Flächennormale bezeichnet. Da 2.18 für beliebige Oberflächen gilt, muss der Integrand verschwinden. Damit besteht die Bedingung

$$\boxed{\left(\vec{B}_1 - \vec{B}_2\right)\cdot\vec{n} = 0 \quad oder \quad B_{n1} = B_{n2}} \tag{2.19}$$

mit $B_{n1} = \vec{B}_1 \cdot \vec{n}$ und $B_{n2} = \vec{B}_2 \cdot \vec{n}$.

In Worten: An der Grenzfläche zwischen zwei Stoffen ist die Normalkomponente $B_n = \vec{B}\cdot\vec{n}$ der magnetischen Flussdichte stetig.

Magnetische Feldstärke. Da entsprechend 2.7 und Bild 2-1a

$$\vec{B}_1 = \mu_o\,\vec{H}_1, \vec{B}_2 = \mu_o \vec{H}_2$$

gelten soll, folgt aus 2.19 auch die Stetigkeit der Normalkomponenten der magnetischen Feldstärke.

$$H_{n1} = \vec{H}_1 \cdot \vec{n} = H_{n2} = \vec{H}_2 \cdot \vec{n} \tag{2.20}$$

Verschiebungsflussdichte. Aus 2.3 ergibt sich bei Anwendung des Grundgesetzes der Elektrostatik auf die Anordnung nach Bild 2-1a:

$$\lim_{d\to 0} \oint \vec{D}\cdot d\vec{F} = \int \left(\vec{D}_1 - \vec{D}_2\right)\cdot\vec{n}\,dF = \lim_{d\to 0}\int \rho\,dV = \lim_{d\to 0}\int dQ = \int \Delta\sigma\,dF \tag{2.21}$$

Hierbei ist $\Delta\sigma = \mathrm{d}Q/\mathrm{d}F$ die Flächenladungsdichte. Damit folgt in Analogie zu 2.19:

$$\boxed{\left(\vec{D}_1 - \vec{D}_2\right)\cdot\vec{n} = \Delta\sigma \quad \text{oder} \quad D_{n1} = D_{n2} + \Delta\sigma} \tag{2.22}$$

mit $D_{n1} = \vec{D}_1 \cdot \vec{n}$ und $D_{n2} = \vec{D}_2 \cdot \vec{n}$.

Im Fall einer verschwindenden Grenzflächenladung gilt:

$$\left(\vec{D}_1 - \vec{D}_2\right)\cdot\vec{n} = 0 \quad \text{oder} \quad D_{n1} = D_{n2} \tag{2.23}$$

In Worten: Bei fehlender Grenzflächenladung ist die Normalkomponente $D_n = \vec{D}\cdot\vec{n}$ der elektrischen Verschiebungsflussdichte an der Grenzfläche stetig.

2.2.3 Tangentialkomponenten [2.3]

Elektrische Feldstärke. Aus Bild 2-1b und 2.1 folgt für die Tangentialkomponenten der elektrischen Feldstärke $E_{t1} = \vec{E}_1 \cdot \vec{t}$ und $E_{t2} = \vec{E}_2 \cdot \vec{t}$ mit dem Tangenteneinheitsvektor $\vec{t}$:

$$\lim_{d\to 0} \oint \vec{E}\cdot d\vec{r} = \int \vec{E}_1\cdot d\vec{r}_1 + \int \vec{E}_2\cdot d\vec{r}_2 = \int \left(\vec{E}_1 - \vec{E}_2\right)\cdot\vec{t}\;dr = -\lim_{d\to 0}\int \dot{\vec{B}}\cdot d\vec{F}\,, \tag{2.24}$$

sofern man noch $d\vec{r}_1 = -d\vec{r}_2 = \vec{t}\;dr$ setzt. Bei endlichem $\dot{\vec{B}}$ verschwindet für $d \to 0$ das Flächenintegral in 2.24, und es ergibt sich

$$\boxed{\left(\vec{E}_1 - \vec{E}_2\right)\cdot\vec{t} = 0 \quad oder \quad E_{t1} = E_{t2}}\,, \tag{2.25}$$

wenn man beachtet, dass im Linienintegral 2.24 für beliebige Wege der Integrand verschwinden muss.

Aus 2.25 erkennt man: An einer Grenzfläche zwischen verschiedenen Stoffen bleibt die Tangentialkomponente $E_t = \vec{E} \cdot \vec{t}$ der elektrischen Feldstärke stetig.

Magnetische Feldstärke. Für 2.2 und Bild 2-1b führen die gleichen Überlegungen mit

$$\begin{aligned}\lim_{d\to 0} \oint \vec{H} \cdot d\vec{r} &= \int \left(\vec{H}_1 - \vec{H}_2\right) \cdot \vec{t}\; dr \\ &= \lim_{d\to 0} \int \left(\dot{\vec{D}} + \vec{S}\right) \cdot d\vec{F} \\ &= \lim_{d\to 0} \int \dot{\vec{D}} \cdot d\vec{F} + \lim_{d\to 0} \int dI \\ &= 0 + \int \Delta S_\sigma \; dr\end{aligned} \tag{2.26}$$

zu der Bedingung

$$\int \left[\left(\vec{H}_1 - \vec{H}_2\right) \cdot \vec{t} - \Delta S_\sigma\right] dr = 0$$

bzw.

$$\boxed{\left(\vec{H}_1 - \vec{H}_2\right) \cdot \vec{t} = \Delta S_\sigma \quad \text{oder} \quad H_{t1} = H_{t2} + \Delta S_\sigma}\,, \tag{2.27}$$

wobei $H_{t1} = \vec{H}_1 \cdot \vec{t}\,,\;\; H_{t2} = \vec{H}_2 \cdot \vec{t}$ gilt.

Dabei bezeichnet $\Delta S_\sigma = dI / dr$ die Flächenstromdichte.

Somit gilt: Bei verschwindender Flächenstromdichte ΔS_σ ist die Tangentialkomponente $H_t = \vec{H} \cdot \vec{t}$ der magnetischen Feldstärke an der Grenzfläche stetig.

Magnetische Flussdichte. Wegen Bild 2-1b und

$$\vec{B}_1 = \mu_o \vec{H}_1\,, \quad \vec{B}_2 = \mu_o \vec{H}_2$$

folgt dann auch die Stetigkeit der Tangentialkomponenten von $\vec{B}$ in der Form

$$B_{t1} = \vec{B}_1 \cdot \vec{t} = B_{t2} = \vec{B}_2 \cdot \vec{t} \tag{2.28}$$

2.2.4 Stetigkeitsbedingungen in Differenzenform

Flächenladungsdichte und Flächenstromdichte. Die grundsätzlichen Stetigkeitsbedingungen lauten also:

$$\begin{aligned}&\left(\vec{B}_1 - \vec{B}_2\right) \cdot \vec{n} = 0 \\ &\left(\vec{D}_1 - \vec{D}_2\right) \cdot \vec{n} = \Delta\sigma \\ &\left(\vec{E}_1 - \vec{E}_2\right) \cdot \vec{t} = 0 \\ &\left(\vec{H}_1 - \vec{H}_2\right) \cdot \vec{t} = \Delta S_\sigma\end{aligned} \tag{2.29}$$

Nun werden die Flächenladungsdichte $\Delta\sigma$ und die Flächenstromdichte ΔS_σ aufgeteilt in die Größen σ_1, $S_{\sigma 1}$ unmittelbar oberhalb der Grenzflächen nach Bild 2-1 und σ_2, $S_{\sigma 2}$ unmittelbar unterhalb davon.

$$\Delta\sigma = \sigma_1 - \sigma_2$$
$$\Delta S_\sigma = S_{\sigma 1} - S_{\sigma 2} \tag{2.30}$$

Mit den Vektoren

$$\Delta\vec{\sigma} = \Delta\sigma\,\vec{n} = \sigma_1\,\vec{n} - \sigma_2\,\vec{n} = \vec{\sigma}_1 - \vec{\sigma}_2$$
$$\Delta\vec{S}_\sigma = \Delta S_\sigma\,\vec{t} = S_{\sigma 1}\,\vec{t} - S_{\sigma 2}\,\vec{t} = \vec{S}_{\sigma 1} - \vec{S}_{\sigma 2} \tag{2.31}$$

kann man eine Differenzenform der Stetigkeitsbedingungen angeben.

Differenzenform. Die Grenzflächenbedingungen 2.29 lauten nun mit 2.30 und 2.31:

$$\boxed{\begin{aligned} \Delta\,\vec{E}_1\cdot\vec{t} &= \Delta\,\vec{E}_2\cdot\vec{t} \\ \Delta\,\vec{D}_1\cdot\vec{n} &= \Delta\,\vec{D}_2\cdot\vec{n} \\ \Delta\,\vec{H}_1\cdot\vec{t} &= \Delta\,\vec{H}_2\cdot\vec{t} \\ \Delta\,\vec{B}_1\cdot\vec{n} &= \Delta\,\vec{B}_2\cdot\vec{n} \end{aligned}} \tag{2.32}$$

Dabei gilt:

$$\Delta\,\vec{E}_\nu = \vec{E}_\nu - \frac{\vec{\sigma}_\nu}{\varepsilon_{n\nu}}$$
$$\Delta\,\vec{D}_\nu = \vec{D}_\nu - \vec{\sigma}_\nu \tag{2.33}$$
$$\Delta\,\vec{H}_\nu = \vec{H}_\nu - \vec{S}_{\sigma\nu}$$
$$\Delta\,\vec{B}_\nu = \vec{B}_\nu - \mu_o\,\vec{S}_{\sigma\nu}$$

für $\nu = 1{,}2$.

Die $\varepsilon_{n\nu}$ sind die Dielektrizitäten in Normalenrichtung zur Grenzfläche.

2.2.5 Feldgleichungen an Grenzflächen

2.2.5.1 Grundzusammenhänge

Ausgangspunkt. Bisher wurde für die gezeigten Ansätze das Kollektiv von Photonen und Ladungsträgern gemeinsam betrachtet. Die Maxwellsche Theorie sagt aus, dass die Feldgleichungen sowohl für die Photonen als auch für die Ladungsträger gelten. In 2.33 beschreiben die Feldvektoren $\vec{E}_\nu, \vec{D}_\nu, \vec{H}_\nu, \vec{B}_\nu$ das Gesamtfeld. Nimmt man Felder auf oder durch Flächen an, so kennzeichnen die Terme mit $\vec{\sigma}_\nu$ und $\vec{S}_{\sigma\nu}$ das elektromagnetische Feld der Ladungsträger und die Differenzen $\Delta\vec{E}_\nu$, $\Delta\vec{D}_\nu$, $\Delta\vec{H}_\nu$ und $\Delta\vec{B}_\nu$ das elektromagnetische Feld der Photonen. Die Überlagerung der einzelnen Anteile in 2.33 ist zulässig, da lineare Stoffe vorausgesetzt werden. Bei alleiniger Anwesenheit der Ladungsträger sind die in 2.33 gebildeten Differenzen Null.

Gleichungssystem für die Photonen. Die Feldgleichungen für die Photonen lauten:

$$rot\,\Delta\vec{E} = -\frac{\partial\Delta\vec{B}}{\partial t} \tag{2.34}$$

$$rot\,\Delta\vec{H} = \Delta\vec{S} + \frac{\partial\Delta\vec{D}}{\partial t} \tag{2.35}$$

$$div\,\Delta\vec{D} = 0 \tag{2.36}$$

$$div\,\Delta\dot{\vec{B}} = 0 \tag{2.37}$$

$$\Delta\vec{D} = \underline{\varepsilon}\,\Delta\vec{E} \tag{2.38}$$

$$\Delta\vec{S} = \underline{\kappa}\,\Delta\vec{E} \tag{2.39}$$

$$\Delta\vec{B} = \mu_o\,\Delta\vec{H} \tag{2.40}$$

Gleichungssystem für die Ladungsträger. Für die Ladungsträger gelten die Feldgleichungen:

$$rot\,\vec{\sigma} = -\mu_o\,\varepsilon_n\,\frac{\partial\vec{S}_\sigma}{\partial t} \tag{2.41}$$

$$rot\,\vec{S}_\sigma = \frac{\kappa_n}{\varepsilon_n}\,\vec{\sigma} + \frac{\partial\vec{\sigma}}{\partial t} \tag{2.42}$$

$$div\,\vec{\sigma} = \rho \tag{2.43}$$

$$div\,\dot{\vec{S}}_\sigma = 0 \quad . \tag{2.44}$$

In 2.34 bis 2.44 ist dabei der Index ν aus 2.33 weggelassen. Zu diesen Gleichungssystemen gelangt man wie folgt:

- Induktionsgesetz:

$$rot\,\vec{E} = -\frac{\partial\vec{B}}{\partial t}$$

$$rot\,\Delta\vec{E} + \frac{1}{\varepsilon_n}\,rot\,\vec{\sigma} = -\frac{\partial\Delta\vec{B}}{\partial t} - \mu_o\,\frac{\partial\vec{S}_\sigma}{\partial t}$$

Mit $rot\,\Delta\vec{E} = -\Delta\dot{\vec{B}}$ erhalten Sie:

$$rot\,\vec{\sigma} = -\mu_o\,\varepsilon_n\,\frac{\partial\vec{S}_\sigma}{\partial t}$$

- Durchflutungsgesetz:

$$rot\,\vec{H} = \vec{S} + \frac{\partial \vec{D}}{\partial t}$$

$$rot\,\Delta\vec{H} + rot\,\vec{S}_\sigma = \vec{S} + \frac{\partial \Delta\vec{D}}{\partial t} + \frac{\partial \vec{\sigma}}{\partial t} = \underline{\kappa}\,\vec{E} + \frac{\partial \Delta\vec{D}}{\partial t} + \frac{\partial \vec{\sigma}}{\partial t}$$

$$= \underbrace{\underline{\kappa}\,\Delta\vec{E}}_{\Delta\vec{S}} + \frac{\underline{\kappa}\,\vec{\sigma}}{\varepsilon_n} + \frac{\partial \Delta\vec{D}}{\partial t} + \frac{\partial \vec{\sigma}}{\partial t} = \Delta\vec{S} + \frac{\partial \Delta\vec{D}}{\partial t} + \frac{\kappa_n}{\varepsilon_n}\,\vec{\sigma} + \frac{\partial \vec{\sigma}}{\partial t}$$

Mit $rot\,\Delta\vec{H} = \Delta\vec{S} + \Delta\dot{\vec{D}}$ gilt:

$$rot\,\vec{S}_\sigma = \frac{\kappa_n}{\varepsilon_n}\,\vec{\sigma} + \frac{\partial \vec{\sigma}}{\partial t}$$

κ_n ist die Leitungsfähigkeit in Normalenrichtung zur Grenzfläche.

- Grundgesetz der Elektrostatik:

$$div\,\vec{D} = \rho$$

$$\rightarrow \quad div\,\Delta\vec{D} + div\,\vec{\sigma} = \rho\,.$$

Mit $\sigma = \partial^2 Q / \partial F$ und $\rho = \partial^3 Q / \partial V$ sieht man ein, dass

$$div\,\vec{\sigma} = \frac{\partial \sigma}{\partial z} = \frac{\partial^3 Q}{\partial z\,\partial F} = \frac{\partial^3 Q}{\partial V} = \rho\,,$$

wobei $\partial V = \partial z\,\partial F$ gilt. Daraus folgt

$$div\,\Delta\vec{D} = 0\,.$$

- Grundgesetz der Magnetostatik:

$$div\,\vec{B} = 0$$

$$\rightarrow div\,\Delta\vec{B} + \mu_o\,div\,\vec{S}_\sigma = 0$$

$$\rightarrow div\,\Delta\dot{\vec{B}} + \mu_o\,div\,\dot{\vec{S}}_\sigma = 0$$

Wegen 2.34 gilt

$$div\,rot\,\Delta\vec{E} = 0 = div\,\Delta\dot{\vec{B}}$$

Damit ergibt sich auch

$$div\,\dot{\vec{S}}_\sigma = 0$$

Die Lösung der Feldgleichungen für die Ladungsträger ist für einen Spezialfall Gegenstand der Aufgabe A 2.1.

Punktladung und Punktphoton. Führt man als Modelle für die Ladungsträger und Photonen die Punktladung und das Punktphoton ein, so lassen sich beide Felder nach Bild 2-2 veranschaulichen.

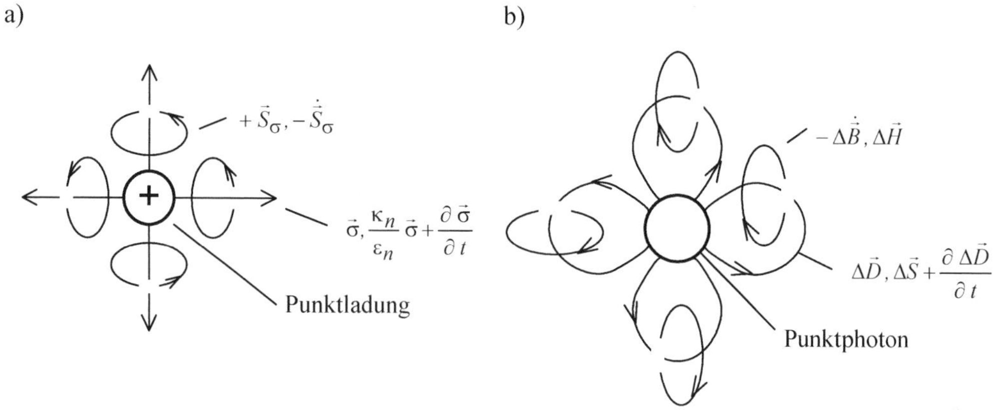

Bild 2-2 Feldbilder
a) Punktladung
b) Punktphoton

Das Punktphoton kann dabei in der Bewegung als Vereinigung von Elektron und Loch aufgefasst werden. Aus Punktladungen und Punktphotonen kann man kompliziertere Ladungs- und Photonenverteilungen im Raum zusammensetzen. Für die nachfolgenden Betrachtungen werden grundsätzlich Punktladungen und Punktphotonen vorausgesetzt. Damit befindet sich an einem Ort entweder eine Punktladung oder ein Punktphoton, und es wird nur die Wirkung der zugehörigen Felder auf die Emissions-, Transmissions- und Absorptionseigenschaften untersucht.

2.2.5.2 Photonenstromdichte

Divergenz. Die Divergenz der Photonenstromdichte $\Delta\vec{S}$ erhalten Sie aus 2.35:

$$div\,rot\,\Delta\vec{H} = div\,\Delta\vec{S} + \frac{\partial}{\partial t}\underbrace{div\,\Delta\vec{D}}_{=0} = 0$$

$$\rightarrow \boxed{div\,\Delta\vec{S} = 0} \tag{2.45}$$

In Worten: Die Divergenz von $\Delta\vec{S}$ ist überall gleich Null.

Stetigkeitsbedingung. Mit dem Integralsatz von Gauß nach 2.12 gilt unter Beachtung von 2.45 und Bild 2-1 a:

$$\oint \Delta\vec{S}\cdot d\vec{F} = \int div\,\Delta\vec{S}\; dV = 0$$

$$\int \left(\Delta\vec{S}_1 - \Delta\vec{S}_2\right)\cdot\vec{n}\; dF = 0$$

$$\rightarrow \boxed{\Delta\vec{S}_1\cdot\vec{n} = \Delta\vec{S}_2\cdot\vec{n}} \tag{2.46 a}$$

In Worten: Die Normalkomponente der Photonenstromdichte $\Delta S_n = \Delta\vec{S}\cdot\vec{n}$ ist an der Grenzfläche zweier Medien stetig.

Mit $\Delta\,\vec{S}_\nu = \underline{\kappa}\,\Delta\vec{E}_\nu$ und $\vec{S}_\nu = \underline{\kappa}_\nu\,\vec{E}_\nu$ gilt dabei

$$\Delta\vec{S}_\nu = \vec{S}_\nu - \frac{\kappa_{n\nu}}{\varepsilon_{n\nu}}\,\vec{\sigma}_\nu \tag{2.46 b}$$

für $\nu = 1, 2$.

2.2.5.3 Relaxationszeit

Aus 2.42 ergibt sich durch Divergenzbildung und Berücksichtigung von 2.43:

$$div\,rot\,\vec{S}_\sigma = \frac{\kappa_n}{\varepsilon_n}\underbrace{div\,\vec{\sigma}}_{=\rho} + \frac{\partial}{\partial t}\underbrace{div\,\vec{\sigma}}_{=\rho} = 0$$

$$\rightarrow \boxed{\frac{\partial\rho}{\partial t} + \frac{\kappa_n}{\varepsilon_n}\rho = 0} \tag{2.47}$$

Diese Differenzialgleichung für die Raumladungsdichte ρ besitzt folgende Lösung:

$$\boxed{\rho(\vec{r}, t) = \rho_o(\vec{r})\,exp\left(-\frac{\kappa_n}{\varepsilon_n}t\right)} \tag{2.48 a}$$

In Worten: Eine am Ort $\vec{r}$ zur Zeit $t = 0$ irgendwie zustande gekommene Raumladungsdichte $\rho_o(\vec{r})$ zerstreut sich nach dem Gesetz 2.48a mit der Zeitkonstanten

$$T = \frac{\varepsilon_n}{\kappa_n}\ , \tag{2.48 b}$$

der so genannten Relaxationszeit.

2.2.5.4 Energiebilanz

Poynting-Vektoren. Will man Aussagen über die Energiebilanz in elektromagnetischen Feldern treffen, wird der Poynting-Vektor bzw. seine Divergenz benötigt. Die Poynting-Vektoren lassen sich in den Darstellungen

- Poynting-Vektor für das Gesamtfeld

$$\vec{S}_p = \vec{E} \times \vec{H} \tag{2.49}$$

- Poynting-Vektor für das Photonenfeld

$$\Delta\vec{S}_p = \Delta\vec{E} \times \Delta\vec{H} \tag{2.50}$$

- Poynting-Vektor für das Ladungsträgerfeld

$$\vec{S}_{p\sigma} = \frac{\vec{\sigma}}{\varepsilon_n} \times \vec{S}_\sigma \tag{2.51}$$

definieren. Führt man eine Einheitenbetrachtung für 2.49 bis 2.51 durch, ergibt sich z. B. für den Poynting-Vektor $\vec{S}_p$:

$$\left[\vec{S}_p\right] = \frac{V}{m} \cdot \frac{A}{m} = \frac{W}{m^2}$$

Also hat $\vec{S}_p$ den Charakter einer Leistungsdichte.

Divergenz der Poynting-Vektoren. Aus Vorstehendem erhält man für die Divergenz der Poynting-Vektoren:

$$-div\,\vec{S}_p = \vec{E} \cdot rot\,\vec{H} - \vec{H} \cdot rot\,\vec{E} = \vec{S} \cdot \vec{E} + \vec{E} \cdot \frac{\partial \vec{D}}{\partial t} + \vec{H} \cdot \frac{\partial \vec{B}}{\partial t} \tag{2.52}$$

$$-div\,\Delta\vec{S}_p = \Delta\vec{E} \cdot rot\,\Delta\vec{H} - \Delta\vec{H} \cdot rot\,\Delta\vec{E} = \Delta\vec{S} \cdot \Delta\vec{E} + \Delta\vec{E} \cdot \frac{\partial \Delta\vec{D}}{\partial t} + \Delta\vec{H} \cdot \frac{\partial \Delta\vec{B}}{\partial t} \tag{2.53}$$

$$-div\,\vec{S}_{p\sigma} = \frac{\vec{\sigma}}{\varepsilon_n} \cdot rot\,\vec{S}_\sigma - \vec{S}_\sigma \cdot rot\frac{\vec{\sigma}}{\varepsilon_n} = \frac{\kappa_n}{\varepsilon_n^2}\vec{\sigma} \cdot \vec{\sigma} + \frac{\vec{\sigma}}{\varepsilon_n} \cdot \frac{\partial \vec{\sigma}}{\partial t} + \mu_o\,\vec{S}_\sigma \cdot \frac{\partial \vec{S}_\sigma}{\partial t} \tag{2.54}$$

Poyntingscher Satz. Mit $\vec{S}_p = \Delta\vec{S}_p + \vec{S}_{p\sigma}$ lautet der Poyntingsche Satz

$$\boxed{div\,\vec{S}_p = div\,\Delta\vec{S}_p + div\,\vec{S}_{p\sigma}} \tag{2.55}$$

Aus 2.33, 2.46 b und 2.52 folgt

$$\begin{aligned}
-div\,\vec{S}_p &= \left(\Delta\vec{S} + \frac{\kappa_n}{\varepsilon_n}\vec{\sigma}\right) \cdot \left(\Delta\vec{E} + \frac{\vec{\sigma}}{\varepsilon_n}\right) \\
&\quad + \left(\Delta\vec{E} + \frac{\vec{\sigma}}{\varepsilon_n}\right) \cdot \frac{\partial}{\partial t}\left(\Delta\vec{D} + \vec{\sigma}\right) \\
&\quad + \left(\Delta\vec{H} + \vec{S}_\sigma\right) \cdot \frac{\partial}{\partial t}\left(\Delta\vec{B} + \mu_o\,\vec{S}_\sigma\right) \\
&= -div\,\Delta\vec{S}_p - div\,\vec{S}_{p\sigma} \\
&\quad + \Delta\vec{S} \cdot \frac{\vec{\sigma}}{\varepsilon_n} + \frac{\kappa_n}{\varepsilon_n}\vec{\sigma} \cdot \Delta\vec{E} \\
&\quad + \Delta\vec{E} \cdot \frac{\partial \vec{\sigma}}{\partial t} + \frac{\vec{\sigma}}{\varepsilon_n} \cdot \frac{\partial \Delta\vec{D}}{\partial t} \\
&\quad + \mu_o\,\Delta\vec{H} \cdot \frac{\partial \vec{S}_\sigma}{\partial t} + \vec{S}_\sigma \cdot \frac{\partial \Delta\vec{B}}{\partial t}
\end{aligned} \tag{2.56}$$

Wechselwirkungsrelation. Unter Zuhilfenahme der Materialgleichungen 2.38 bis 2.40 folgt aus 2.55 und 2.56 die Wechselwirkungsrelation zwischen Photonen- und Ladungsträgerfeld

$$\boxed{\frac{\partial \Delta w_E}{\partial t} + 2\frac{\kappa_n}{\varepsilon_n}\Delta w_E + \frac{\partial \Delta w_M}{\partial t} = 0} \tag{2.57}$$

Dabei sind Δw_E und Δw_M die Wechselwirkungsenergiedichten des elektrischen und magnetischen Feldes:

- Wechselwirkungsenergiedichte des elektrischen Feldes

$$\boxed{\Delta w_E = \vec{\sigma} \cdot \Delta \vec{E} = \frac{\vec{\sigma}}{\varepsilon_n} \cdot \Delta \vec{D}} \tag{2.58}$$

- Wechselwirkungsenergiedichte des magnetischen Feldes

$$\boxed{\Delta w_M = \mu_o \vec{S}_\sigma \cdot \Delta \vec{H} = \vec{S}_\sigma \cdot \Delta \vec{B}} \tag{2.59}$$

Orthogonalitätsrelation. Die Wechselwirkungsenergiedichten verschwinden, wenn die entsprechenden Felder der Ladungsträger und Photonen orthogonal zueinander sind.

$$\begin{aligned} &\Delta w_E = 0 \rightarrow \vec{\sigma} \cdot \Delta \vec{E} = 0,\ \vec{\sigma} \cdot \Delta \vec{D} = 0 \\ &\Delta w_M = 0 \rightarrow \vec{S}_\sigma \cdot \Delta \vec{H} = 0,\ \vec{S}_\sigma \cdot \Delta \vec{B} = 0 \end{aligned} \tag{2.60}$$

2.60 soll als Orthogonalitätsrelation bezeichnet werden.

Parallelitätsrelationen. Die Wechselwirkungsenergiedichten sind maximal bzw. minimal, wenn die entsprechenden Felder parallel oder antiparallel zueinander sind:

- Parallelitätsrelation

$$\begin{aligned} &\Delta w_{E\,max} = \sigma \Delta E = \frac{\sigma}{\varepsilon_n} \Delta D \\ &\Delta w_{M\,max} = \mu_o S_\sigma \Delta H = S_\sigma \Delta B \end{aligned} \tag{2.61}$$

- Antiparallelitätsrelation

$$\begin{aligned} &\Delta w_{E\,min} = -\sigma \Delta E = -\frac{\sigma}{\varepsilon_n} \Delta D \\ &\Delta w_{M\,min} = -\mu_o S_\sigma \Delta H = -S_\sigma \Delta B\,. \end{aligned} \tag{2.62}$$

Für 2.61 und 2.62 sind dabei nichtverschwindende Felder vorausgesetzt. Um die Wechselwirkungsrelation 2.57 zu erfüllen, muss nach 2.61 und 2.62 die eine Wechselwirkungsenergiedichte maximal und die andere minimal sein. Ein Beispiel für die Parallelitätsrelationen enthält Aufgabe A2.2.

Anwendungen. In optoelektronischen Sende- und Empfangsbauelementen realisiert man offenbar die Parallelitäts-(Antiparallelitäts-)Relation 2.61, 2.62 zwischen Ladungsträger- und Photonenfeld. In Lichtwellenleitern (LWL) zur Übertragung optischer Signale gilt die Orthogonalitätsrelation 2.60. Bild 2-3 zeigt diese Zusammenhänge am Beispiel der Kopplung eines optoelektronischen Sendebauelements mit einem LWL. Für das Photonenfeld wurde dabei eine ebene Welle als Lösung der Feldgleichungen vorausgesetzt.

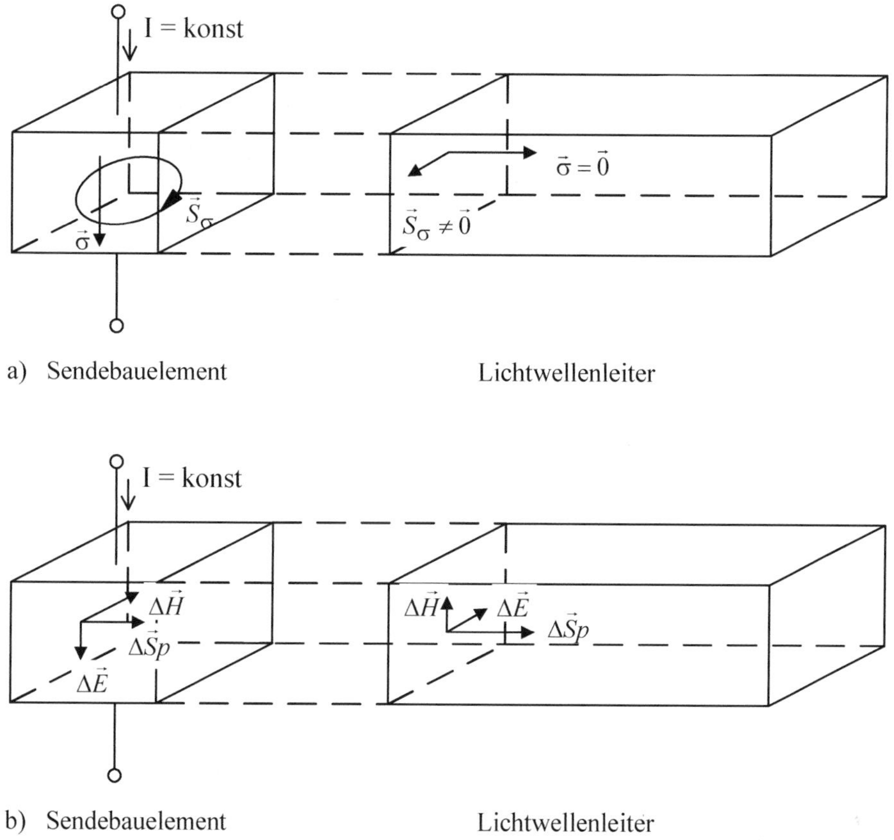

Bild 2-3 Zur Wechselwirkungsrelation
a) Ladungsträgerfeld
b) Photonenfeld
für einen konstanten Strom I

Um die Wechselwirkungsrelation für den LWL zu erfüllen, ist eine Drehung der Polarisationsebene des Photonenfeldes um $\pm\frac{\pi}{2}$ erforderlich. Dieser Effekt soll als RT-Effekt bezeichnet werden. *R* steht für Rotation und *T* für Transmission.

2.2.6 Ebene Wellen an Grenzflächen

2.2.6.1 Übergang isotrop → anisotrop

Grenzschicht. Betrachtungsgegenstand ist eine dielektrische Grenzschicht mit dem Übergang vom isotropen in ein anisotropes Medium nach Bild 2-4.

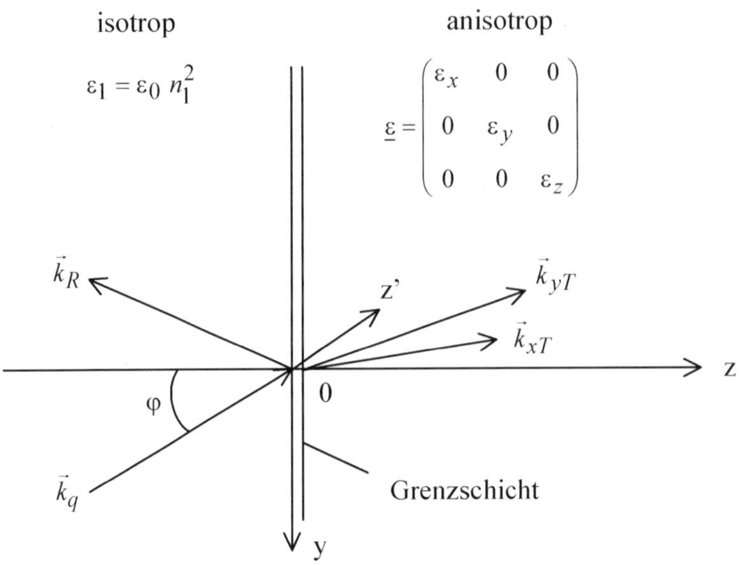

Bild 2-4 Grenzschicht isotrop → anisotrop

In Bild 2-4 bezeichnen $\vec{k}_q, \vec{k}_R, \vec{k}_{xT}, \vec{k}_{yT}$ die Wellenvektoren der einfallenden, reflektierten und transmittierten ebenen Welle. Der Wellenvektor $\vec{k}_q$ liege in der *yz*-Ebene, und φ ist der Einfallswinkel der Quellenwelle. Das isotrope Medium wird durch die Dielektrizitätskonstante ε_1 beschrieben, die sich zusammensetzt aus der absoluten Dielektrizitätskonstanten ε_o und der optischen Brechzahl n_1.

Der Dielektrizitätstensor $\underline{\varepsilon}$ des anisotropen Mediums besitze Diagonalform mit den Hauptdielektrizitäten $\varepsilon_x, \varepsilon_y, \varepsilon_z$, die auch komplex sein können. Die Ableitung der komplexen Dielektrizitätskonstanten enthält Anhang A1.

Ansätze. Angesetzt wird mit einer ebenen Quellenwelle der elektrischen Verschiebungsflussdichte für das Photonenfeld als Transversalwelle in der Form

$$\begin{pmatrix} D_{x'}(y,z) \\ D_{y'}(y,z) \end{pmatrix} = \hat{D}_o\, exp\left(-j\,\vec{k}_q \cdot \vec{r}\right)\vec{e} = \hat{D}_o\, exp\left(j\beta' y\, sin\varphi - j\beta' z\, cos\,\varphi\right)\vec{e} \tag{2.63}$$

mit dem

Wellenvektor $\quad \vec{k}_q = -\beta' sin\varphi\, \vec{e}_y + \beta' cos\,\varphi\, \vec{e}_z$,

Ortsvektor $\quad \vec{r} = y\,\vec{e}_y + z\,\vec{e}_z$,

und dem Polarisationseinheitsvektor

$$\vec{e} = \begin{pmatrix} |e_{x'}|\, exp\left(-j\,\psi_{x'}\right) \\ |e_{y'}|\, exp\left(-j\,\psi_{y'}\right) \end{pmatrix},$$

wobei $|e_{x'}|^2 + |e_{y'}|^2 = 1$ gilt,

sowie der Feldamplitude $\hat{D}_o$.

$\beta' = \frac{\omega}{c} n_1$ ist die Phasenkonstante der einfallenden Welle. Im übrigen schreiben wir den generellen Faktor der Zeitabhängigkeit $exp(j\omega t)$ nicht mit. Auch das Differenzzeichen Δ für das Photonenfeld wird für eine bequemere Schreibweise weggelassen. Es werden hier ausschließlich Photonenfelder betrachtet.

Das Quellenfeld auf der linken Seite der Grenzfläche bei $z = 0$ ergibt sich aus

$$\begin{pmatrix} D_{xq}(y,0_-) \\ D_{yq}(y,0_-) \\ D_{zq}(y,0_-) \end{pmatrix} = \begin{pmatrix} 1 & 0 \\ 0 & cos\,\varphi \\ 0 & sin\,\varphi \end{pmatrix} \begin{pmatrix} D_{x'}(y,0_-) \\ D_{y'}(y.0_-) \end{pmatrix} \tag{2.64}$$

Die Materialgleichungen beider Medien lauten

- für die einfallende Welle

$$\begin{pmatrix} D_{xq}(y,0_-) \\ D_{yq}(y,0_-) \\ D_{zq}(y,0_-) \end{pmatrix} = \varepsilon_1 \begin{pmatrix} E_{xq}(y,0_-) \\ E_{yq}(y,0_-) \\ E_{zq}(y,0_-) \end{pmatrix} \tag{2.65}$$

- für die reflektierte Welle

$$\begin{pmatrix} D_{xR}(y,0_-) \\ D_{yR}(y,0_-) \\ D_{zR}(y,0_-) \end{pmatrix} = \varepsilon_1 \begin{pmatrix} E_{xR}(y,0_-) \\ E_{yR}(y,0_-) \\ E_{zR}(y,0_-) \end{pmatrix} \tag{2.66}$$

- für die transmittierte Welle

$$\begin{pmatrix} D_{xT}(y,0_+) \\ D_{yT}(y,0_+) \\ D_{zT}(y,0_+) \end{pmatrix} = \begin{pmatrix} \varepsilon_x & 0 & 0 \\ 0 & \varepsilon_y & 0 \\ 0 & 0 & \varepsilon_z \end{pmatrix} \begin{pmatrix} E_{xT}(y,0_+) \\ E_{yT}(y,0_+) \\ E_{zT}(y,0_+) \end{pmatrix} . \tag{2.67}$$

Als Ansätze für die elektrischen Feldstärken von einfallender, reflektierter und transmittierter ebener Welle sind zweckmäßig:

- einfallende Welle

$$\underbrace{\begin{pmatrix} E_{xq}(y,z) \\ E_{yq}(y,z) \\ E_{zq}(y,z) \end{pmatrix}}_{=\vec{E}_q} = \underbrace{\begin{pmatrix} \hat{E}_{xq} \\ \hat{E}_{yq} \\ \hat{E}_{zq} \end{pmatrix}}_{=\vec{E}_{qo}} exp\left[j\left(\beta' y\, sin\,\varphi - \beta' z\, cos\,\varphi\right)\right] \tag{2.68}$$

- reflektierte Welle

$$\underbrace{\begin{pmatrix} E_{xR}(y,z) \\ E_{yR}(y,z) \\ E_{zR}(y,z) \end{pmatrix}}_{=\vec{E}_R} = \underbrace{\begin{pmatrix} \hat{E}_{xR} \\ \hat{E}_{yR} \\ \hat{E}_{zR} \end{pmatrix}}_{=\vec{E}_{R_o}} exp\left[-j\left(k_{yR}\, y + k_{zR}\, z\right)\right] \tag{2.69}$$

- transmittierte Welle

$$\underbrace{\begin{pmatrix} E_{xT}(y,z) \\ E_{yT}(y,z) \\ E_{zT}(y,z) \end{pmatrix}}_{=\vec{E}_T} = \begin{pmatrix} \hat{E}_{xT}\, exp\left[-j\left(k_{yT}\, y + \beta_{xT}\, z\right)\right] \\ \hat{E}_{yT}\, exp\left[-j\left(k_{yT}\, y + \beta_{yT}\, z\right)\right] \\ \hat{E}_{zt}\, exp\left[-j\left(k_{yT}\, y + \beta_{yT}\, z\right)\right] \end{pmatrix} \tag{2.70}$$

mit

$$\vec{k}_{xT} = k_{yT}\,\vec{e}_y + \beta_{xT}\,\vec{e}_z,\, \vec{k}_{yT} = k_{yT}\,\vec{e}_y + \beta_{yT}\,\vec{e}_z$$

Aus den Maxwell-Gleichungen folgt für die Quellenwelle

$$\vec{E}_{q_o} = -\frac{1}{\omega^2\,\mu_o\varepsilon_1}\,\vec{k}_q \times \left(\vec{k}_q \times \vec{E}_{q_o}\right) \tag{2.71}$$

mit

$$\vec{k}_q = -\beta' sin\varphi\,\vec{e}_y + \beta' cos\varphi\,\vec{e}_z$$

In ausgeschriebener Form lautet 2.71:

$$\begin{pmatrix} \hat{E}_{xq} \\ \hat{E}_{yq} \\ \hat{E}_{zq} \end{pmatrix} = \frac{1}{\omega^2\,\mu_o\,\varepsilon_1} \begin{pmatrix} \beta'^2\, sin^2\,\varphi\, \hat{E}_{xq} + \beta'^2\, cos^2\,\varphi\, \hat{E}_{xq} \\ \beta'^2\, cos\varphi\, sin\varphi\, \hat{E}_{zq} + \beta'^2\, cos^2\,\varphi\, \hat{E}_{yq} \\ \beta'^2\, sin^2\,\varphi\, \hat{E}_{zq} + \beta'^2\, cos\varphi\, sin\varphi\, \hat{E}_{yq} \end{pmatrix} \tag{2.72}$$

Aus der ersten Zeile von 2.72 erhalten Sie

$$\beta'^2 = \omega^2\,\mu_o\varepsilon_1$$

$$\rightarrow\quad \beta' = \omega\sqrt{\mu_o\,\varepsilon_1} \tag{2.73}$$

für Ausbreitung in positive z'-Richtung.

Außerdem folgt aus 2.72:

$$\hat{E}_{zq} = \hat{E}_{yq}\; tan\varphi \tag{2.74}$$

Für die reflektierte Welle folgt aus den Maxwell-Gleichungen in Analogie zu 2.71:

$$\vec{E}_{Ro} = -\frac{1}{\omega^2\,\mu_o\,\varepsilon_1}\,\vec{k}_R \times \left(\vec{k}_R \times \vec{E}_{Ro}\right) \tag{2.75}$$

mit

$$\vec{k}_R = k_{yR}\,\vec{e}_y + k_{zR}\,\vec{e}_z$$

Aus 2.75 erhält man

$$\begin{pmatrix} \hat{E}_{xR} \\ \hat{E}_{yR} \\ \hat{E}_{zR} \end{pmatrix} = -\frac{1}{\omega^2 \mu_o \varepsilon_1} \begin{pmatrix} -k_{yR}^2\,\hat{E}_{xR} - k_{zR}^2\,\hat{E}_{xR} \\ k_{yR}\,k_{zR}\,\hat{E}_{zR} - k_{zR}^2\,\hat{E}_{yR} \\ -k_{yR}^2\,\hat{E}_{zR} + k_{yR}\,k_{zR}\,\hat{E}_{yR} \end{pmatrix} \tag{2.76}$$

Die erste Zeile von 2.76 liefert

$$k_{yR}^2 + k_{zR}^2 = \omega^2\,\mu_o\,\varepsilon_1 \tag{2.77}$$

Außerdem erbringt 2.76:

$$\hat{E}_{zR} = -\frac{k_{yR}}{k_{zR}}\,\hat{E}_{yR} \tag{2.78}$$

Für die transmittierte Welle folgt auch im verlustbehafteten Medium aus den Maxwell-Gleichungen

$$\begin{aligned} rot\,\vec{E}_T &= -j\omega\,\mu_o\,\vec{H}_T \\ rot\,\vec{H}_T &= j\,\omega\,\vec{D}_T \\ \vec{D}_T &= \underline{\varepsilon}\,\vec{E}_T \quad . \end{aligned} \tag{2.79}$$

Daraus ergibt sich bei Elimination von $\vec{H}_T$ und $\vec{D}_T$:

$$rot\,rot\,\vec{E}_T = \omega^2\,\mu_o\,\underline{\varepsilon}\,\vec{E}_T \tag{2.80}$$

Für die Rotation von $\vec{E}_T$ gilt allgemein

$$\begin{aligned} rot\,\vec{E}_T &= \left(\frac{\partial\,E_{zT}}{\partial\,y} - \frac{\partial\,E_{yT}}{\partial\,z} \right) \vec{e}_x \\ &+ \left(\frac{\partial\,E_{xT}}{\partial\,z} - \frac{\partial\,E_{zT}}{\partial\,x} \right) \vec{e}_y \\ &+ \left(\frac{\partial\,E_{yT}}{\partial\,x} - \frac{\partial\,E_{xT}}{\partial_y} \right) \vec{e}_z \end{aligned} \tag{2.81}$$

Beachtet man, dass das vorgestellte Grenzflächenproblem nicht von x abhängt, dann entfallen alle partiellen Ableitungen nach x. Damit gilt:

$$rot\, rot\, \vec{E}_T = \left(-\frac{\partial^2 E_{xT}}{\partial y^2} - \frac{\partial^2 E_{xT}}{\partial z^2} \right) \vec{e}_x + \left(\frac{\partial^2 E_{zT}}{\partial y \, \partial z} - \frac{\partial^2 E_{yT}}{\partial z^2} \right) \vec{e}_y + \left(-\frac{\partial^2 E_{zT}}{\partial y^2} + \frac{\partial^2 E_{yT}}{\partial y \, \partial z} \right) \vec{e}_z \tag{2.82}$$

Wird 2.82 in 2.80 eingesetzt, so erhalten Sie das Gleichungssystem

$$\begin{aligned} -\frac{\partial^2 E_{xT}}{\partial y^2} - \frac{\partial^2 E_{xT}}{\partial z^2} &= \omega^2 \mu_o \varepsilon_x E_{xT} \\ -\frac{\partial^2 E_{yT}}{\partial z^2} + \frac{\partial^2 E_{zT}}{\partial y \, \partial z} &= \omega^2 \mu_o \varepsilon_y E_{yT} \\ -\frac{\partial^2 E_{zT}}{\partial y^2} + \frac{\partial^2 E_{yT}}{\partial y \, \partial z} &= \omega^2 \mu_o \varepsilon_z E_{zT} \end{aligned} \tag{2.83}$$

Die Lösung von 2.83 ergibt sich mit 2.70 und lautet:

$$\beta_{xT} = \sqrt{\omega^2 \mu_o \varepsilon_x - k_{yT}^2} \tag{2.84}$$

$$\beta_{yT} = \sqrt{\omega^2 \mu_o \varepsilon_y - \frac{\varepsilon_y}{\varepsilon_z} k_{yT}^2} \tag{2.85}$$

$$\hat{E}_{zT} = -\frac{k_{yT} \sqrt{\omega^2 \mu_o \varepsilon_y - \frac{\varepsilon_y}{\varepsilon_z} k_{yT}^2}}{\omega^2 \mu_o \varepsilon_z - k_{yT}^2} \hat{E}_{yT} \tag{2.86}$$

Die Ansätze für die magnetischen Feldstärken sind gegeben

- für die einfallende Welle durch

$$\underbrace{\begin{pmatrix} H_{xq}(y,z) \\ H_{yq}(y,z) \\ H_{zq}(y,z) \end{pmatrix}}_{=\vec{H}_q} = \underbrace{\begin{pmatrix} \hat{H}_{xq} \\ \hat{H}_{yq} \\ \hat{H}_{zq} \end{pmatrix}}_{=\vec{H}_{qo}} exp\left[j\beta' y \sin\varphi - j\beta' z \cos\varphi \right] \tag{2.87}$$

- für die reflektierte Welle in der Form

$$\underbrace{\begin{pmatrix} H_{xR}(y,z) \\ H_{yR}(y,z) \\ H_{zR}(y,z) \end{pmatrix}}_{=\vec{H}_R} = \underbrace{\begin{pmatrix} \hat{H}_{xR} \\ \hat{H}_{yR} \\ \hat{H}_{zR} \end{pmatrix}}_{=\vec{H}_{Ro}} exp\left[-j\left(k_{yR}y + k_{zR}z\right)\right] \tag{2.88}$$

- für die transmittierte Welle in der Darstellung

$$\underbrace{\begin{pmatrix} H_{xT}(y,z) \\ H_{yT}(y,z) \\ H_{zT}(y,z) \end{pmatrix}}_{=\vec{H}_T} = \begin{pmatrix} \hat{H}_{xT}\, exp\left[-j\left(k_{yT}y + \beta_{yT}z\right)\right] \\ \hat{H}_{yT}\, exp\left[-j\left(k_{yT}y + \beta_{xT}z\right)\right] \\ \hat{H}_{zT}\, exp\left[-j\left(k_{yT}y + \beta_{xT}z\right)\right] \end{pmatrix} \tag{2.89}$$

Aus dem Induktionsgesetz folgt mit 2.87

- für die Quellenwelle

$$\vec{H}_{qo} = \frac{1}{\omega\mu_o}\vec{k}_q \times \vec{E}_{qo} \tag{2.90 a}$$

$$\begin{pmatrix} \hat{H}_{xq} \\ \hat{H}_{yq} \\ \hat{H}_{zq} \end{pmatrix} = \frac{1}{\omega\mu_o}\begin{pmatrix} -\beta' sin\varphi\, \hat{E}_{zq} - \beta' cos\varphi\, \hat{E}_{yq} \\ \beta' cos\varphi\, \hat{E}_{xq} \\ \beta' sin\varphi\, \hat{E}_{xq} \end{pmatrix} \tag{2.90 b}$$

- für die reflektierte Welle

$$\vec{H}_{Ro} = \frac{1}{\omega\mu_o}\vec{k}_R \times \vec{E}_{Ro} \tag{2.91 a}$$

$$\begin{pmatrix} \hat{H}_{xR} \\ \hat{H}_{yR} \\ \hat{H}_{zR} \end{pmatrix} = \frac{1}{\omega\mu_o}\begin{pmatrix} k_{yR}\hat{E}_{zR} - k_{zR}\hat{E}_{yR} \\ k_{zR}\hat{E}_{xR} \\ -k_{yR}\hat{E}_{xR} \end{pmatrix} \tag{2.91 b}$$

- für die transmittierte Welle

$$\vec{H}_T = -\frac{1}{j\omega\mu_o}\, rot\,\vec{E}_T \tag{2.92}$$

$$rot\,\vec{E}_T = \left(\frac{\partial E_{zT}}{\partial y} - \frac{\partial E_{yT}}{\partial z}\right)\vec{e}_x + \frac{\partial E_{xT}}{\partial z}\vec{e}_y - \frac{\partial E_{xT}}{\partial y}\vec{e}_z \tag{2.93 a}$$

$$\begin{pmatrix} \hat{H}_{xT} \\ \hat{H}_{yT} \\ \hat{H}_{zT} \end{pmatrix} = \frac{1}{\omega\mu_o}\begin{pmatrix} k_{yT}\hat{E}_{zT} - \beta_{yT}\hat{E}_{yT} \\ \beta_{xT}\hat{E}_{xT} \\ -k_{yT}\hat{E}_{xT} \end{pmatrix} \tag{2.93 b}$$

Stetigkeitsbedingungen. Nachdem prinzipielle Zusammenhänge für die Parameter der ebenen Wellen aus den Maxwell-Gleichungen abgeleitet wurden, erfolgt nun die wechselseitige Anpassung der Lösungen links und rechts der Grenzschicht nach Bild 2-4 mit Hilfe der Stetigkeitsbedingungen 2.32. Dazu setzt man die Überlagerung von einfallender und reflektierter Welle gleich der transmittierten Welle in der Ebene $z = 0$.

Für die x-Komponenten der elektrischen Feldstärke gilt

$$E_{xq}(y, 0_-) + E_{xR}(y, 0_-) = E_{xT}(y, 0_+)$$

$$\hat{E}_{xq}\, exp(j\beta' y\, sin\varphi) + \hat{E}_{xR}\, exp(-j k_{yR} y) = \hat{E}_{xT}\, exp(-j k_{yT} y) \tag{2.94}$$

Rechts und links von 2.94 muss die gleiche y-Abhängigkeit stehen. Daraus folgt

$$k_{yT} = k_{yR} = -\beta' sin\varphi = -\omega\sqrt{\mu_o\, \varepsilon_1}\; sin\varphi \;, \tag{2.95}$$

$$\hat{E}_{xT} = \hat{E}_{xq} + \hat{E}_{xR} \tag{2.96}$$

Unter der Voraussetzung 2.95 liefert die Stetigkeitsbedingung für die y-Komponenten der magnetischen Feldstärke mit 2.87 bis 2.89 und 2.90 bis 2.93:

$$H_{yq}(y, 0_-) + H_{yR}(y, 0_-) = H_{yT}(y, 0_+)$$

$$\hat{H}_{yq} + \hat{H}_{yR} = \hat{H}_{yT} \tag{2.97}$$

$$\beta' cos\varphi\; \hat{E}_{xq} + k_{zR}\; \hat{E}_{xR} = \beta_{xT}\; \hat{E}_{xT} \;.$$

Aus 2.77 ergibt sich mit 2.95:

$$k_{zR} = -\omega\sqrt{\mu_o\, \varepsilon_1}\; cos\varphi \tag{2.98}$$

Für die Phasenkonstante β_{xT} gilt mit 2.84 und 2.95:

$$\beta_{xT} = \omega\sqrt{\mu_o\left(\varepsilon_x - \varepsilon_1\, sin^2\varphi\right)} \tag{2.99}$$

Aus 2.96 und 2.97 können bei Beachtung von 2.98 und 2.99 die Feldamplituden $\hat{E}_{xT}$, $\hat{E}_{xR}$ bei vorgegebenen Materialeigenschaften, bekannten Einfallswinkel φ und vorgegebener Amplitude der Quellenwelle $\hat{E}_{xq}$ berechnet werden, sehen Sie 2.100.

$$\begin{pmatrix} 1 & -1 \\ \sqrt{\varepsilon_x - \varepsilon_1\, sin^2\varphi} & \sqrt{\varepsilon_1}\; cos\varphi \end{pmatrix} \begin{pmatrix} \hat{E}_{xT} \\ \hat{E}_{xR} \end{pmatrix} = \begin{pmatrix} 1 \\ \sqrt{\varepsilon_1}\; cos\varphi \end{pmatrix} \hat{E}_{xq} \tag{2.100}$$

Die Lösung von 2.100 lautet mit $\varepsilon_1 = \varepsilon_o\, n_1^2$ und $\varepsilon_x = \varepsilon_o\, n_x^2$ sowie n_x als Hauptbrechzahl in x-Richtung:

$$\hat{E}_{xT} = T_{xT}^{ai}\,\hat{E}_{xq} \tag{2.101}$$

$$T_{xT}^{ai} = \frac{2n_1\,cos\,\varphi}{n_1\,cos\,\varphi + \sqrt{n_x^2 - n_1^2\,sin^2\,\varphi}} \tag{2.102}$$

$$\hat{E}_{xR} = T_{xR}^{ai}\,\hat{E}_{xq} \tag{2.103}$$

$$T_{xR}^{ai} = \frac{n_1\,cos\,\varphi - \sqrt{n_x^2 - n_1^2\,sin^2\,\varphi}}{n_1\,cos\,\varphi + \sqrt{n_x^2 - n_1^2\,sin^2\,\varphi}} \tag{2.104}$$

T_{xT}^{ai} und T_{xR}^{ai} sind der Transmissions- und der Reflexionsfaktor für die x-Komponente der elektrischen Feldstärke am Übergang isotrop $\to$ anisotrop.

In Analogie dazu ergibt sich aus

$$\begin{aligned} E_{yT}(y,0_+) &= E_{yR}(y,0_-) + E_{yq}(y,0_-) \\ H_{xT}(y,0_+) &= H_{xR}(y,0_-) + H_{xq}(y,0_-) \end{aligned} \tag{2.105}$$

das Gleichungssystem

$$\begin{pmatrix} 1 & -1 \\ \dfrac{\varepsilon_z\sqrt{\varepsilon_y - \dfrac{\varepsilon_y}{\varepsilon_z}\,\varepsilon_1\,sin^2\,\varphi}}{\varepsilon_z - \varepsilon_1\,sin^2\,\varphi} & \dfrac{\sqrt{\varepsilon_1}}{cos\,\varphi} \end{pmatrix} \begin{pmatrix} \hat{E}_{yT} \\ \hat{E}_{yR} \end{pmatrix} = \begin{pmatrix} 1 \\ \dfrac{\sqrt{\varepsilon_1}}{cos\,\varphi} \end{pmatrix} \hat{E}_{yq} \tag{2.106}$$

mit der Lösung

$$\hat{E}_{yT} = T_{yT}^{ai}\,\hat{E}_{yq} \tag{2.107}$$

$$T_{yT}^{ai} = \frac{2n_1\sqrt{1-\left(\dfrac{n_1}{n_z}\right)^2 sin^2\,\varphi}}{n_1\sqrt{1-\left(\dfrac{n_1}{n_z}\right)^2 sin^2\,\varphi} + n_y\,cos\,\varphi} \tag{2.108}$$

$$\hat{E}_{yR} = T_{yR}^{ai}\,\hat{E}_{yq} \tag{2.109}$$

$$T_{yR}^{ai} = \frac{n_1\sqrt{1-\left(\dfrac{n_1}{n_z}\right)^2 sin^2\,\varphi} - n_y\,cos\,\varphi}{n_1\sqrt{1-\left(\dfrac{n_1}{n_z}\right)^2 sin^2\,\varphi} + n_y\,cos\,\varphi} \tag{2.110}$$

T_{yT}^{ai}, T_{yR}^{ai} ist der Transmissions-, Reflexionsfaktor für die y-Komponente der elektrischen Feldstärke und $n_y = \frac{\varepsilon_y}{\varepsilon_o}$, $n_z = \frac{\varepsilon_z}{\varepsilon_o}$ die Hauptbrechzahl in y-, z-Richtung.

Transmissions- und Reflexionsmatrix. Damit können folgende Matrizenformen für das Transmissions- und Reflexionsverhalten der tangentialen elektrischen Feldstärkekomponenten angegeben werden:

- Transmissionsverhalten

$$\begin{pmatrix} E_{xT}(y, 0_+) \\ E_{yT}(y, 0_+) \end{pmatrix} = \begin{pmatrix} T_{xT}^{ai} & 0 \\ 0 & T_{yT}^{ai} \end{pmatrix} \begin{pmatrix} E_{xq}(y, 0_-) \\ E_{yq}(y, 0_-) \end{pmatrix} \tag{2.111}$$

- Transmissionsmatrix

$$\boxed{\underline{T}_T^{ai} = \begin{pmatrix} T_{xT}^{ai} & 0 \\ 0 & T_{yT}^{ai} \end{pmatrix}} \tag{2.112}$$

- Reflexionsverhalten

$$\boxed{\begin{pmatrix} E_{xR}(y, 0_-) \\ E_{yR}(y, 0_-) \end{pmatrix} = \begin{pmatrix} T_{xR}^{ai} & 0 \\ 0 & T_{yR}^{ai} \end{pmatrix} \begin{pmatrix} E_{xq}(y, 0_-) \\ E_{yq}(y, 0_-) \end{pmatrix}} \tag{2.113}$$

- Reflexionsmatrix

$$\boxed{\underline{T}_R^{ai} = \begin{pmatrix} T_{xR}^{ai} & 0 \\ 0 & T_{yR}^{ai} \end{pmatrix}} \tag{2.114}$$

Ansätze. Die bisherigen Ausführungen erbrachten eine Aussage über das Transmissions- und Reflexionsverhalten der tangentialen Komponenten der Feldstärken. Dabei spielten das Induktions- und Durchflutungsgesetz eine entscheidende Rolle. Es ist nun zu erwarten, dass die Grundgesetze der Elektro- und Magnetostatik Aussagen über die Normalkomponenten der elektrischen Verschiebungsflussdichte $\vec{D}$ und der magnetischen Induktion $\vec{B}$ liefern. Dazu verwendet man für $\vec{D}$ folgende Ansätze:

- einfallende Welle

$$\underbrace{\begin{pmatrix} D_{xq}(y, z) \\ D_{yq}(y, z) \\ D_{zq}(y, z) \end{pmatrix}}_{=\vec{D}_q} = \underbrace{\begin{pmatrix} \hat{D}_{xq} \\ \hat{D}_{yq} \\ \hat{D}_{zq} \end{pmatrix}}_{=\vec{D}_{qo}} exp\left[j\beta' y \sin\varphi - j\beta' z \cos\varphi\right] \tag{2.115}$$

- reflektierte Welle

$$\underbrace{\begin{pmatrix} D_{xR}(y,z) \\ D_{yR}(y,z) \\ D_{zR}(y,z) \end{pmatrix}}_{=\vec{D}_R} = \underbrace{\begin{pmatrix} \hat{D}_{xR} \\ \hat{D}_{yR} \\ \hat{D}_{zR} \end{pmatrix}}_{=\vec{D}_{Ro}} exp\left[j\left(\beta' y \, sin\varphi + \beta' z \, cos\varphi\right)\right] \tag{2.116}$$

- transmittierte Welle

$$\underbrace{\begin{pmatrix} D_{xT}(y,z) \\ D_{yT}(y,z) \\ D_{zT}(y,z) \end{pmatrix}}_{=\vec{D}_T} = \begin{pmatrix} \hat{D}_{xT} \; exp\left[-j\left(k_{yT}\, y + \beta_{xT}\, z\right)\right] \\ \hat{D}_{yT} \; exp\left[-j\left(k_{yT}\, y + \beta_{yT}\, z\right)\right] \\ \hat{D}_{zT} \; exp\left[-j\left(k_{yT}\, y + \beta_{yT}\, z\right)\right] \end{pmatrix} \tag{2.117}$$

Divergenzen. Für die Quellenwelle folgt aus $div\,\vec{D}_q = 0$:

$$\vec{k}_q \cdot \vec{D}_{qo} = 0 \tag{2.118 a}$$

$$\rightarrow \quad \beta' sin\,\varphi\, \hat{D}_{yq} - \beta' cos\,\varphi\, \hat{D}_{zq} = 0$$

$$\rightarrow \quad \hat{D}_{yq} = cot\,\varphi\, \hat{D}_{zq}\,. \tag{2.118 b}$$

Für die reflektierte Welle erhalten Sie aus $div\,\vec{D}_R = 0$:

$$\vec{k}_R \cdot \vec{D}_{Ro} = 0 \tag{2.119 a}$$

$$\rightarrow \quad \beta' sin\varphi\, \hat{D}_{yR} + \beta' cos\varphi\, \hat{D}_{zR} = 0$$

$$\rightarrow \quad \hat{D}_{zR} = -tan\varphi\, \hat{D}_{yR} \tag{2.119 b}$$

Aus den Materialgleichungen für das isotrope Medium mit ε_1 und 2.104 erhalten Sie bei Beachtung von 2.118 b, 2.119 b:

$$\hat{D}_{zR} = -tan\varphi\, \hat{D}_{yR} = -tan\varphi\, \varepsilon_1\, \hat{E}_{yR}$$

$$= -tan\varphi\, \varepsilon_1\, T^{ai}_{yR}\, \hat{E}_{yq}$$

$$= -tan\varphi\, T^{ai}_{yR}\, \hat{D}_{yq}$$

$$= -tan\varphi\, cot\varphi\, T^{ai}_{yR}\, \hat{D}_{zq}$$

$$\hat{D}_{zR} = -T^{ai}_{yR}\, \hat{D}_{zq} = T^{ai}_{zR}\, \hat{D}_{zq} \tag{2.120}$$

$$\rightarrow \quad \mathrm{T}^{\mathrm{ai}}_{\mathrm{zR}} = -\mathrm{T}^{\mathrm{ai}}_{\mathrm{yR}} \tag{2.121}$$

Dabei beschreibt 2.120 das Reflexionsverhalten für die z-Komponenten der elektrischen Verschiebungsflussdichte, das verallgemeinert wie folgt dargestellt werden kann:

- Reflexionsverhalten

$$\boxed{D_{zR}(y,0_-)=T_{zR}^{ai}\,D_{zq}(y,0_-)} \tag{2.122}$$

T_{zR}^{ai} ist der Reflexionsfaktor für die z-Komponente von $\vec{D}$:

- Reflexionsfaktor

$$\boxed{T_{zR}^{ai}=\frac{n_y\;\cos\varphi-n_1\sqrt{1-\left(\frac{n_1}{n_z}\right)^2\;sin^2\,\varphi}}{n_y\;\cos\varphi+n_1\sqrt{1-\left(\frac{n_1}{n_z}\right)^2\;sin^2\,\varphi}}} \tag{2.123}$$

Für die übertragene Welle gilt:

$$div\,\vec{D}_T=0 \tag{2.124 a}$$

$$\rightarrow\quad \frac{\partial\,D_{yT}}{\partial\,y}+\frac{\partial\,D_{zT}}{\partial\,z}=0 \tag{2.124 b}$$

Mit

$$D_{yT}(y,z)=\varepsilon_y\;\hat{E}_{yT}\;exp\left[-j\left(k_{yT}\;y+\beta_{yT}\;z\right)\right]$$

$$D_{zT}\,(y,z)=\hat{D}_{zT}\;exp\left[-j\left(k_{yT}\;y+\beta_{yT}\;z\right)\right]$$

folgt aus 2.124 b:

$$\hat{D}_{zT}=-\frac{k_{yT}}{\beta_{yT}}\,\varepsilon_y\;\hat{E}_{yT}$$

und weiter mit 2.85 und 2.95:

$$\hat{D}_{zT}=\frac{\varepsilon_y\,\sqrt{\varepsilon_1}\;sin\varphi}{\sqrt{\varepsilon_y-\frac{\varepsilon_y}{\varepsilon_z}\,\varepsilon_1\,sin^2\,\varphi}}\,\hat{E}_{yT} \tag{2.125}$$

Für $\hat{E}_{yT}$ gilt:

$$\hat{E}_{yT}=T_{yT}^{ai}\;\hat{E}_{yq}=T_{yT}^{ai}\;cot\,\varphi\;\hat{E}_{zq}$$

$$=\frac{T_{yT}^{ai}}{\varepsilon_1}\,cot\,\varphi\;\hat{D}_{zq}\quad .$$

$\hat{E}_{yT}$ eingesetzt in 2.125 ergibt mit $\varepsilon_1=\varepsilon_o\,n_1^2$, $\varepsilon_y=\varepsilon_o\,n_y^2$ und $\varepsilon_z=\varepsilon_o\,n_z^2$:

$$\hat{D}_{zT} = \frac{n_y \cos\varphi}{n_1 \sqrt{1 - \left(\frac{n_1}{n_z}^2 \sin^2\varphi\right)}} T_{yT}^{ai} \hat{D}_{zq} \qquad (2.126)$$

$$= T_{zT}^{ai} \hat{D}_{zq} \, .$$

Damit erhalten Sie das

- Transmissionsverhalten

$$\boxed{D_{zT}(y, 0_+) = T_{zT}^{ai} D_{zq}(y, 0_-)} \qquad (2.127)$$

mit dem

- Transmissionsfaktor

$$\boxed{T_{zT}^{ai} = \frac{2 n_y \cos\varphi}{n_1 \sqrt{1 - \left(\frac{n_1}{n_z}\right)^2 \sin^2\varphi} + n_y \cos\varphi}} \qquad (2.128)$$

für die z-Komponenten der Verschiebungsflussdichte.

Zum Schluss dieses Unterabschnittes wird gezeigt, dass das Grundgesetz der Magnetostatik durch die bisherigen Ansätze und Lösungen automatisch erfüllt ist. Ohne das Differenzzeichen Δ für das Photonenfeld schreibt man zunächst für ebene Wellen:

$$\begin{aligned} div \dot{\vec{B}} &= \mu_o \, div \dot{\vec{H}} = 0 \\ &\rightarrow div \dot{\vec{H}} = 0 \\ &\rightarrow j\omega \, div \vec{H} = 0 \\ &\rightarrow div \vec{H} = 0 \, . \end{aligned} \qquad (2.129)$$

- Für die Quellenwelle gilt demzufolge

$$div \vec{H}_q = 0$$

$$\rightarrow \beta' \sin\varphi \, \hat{H}_{yq} - \beta' \cos\varphi \, \hat{H}_{zq} = 0$$

$$\hat{H}_{yq} = \frac{\beta' \cos\varphi}{\omega \mu_o} \hat{E}_{xq}$$

$$\hat{H}_{zq} = \frac{\beta' \sin\varphi}{\omega \mu_o} \hat{E}_{xq} \qquad (2.130)$$

$$\rightarrow \left(\beta'^2 \cos\varphi \sin\varphi - \beta'^2 \cos\varphi \sin\varphi\right) \frac{\hat{E}_{xq}}{\omega \mu_o} = 0$$

$$0 = 0 \quad .$$

- Für die reflektierte Welle ergibt sich

$$\begin{aligned}
&div\, \vec{H}_R = 0 \\
&\rightarrow -k_{yR}\, \hat{H}_{yR} - k_{zR}\, \hat{H}_{zR} = 0 \\
&\hat{H}_{yR} = \frac{k_{zR}}{\omega\,\mu_0}\, \hat{E}_{xR} \\
&\hat{H}_{zR} = \frac{-k_{yR}}{\omega\,\mu_o}\, \hat{E}_{xR} \\
&\rightarrow \left(-k_{yR}\, k_{zR} + k_{yR}\, k_{zR}\right)\frac{\hat{E}_{xR}}{\omega\,\mu_o} = 0 \\
&\qquad\qquad\qquad\qquad 0 = 0\,.
\end{aligned} \tag{2.131}$$

- Für die übertragene Welle folgt aus

$$\begin{aligned}
&div\, \vec{H}_T = 0: \\
&-k_{yT}\, \hat{H}_{yT} - \beta_{xT}\, \hat{H}_{zT} = 0 \\
&\hat{H}_{yT} = \frac{\beta_{xT}}{\omega\,\mu_o}\, \hat{E}_{xT} \\
&\hat{H}_{zT} = \frac{-k_{yT}}{\omega\,\mu_o}\, \hat{E}_{xT} \\
&\rightarrow \left(-k_{yT}\, \beta_{xT} + k_{yT}\, \beta_{xT}\right)\frac{\hat{E}_{xT}}{\omega\,\mu_o} = 0 \\
&\qquad\qquad\qquad\qquad 0 = 0\,.
\end{aligned} \tag{2.132}$$

Durch Multiplikation von 2.130 bis 2.132 mit μ_0 erkennt man, dass das Grundgesetz der Magnetostatik auch für die magnetische Flussdichte automatisch erfüllt ist.

2.2.6.2 Übergang anisotrop → isotrop

Grenzschicht. Bild 2.5 zeigt die dielektrische Grenzschicht mit dem Übergang von einem anisotropen in ein isotropes Medium.

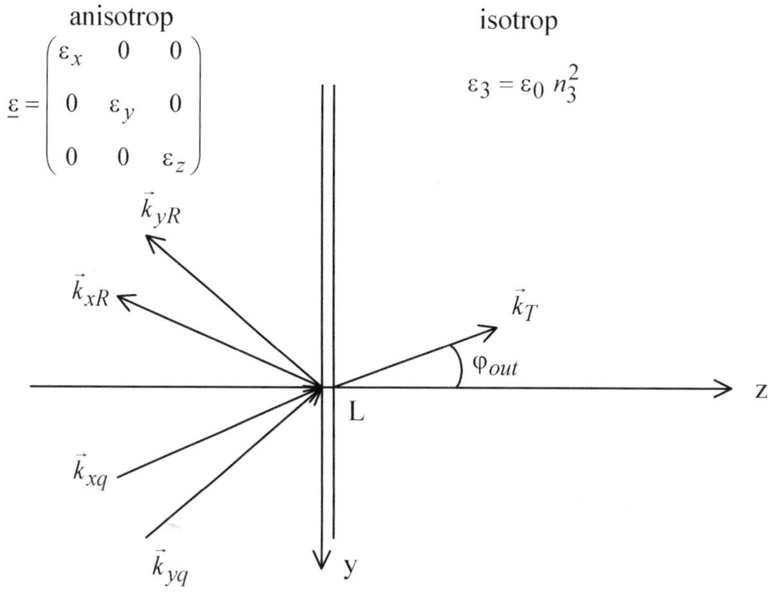

Bild 2-5 Grenzschicht anisotrop → isotrop

In Bild 2-5 bezeichnen $\vec{k}_{xq}, \vec{k}_{yq}$ die Wellenvektoren der einfallenden ebenen Wellen als so genannte Polarisationsmoden. $\vec{k}_{xR}$ und $\vec{k}_{yR}$ stellen die Wellenvektoren für die reflektierten Anteile der Polarisationsmoden dar und $\vec{k}_T$ kennzeichnet den Wellenvektor für die transmittierte ebene Welle, die unter dem Winkel φ_{out} läuft. Das isotrope Medium lässt sich durch die Dielektrizitätskonstante ε_3 oder die optische Brechzahl n_3 beschreiben. Für das anisotrope Medium gilt der Dielektrizitätstensor $\underline{\varepsilon}$ mit den Hauptdielektrizitäten ε_x, ε_y, ε_z als Diagonalform.

Ansätze. Angesetzt wird mit den elektrischen Feldstärken der

- Quellenwelle

$$\underbrace{\begin{pmatrix} E_{xq}(y,z) \\ E_{yq}(y,z) \\ E_{zq}(y,z) \end{pmatrix}}_{=\vec{E}_q} = \begin{pmatrix} \hat{E}_{xq}\, exp\left[j\left(\beta' y\, sin\varphi - \beta_{xT}(z-L)\right)\right] \\ \hat{E}_{yq}\, exp\left[j\left(\beta' y\, sin\varphi - \beta_{yT}(z-L)\right)\right] \\ \hat{E}_{zq}\, exp\left[j\left(\beta' y\, sin\varphi - \beta_{yT}(z-L)\right)\right] \end{pmatrix} \tag{2.133}$$

- reflektierten Welle

$$\underbrace{\begin{pmatrix} E_{xR}(y,z) \\ E_{yR}(y,z) \\ E_{zR}(y,z) \end{pmatrix}}_{=\vec{E}_R} = \begin{pmatrix} \hat{E}_{xR}\, exp\left[-j\left(k_{yR}y + \beta_{xR}(z-L)\right)\right] \\ \hat{E}_{yR}\, exp\left[-j\left(k_{yR}y + \beta_{yR}(z-L)\right)\right] \\ \hat{E}_{zR}\, exp\left[-j\left(k_{yR}y + \beta_{yR}(z-L)\right)\right] \end{pmatrix} \tag{2.134}$$

- transmittierten Welle

$$\underbrace{\begin{pmatrix} E_{xT}(y,z) \\ E_{yT}(y,z) \\ E_{zT}(y,z) \end{pmatrix}}_{=\vec{E}_T} = \underbrace{\begin{pmatrix} \hat{E}_{xT} \\ \hat{E}_{yT} \\ \hat{E}_{zT} \end{pmatrix}}_{=\vec{E}_{To}} exp\left[-j\left(k_{yT}\,y + k_{zT}\,(z-L)\right)\right] \tag{2.135}$$

Für die magnetischen Feldstärken lauten die Ansätze:

- Quellenwelle

$$\underbrace{\begin{pmatrix} H_{xq}(y,z) \\ H_{yq}(y,z) \\ H_{zq}(y,z) \end{pmatrix}}_{=\vec{H}_q} = \begin{pmatrix} \hat{H}_{xq}\; exp\left[\,j\left(\beta'\,y\,sin\varphi - \beta_{yT}\,(z-L)\right)\right] \\ \hat{H}_{yq}\; exp\left[\,j\left(\beta'\,y\,sin\varphi - \beta_{xT}\,(z-L)\right)\right] \\ \hat{H}_{zq}\; exp\left[\,j\left(\beta'\,y\,sin\varphi - \beta_{xT}\,(z-L)\right)\right] \end{pmatrix} \tag{2.136}$$

- reflektierte Welle

$$\underbrace{\begin{pmatrix} H_{xR}(y,z) \\ H_{yR}(y,z) \\ H_{zR}(y,z) \end{pmatrix}}_{=\vec{H}_R} = \begin{pmatrix} \hat{H}_{xR}\; exp\left[-j\left(k_{yR}\,y + \beta_{yR}\,(z-L)\right)\right] \\ \hat{H}_{yR}\; exp\left[-j\left(k_{yR}\,y + \beta_{xR}\,(z-L)\right)\right] \\ \hat{H}_{zR}\; exp\left[-j\left(k_{yR}\,y + \beta_{xR}\,(z-L)\right)\right] \end{pmatrix} \tag{2.137}$$

- übertragene Welle

$$\underbrace{\begin{pmatrix} H_{xT}(y,z) \\ H_{yT}(y,z) \\ H_{zT}(y,z) \end{pmatrix}}_{=\vec{H}_T} = \underbrace{\begin{pmatrix} \hat{H}_{xT} \\ \hat{H}_{yT} \\ \hat{H}_{zT} \end{pmatrix}}_{=\vec{H}_{To}} = exp\left[-j\left(k_{yT}\,y + k_{zT}\,(z-L)\right)\right] \tag{2.138}$$

Die gezeigten Ansätze für die elektrischen und magnetischen Feldstärken gelten unter der Voraussetzung, dass die dielektrische Grenzschicht nach Bild 2-5 an der Stelle $z = L > 0$ angeordnet ist und die Quellenwelle für Bild 2-5 der transmittierten Welle nach Bild 2-4 ohne seitliche Begrenzung parallel zur z-Achse entspricht. Außerdem werden nur die primären Reflexionen an den Grenzschichten nach Bild 2-4 und 2-5 berücksichtigt und nicht das Signalspiel durch Reflexion und Transmission zwischen den Grenzflächen bei $z = 0$ und $z = L$. Das ist näherungsweise immer dann zulässig, wenn sich die Dielektrizitäten ε_1, ε_x, ε_y, ε_z, ε_3 wenig unterscheiden. In Analogie zu Unterabschnitt 2.2.6.1 lassen sich aus den Maxwell-Gleichungen Bedingungen an die Parameter der ebenen Wellen nach 2.133 bis 2.138 ableiten. Nimmt man vorweg, dass auch hier

$$k_{yR} = k_{yT} = -\beta' \, sin\varphi \tag{2.139}$$

gilt und bestätigt diesen Sachverhalt im nachhinein durch die Stetigkeitsbedingungen, so folgt für die in den Wellenvektoren

$$\vec{k}_{xq} = -\beta' \, sin\varphi \, \vec{e}_y + \beta_{xT} \, \vec{e}_z$$

$$\vec{k}_{yq} = -\beta' \, sin\,\varphi \, \vec{e}_y + \beta_{yT} \, \vec{e}_z$$

$$\vec{k}_{xR} = -\beta' \, sin\varphi \, \vec{e}_y + \beta_{xR} \, \vec{e}_z$$

$$\vec{k}_{yR} = -\beta' \, sin\varphi \, \vec{e}_y + \beta_{yR} \, \vec{e}_z$$

$$\vec{k}_T = -\beta' \, sin\varphi \, \vec{e}_y + k_{zT} \, \vec{e}_z$$

stehenden Parameter

$$\beta_{xR} = -\beta_{xT} = -\omega \sqrt{\mu_o \left(\varepsilon_x - \varepsilon_1 \, sin^2\varphi\right)} = -\frac{\omega}{c} \sqrt{n_x^2 - n_1^2 \, sin^2\varphi}$$

$$\beta_{yR} = -\beta_{yT} = -\omega \sqrt{\mu_o \, \varepsilon_y \left(1 - \frac{\varepsilon_1}{\varepsilon_z} sin^2\varphi\right)} = -\frac{\omega}{c} n_y \sqrt{1 - \left(\frac{n_1}{n_z}\right)^2 sin^2\varphi} \tag{2.140}$$

$$k_{zT} = \omega \sqrt{\mu_o \left(\varepsilon_3 - \varepsilon_1 \, sin^2\varphi\right)} = \frac{\omega}{c} n_3 \sqrt{1 - \left(\frac{n_1}{n_3}\right)^2 sin^2\varphi} \quad .$$

In 2.140 bezeichnet $c = \frac{1}{\sqrt{\mu_o \, \varepsilon_o}}$ die Lichtgeschwindigkeit im Vakuum. Den Brechungswinkel φ_{out} erhält man mit $\beta' = \frac{\omega}{c} n_1$ aus

$$tan\,\varphi_{out} = \frac{\beta' \, sin\,\varphi}{k_{zT}}$$

$$\frac{sin\,\varphi_{out}}{\sqrt{1 - sin^2\varphi_{out}}} = \frac{\frac{n_1}{n_3} sin\varphi}{\sqrt{1 - \left(\frac{n_1}{n_3}\right)^2 sin^2\varphi}}$$

$$\boxed{\rightarrow sin\,\varphi_{out} = \frac{n_1}{n_3} sin\varphi} \, , \tag{2.141}$$

also aus dem Brechungsgesetz nach Snellius van Roijen.

Stetigkeitsbedingungen. Das Gleichungssystem für die x-Komponenten der elektrischen Feldstärken erhalten Sie aus

$$E_{xT}\left(y, L_+\right) = E_{xR}\left(y, L_-\right) + E_{xq}\left(y, L_-\right)$$

$$H_{yT}\left(y, L_+\right) = H_{yR}\left(y, L_-\right) + H_{yq}\left(y, L_-\right)$$

und (2.142)

$$\hat{H}_{yT} = \frac{k_{zT}}{\omega\,\mu_o}\,\hat{E}_{xT}$$

$$\hat{H}_{yR} = \frac{-\beta_{xT}}{\omega\,\mu_o}\,\hat{E}_{xR}$$

$$\hat{H}_{yq} = \frac{\beta_{xT}}{\omega\,\mu_o}\,\hat{E}_{xq}\,.$$

Damit gilt

$$\begin{pmatrix} 1 & -1 \\ k_{zT} & \beta_{xT} \end{pmatrix}\begin{pmatrix} \hat{E}_{xT} \\ \hat{E}_{xR} \end{pmatrix} = \begin{pmatrix} 1 \\ \beta_{xT} \end{pmatrix}\hat{E}_{xq}\,. \tag{2.143}$$

Die Lösung von 2.143 lautet:

$$\hat{E}_{xT} = T_{xT}^{ia}\,\hat{E}_{xq} \tag{2.144}$$

$$T_{xT}^{ia} = \frac{2\sqrt{n_x^2 - n_1^2\,sin^2\,\varphi}}{\sqrt{n_x^2 - n_1^2\,sin^2\,\varphi} + \sqrt{n_3^2 - n_1^2\,sin^2\,\varphi}} \tag{2.145}$$

$$\hat{E}_{xR} = T_{xR}^{ia}\,\hat{E}_{xq} \tag{2.146}$$

$$T_{xR}^{ia} = \frac{\sqrt{n_x^2 - n_1^2\,sin^2\,\varphi} - \sqrt{n_3^2 - n_1^2\,sin^2\,\varphi}}{\sqrt{n_x^2 - n_1^2\,sin^2\,\varphi} + \sqrt{n_3^2 - n_1^2\,sin^2\,\varphi}} \tag{2.147}$$

T_{xT}^{ia} und T_{xR}^{ia} sind der Transmissions- und Reflexionsfaktor für die x-Komponente der elektrischen Feldstärke am Übergang anisotrop $\rightarrow$ isotrop bei z = L.

In Analogie dazu ergibt sich aus

$$E_{yT}\left(y, L_+\right) = E_{yR}\left(y, L_-\right) + E_{yq}\left(y, L_-\right)$$

$$H_{xT}\left(y, L_+\right) = H_{xR}\left(y, L_-\right) + H_{xq}\left(y, L_-\right)$$

und (2.148)

$$\hat{H}_{xT} = \left(-\beta' \sin\varphi\, \hat{E}_{zT} - k_{zT}\, \hat{E}_{yT}\right)\frac{1}{\omega\,\mu_o}$$

$$\hat{H}_{xR} = \left(-\beta' \sin\varphi\, \hat{E}_{zR} + \beta_{yT}\, \hat{E}_{yR}\right)\frac{1}{\omega\,\mu_o}$$

$$\hat{H}_{xq} = \left(-\beta' \sin\varphi\, \hat{E}_{zq} - \beta_{yT}\, \hat{E}_{yq}\right)\frac{1}{\omega\,\mu_o}$$

das Gleichungssystem

$$\begin{pmatrix} 1 & -1 \\ \dfrac{\sqrt{\varepsilon_3}}{\sqrt{1-\dfrac{\varepsilon_1}{\varepsilon_3}\sin^2\varphi}} & \dfrac{\sqrt{\varepsilon_y}}{\sqrt{1-\dfrac{\varepsilon_1}{\varepsilon_z}\sin^2\varphi}} \end{pmatrix} \begin{pmatrix} \hat{E}_{yT} \\ \hat{E}_{yR} \end{pmatrix} = \begin{pmatrix} 1 \\ \dfrac{\sqrt{\varepsilon_y}}{\sqrt{1-\dfrac{\varepsilon_1}{\varepsilon_z}\sin^2\varphi}} \end{pmatrix} \hat{E}_{yq} \tag{2.149}$$

mit der Lösung

$$\hat{E}_{yT} = T_{yT}^{ia}\, \hat{E}yq \tag{2.150}$$

$$T_{yT}^{ia} = \frac{2\,n_y \sqrt{1-\left(\dfrac{n_1}{n_3}\right)^2 \sin^2\varphi}}{n_y \sqrt{1-\left(\dfrac{n_1}{n_3}\right)^2 \sin^2\varphi} + n_3 \sqrt{1-\left(\dfrac{n_1}{n_z}\right)^2 \sin^2\varphi}} \tag{2.151}$$

$$\hat{E}_{yR} = T_{yR}^{ia}\, \hat{E}_{yq} \tag{2.152}$$

$$T_{yR}^{ia} = \frac{n_y \sqrt{1-\left(\dfrac{n_1}{n_3}\right)^2 \sin^2\varphi} - n_3 \sqrt{1-\left(\dfrac{n_1}{n_z}\right)^2 \sin^2\varphi}}{n_y \sqrt{1-\left(\dfrac{n_1}{n_3}\right)^2 \sin^2\varphi} + n_3 \sqrt{1-\left(\dfrac{n_1}{n_z}\right)^2 \sin^2\varphi}} \tag{2.153}$$

T_{yT}^{ia}, T_{yR}^{ia} ist der Transmissions-, Reflexionsfaktor für die y-Komponente der elektrischen Feldstärke am Übergang anisotrop → isotrop bei $z = L$.

Transmissions- und Reflexionsmatrix. In Analogie zu Unterabschnitt 2.2.6.1 gelten am Übergang anisotrop → isotrop folgende Matrizenformen:

- Transmissionsverhalten

$$\begin{pmatrix} E_{xT}(y, L_+) \\ E_{yT}(y, L_+) \end{pmatrix} = \begin{pmatrix} T_{xT}^{ia} & 0 \\ 0 & T_{yT}^{ia} \end{pmatrix} \begin{pmatrix} E_{xq}(y, L_-) \\ E_{yq}(y, L_-) \end{pmatrix} \tag{2.154}$$

- Transmissionsmatrix

$$\boxed{\underline{T}_T^{ia} = \begin{pmatrix} T_{xT}^{ia} & 0 \\ 0 & T_{yT}^{ia} \end{pmatrix}} \tag{2.155}$$

- Reflexionsverhalten

$$\boxed{\begin{pmatrix} E_{xR}(y, L_-) \\ E_{yR}(y, L_-) \end{pmatrix} = \begin{pmatrix} T_{xR}^{ia} & 0 \\ 0 & T_{yR}^{ia} \end{pmatrix} \begin{pmatrix} E_{xq}(y, L_-) \\ Eyq(y, L_-) \end{pmatrix}} \tag{2.156}$$

- Reflexionsmatrix

$$\boxed{\underline{T}_R^{ia} = \begin{pmatrix} T_{xR}^{ia} & 0 \\ 0 & T_{yR}^{ia} \end{pmatrix}} \tag{2.157}$$

Ansätze. Zur Ermittlung des Transmission- und Reflexionsverhaltens der z-Komponenten der Verschiebungsflussdichte wird wie folgt angesetzt:

- Quellenwelle

$$\underbrace{\begin{pmatrix} D_{xq}(y, z) \\ D_{yq}(y, z) \\ D_{zq}(y, z) \end{pmatrix}}_{=\vec{D}_q} = \begin{pmatrix} \hat{D}_{xq} \, exp\left[j\left(\beta' y \sin\varphi - \beta_{xT}(z - L)\right)\right] \\ \hat{D}_{yq} \, exp\left[j\left(\beta' y \sin\varphi - \beta_{yT}(z - L)\right)\right] \\ \hat{D}_{zq} \, exp\left[j\left(\beta' y \sin\varphi - \beta_{yT}(z - L)\right)\right] \end{pmatrix} \tag{2.158}$$

- reflektierte Welle

$$\underbrace{\begin{pmatrix} D_{xR}(y, z) \\ D_{yR}(y, z) \\ D_{zR}(y, z) \end{pmatrix}}_{=\vec{D}_R} = \begin{pmatrix} \hat{D}_{xR} \, exp\left[j\left(\beta' y \sin\varphi + \beta_{xT}(z - L)\right)\right] \\ \hat{D}_{yR} \, exp\left[j\left(\beta' y \sin\varphi + \beta_{yT}(z - L)\right)\right] \\ \hat{D}_{zR} \, exp\left[j\left(\beta' y \sin\varphi + \beta_{yT}(z - L)\right)\right] \end{pmatrix} \tag{2.159}$$

- transmittierte Welle

$$\underbrace{\begin{pmatrix} D_{xT}(y, z) \\ D_{yT}(y, z) \\ D_{zT}(y, z) \end{pmatrix}}_{=\vec{D}_T} = \underbrace{\begin{pmatrix} \hat{D}_{xT} \\ \hat{D}_{yT} \\ \hat{D}_{zT} \end{pmatrix}}_{=\vec{D}_{To}} exp\left[j\left(\beta' y \sin\varphi - k_{zT}(z - L)\right)\right] \tag{2.160}$$

Divergenzen. Für die Quellenwelle folgt aus $div\,\vec{D}_q = 0$:

$$\hat{D}_{zq} = \frac{\beta' \sin\varphi}{\beta_{yT}} \hat{D}_{yq} = \frac{\beta' \sin\varphi}{\beta_{yT}} \varepsilon_y \hat{E}_{yq} \, . \tag{2.161}$$

Aus $div\,\vec{D}_R = 0$ ergibt sich für die reflektierte Welle

$$\hat{D}_{zR} = -\frac{\beta' sin\varphi}{\beta_{yT}}\,\hat{D}_{yR} = -\frac{\beta' sin\varphi}{\beta_{yT}}\,\varepsilon_y\,\hat{E}_{yR} \tag{2.162}$$

Damit gilt bei Verwendung von 2.152, 2.161 und 2.162:

$$\hat{D}_{zR} = -T_{yR}^{ia}\,\hat{D}_{zq} = T_{zR}^{ia}\,\hat{D}_{zq}\,. \tag{2.163}$$

- Reflexionsverhalten

$$\boxed{D_{zR}\left(y, L_-\right) = T_{zR}^{ia}\,D_{zq}\left(y, L_-\right)} \tag{2.164}$$

- Reflexionsfaktor

$$\boxed{T_{zR}^{ia} = -T_{yR}^{ia}\,.} \tag{2.165}$$

Für die übertragene Welle erhält man aus $div\,\vec{D}_T = 0$:

$$\hat{D}_{zT} = \frac{\beta' sin\varphi}{k_{zT}}\,\hat{D}_{yT} \tag{2.166}$$

und weiter ergibt sich mit

$$\hat{D}_{yT} = \varepsilon_3\,\hat{E}_{yT} = \varepsilon_3\,T_{yT}^{ia}\,\hat{E}_{yq} = \frac{\varepsilon_3}{\varepsilon_y}\,\frac{\beta_{yT}}{\beta' sin\varphi}\,T_{yT}^{ia}\,\hat{D}_{zq}$$

$$\rightarrow \quad \hat{D}_{zT} = \frac{\varepsilon_3}{\varepsilon_y}\,\frac{\beta_{yT}}{k_{zT}}\,T_{yT}^{ia}\,\hat{D}_{zq} = T_{zT}^{ia}\,\hat{D}_{zq}\,. \tag{2.167}$$

Damit gilt für die z-Komponenten der Verschiebungsflussdichte:

- Transmissionsverhalten

$$\boxed{D_{zT}\left(y, L_+\right) = T_{zT}^{ia}\,D_{zq}\left(y, L_-\right)} \tag{2.168}$$

- Transmissionsfaktor

$$\boxed{T_{zT}^{ia} = \frac{2\,n_3\sqrt{1-\left(\frac{n_1}{n_z}\right)^2 sin^2\varphi}}{n_y\sqrt{1-\left(\frac{n_1}{n_3}\right)^2 sin^2\varphi} + n_3\sqrt{1-\left(\frac{n_1}{n_z}\right)^2 sin^2\varphi}}} \tag{2.169}$$

Auch an der Grenzschicht anisotrop → isotrop ist das Grundgesetz der Magnetostatik durch die in Unterabschnitt 2.2.6.2 dargestellten Ansätze und Lösungen automatisch erfüllt. Das sieht man wie folgt ein

- Für die einfallende Welle gilt:

$$div\,\vec{H}_q = 0$$

$$\rightarrow \quad \beta' sin\varphi\,\hat{H}_{yq} - \beta_{xT}\,\hat{H}_{zq} = 0$$

$$\hat{H}_{yq} = \frac{\beta_{xT}}{\omega\,\mu_o}\,\hat{E}_{xq}$$

$$\hat{H}_{zq} = \frac{\beta' \sin\varphi}{\omega\,\mu_o}\,\hat{E}_{xq} \qquad (2.170)$$

$$\rightarrow \quad (\beta' \sin\varphi \cdot \beta_{xT} - \beta' \sin\varphi \cdot \beta_{xT})\frac{\hat{E}_{xq}}{\omega\,\mu_o} = 0$$

$$0 = 0\,.$$

- Für die reflektierte Welle ergibt sich:

$$div\,\vec{H}_R = 0$$

$$\rightarrow \quad \beta' \sin\varphi\,\hat{H}_{yR} + \beta_{xT}\,\hat{H}_{zR} = 0$$

$$\hat{H}_{yR} = \frac{-\beta_{xT}}{\omega\,\mu_o}\,\hat{E}_{xR}$$

$$\hat{H}_{zR} = \frac{\beta' \sin\varphi}{\omega\,\mu_o}\,\hat{E}_{xR} \qquad (2.171)$$

$$\rightarrow \quad (-\beta' \sin\varphi \cdot \beta_{xT} + \beta' \sin\varphi \cdot \beta_{xT})\frac{\hat{E}_{xR}}{\omega\,\mu_o} = 0$$

$$0 = 0\,.$$

- Für die übertragene Welle erhalten Sie:

$$div\,\vec{H}_T = 0$$

$$\rightarrow \quad \beta' \sin\varphi\,\hat{H}_{yT} - k_{zT}\,\hat{H}_{zT} = 0$$

$$\hat{H}_{yT} = \frac{k_{zT}}{\omega\,\mu_o}\,\hat{E}_{xT}$$

$$\hat{H}_{zT} = \frac{\beta' \sin\varphi}{\omega\,\mu_o}\,\hat{E}_{xT} \qquad (2.172)$$

$$\rightarrow \quad (\beta' \sin\varphi \cdot k_{zT} - \beta' \sin\varphi \cdot k_{zT})\frac{\hat{E}_{xT}}{\omega\,\mu_o} = 0$$

$$0 = 0\,.$$

Durch Multiplikation sämtlicher Gleichungen 2.170 bis 2.172 mit μ_0 erkennt man auch hier, dass das Grundgesetz der Magnetostatik ebenfalls für die magnetische Flussdichte automatisch durch die gewählten Ansätze und ermittelten Lösungen erfüllt ist.

2.3 Feldverteilung in anisotropen optischen Bauelementen

2.3.1 Gleichungssysteme für die E_m- und H_m-Moden

Problemdarstellung. Für ein anisotropes optisches Bauelement soll die Feldverteilung für bevorzugte Moden bestimmt werden. Dazu geht man von der Darstellung eines optischen Bauelementes nach Bild 2-6 aus.

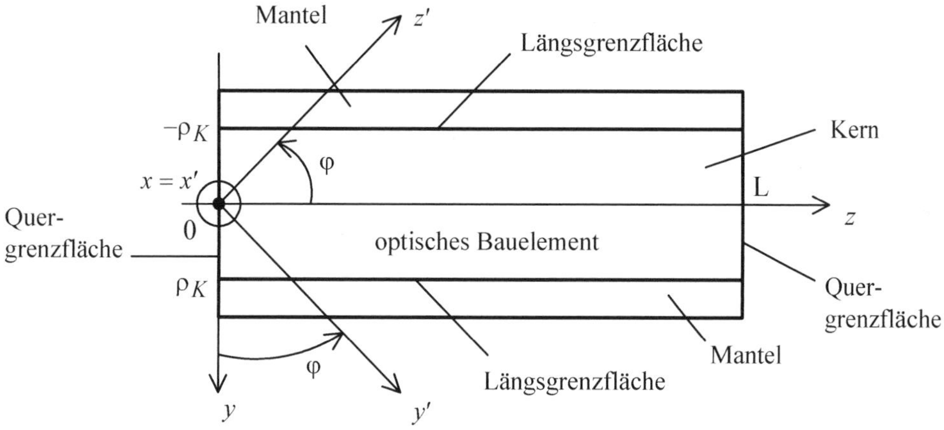

Bild 2-6 Optisches Bauelement mit Quer- und Längsgrenzflächen

Maxwell-Gleichungen. Das Induktionsgesetz für cosinusförmige Vorgänge lautet:

$$rot\,\vec{E} = -j\,\omega\,\mu_o\,\vec{H} \tag{2.173}$$

Nehmen Sie nun bitte an, dass ein optisches Bauelement durch eine ebene Welle in der yz-Ebene nach Bild 2-6 angeregt wird. Dann hängt das Problem der Berechnung der Feldverteilung nicht von x ab und es gilt

$$\begin{aligned} rot\,\vec{E} &= \left(\frac{\partial E_z}{\partial y} - \frac{\partial E_y}{\partial z} \right) \vec{e}_x + \frac{\partial E_x}{\partial z}\,\vec{e}_y - \frac{\partial E_x}{\partial y}\,\vec{e}_z \\ &= -j\,\omega\,\mu_o\,\vec{H} \\ &= -j\,\omega\,\mu_o \left(H_x\,\vec{e}_x + H_y\,\vec{e}_y + H_z\,\vec{e}_z \right) \end{aligned}$$

oder komponentenweise

$$\begin{aligned} \frac{\partial E_z}{\partial y} - \frac{\partial E_y}{\partial z} &= -j\,\omega\,\mu_o\,H_x \\ \frac{\partial E_x}{\partial z} &= -j\,\omega\,\mu_o\,H_y \\ \frac{\partial E_x}{\partial y} &= j\,\omega\,\mu_o\,H_z \end{aligned} \tag{2.174}$$

Aus dem Durchflutungsgesetz

$$rot\,\vec{H} = j\,\omega\,\underline{\varepsilon}\,\vec{E} \tag{2.175}$$

folgt

$$\begin{aligned} rot\,\vec{H} &= \left(\frac{\partial H_z}{\partial y} - \frac{\partial H_y}{\partial z}\right)\vec{e}_x + \frac{\partial H_x}{\partial z}\,\vec{e}_y - \frac{\partial H_x}{\partial y}\,\vec{e}_z \\ &= j\,\omega\,\underline{\varepsilon}\,\vec{E} \\ &= j\,\omega\left(\varepsilon_x\,E_x\,\vec{e}_x + \varepsilon_y\,E_y\,\vec{e}_y + \varepsilon_z\,E_z\,\vec{e}_z\right) \end{aligned}$$

oder komponentenweise

$$\begin{aligned} \frac{\partial H_z}{\partial y} - \frac{\partial H_y}{\partial z} &= j\,\omega\,\varepsilon_x\,E_x \\ \frac{\partial H_x}{\partial z} &= j\,\omega\,\varepsilon_y\,E_y \\ -\frac{\partial H_x}{\partial y} &= j\,\omega\,\varepsilon_z\,E_z \end{aligned} \tag{2.176}$$

Aus 2.174 und 2.176 lassen sich folgende eigenständige Gleichungssysteme bilden:

- **Gleichungssystem der E_m-Moden**

$$\boxed{\begin{aligned} \frac{\partial E_z}{\partial y} - \frac{\partial E_y}{\partial z} &= -j\,\omega\,\mu_o\,H_x \\ \frac{\partial H_x}{\partial z} &= j\,\omega\,\varepsilon_y\,E_y \\ -\frac{\partial H_x}{\partial y} &= j\,\omega\,\varepsilon_z\,E_z \end{aligned}} \tag{2.177}$$

- **Gleichungssystem der H_m-Moden**

$$\boxed{\begin{aligned} \frac{\partial H_z}{\partial y} - \frac{\partial H_y}{\partial z} &= j\,\omega\,\varepsilon_x\,E_x \\ \frac{\partial E_x}{\partial z} &= -j\,\omega\,\mu_o\,H_y \\ \frac{\partial E_x}{\partial y} &= j\,\omega\,\mu_o\,H_z \end{aligned}} \tag{2.178}$$

2.3.2 E_m-Moden

2.3.2.1 Lösungsansatz

Ansatz. Zur Lösung des Gleichungssystems 2.177 der E_m-Moden ist folgender Ansatz für den Kernbereich, Index 1, und den Mantelbereich, Index 2, des optischen Bauelementes zweckmäßig:

$$
\begin{aligned}
H_{x2} &= A\,exp\left(k''_{yz}\;y - j\,\beta_y z\right),\; y \le -\rho_K \\
H_{x2} &= B\,exp\left(-k''_{yz}\;y - j\,\beta_y z\right),\; y \ge \rho_K \\
H_{x1} &= \left[C\,cos\left(k_{yz}\;y\right) + D\,sin\left(k_{yz}\;y\right)\right] exp\left(-j\,\beta_y z\right),\; -\rho_K \le y \le \rho_K
\end{aligned}
\tag{2.179}
$$

Im Kern wird also für die magnetische Feldstärke H_{x1} Stehwellenverhalten und im Mantel für H_{x2} Abklingverhalten in der Transversalebene sowie Wellenausbreitung in z-Richtung verlangt.

Auswertung. Die Ansatzgleichungen 2.179 werden nun in das Gleichungssystem der E_m-Moden 2.177 eingeführt und Bedingungen an die Parameter abgeleitet:

- $y \le -\rho_K$:

$$
\begin{aligned}
E_{y2} &= \frac{1}{j\,\omega\,\varepsilon_{y2}}\,\frac{\partial H_{x2}}{\partial z} = \frac{-\beta_y}{\omega\,\varepsilon_{y2}}\,A\,exp\left(k''_{yz}\;y - j\,\beta_y z\right) \\
E_{z2} &= \frac{-1}{j\,\omega\,\varepsilon_{z2}}\,\frac{\partial H_{x2}}{\partial y} = \frac{-k''_{yz}}{j\,\omega\,\varepsilon_{z2}}\,A\,exp\left(k''_{yz}\;y - j\,\beta_y z\right)
\end{aligned}
\tag{2.180}
$$

$$
\frac{\partial E_{z2}}{\partial y} - \frac{\partial E_{y2}}{\partial z} = -j\,\omega\,\mu_o\,H_{x2}
$$

$$
\rightarrow\; k''_{yz} = \sqrt{\frac{\varepsilon_{z2}}{\varepsilon_{y2}}\,\beta_y^2 - \omega^2\,\mu_o\,\varepsilon_{z2}}
$$

- $y \ge \rho_K$:

$$
\begin{aligned}
E_{y2} &= \frac{1}{j\,\omega\,\varepsilon_{y2}}\,\frac{\partial H_{x2}}{\partial z} = \frac{-\beta_y}{\omega\,\varepsilon_{y2}}\,B\,exp\left(-k''_{yz}\;y - j\,\beta_y z\right) \\
E_{z2} &= \frac{-1}{j\,\omega\,\varepsilon_{z2}}\,\frac{\partial H_{x2}}{\partial y} = \frac{k''_{yz}}{j\,\omega\,\varepsilon_{z2}}\,B\,exp\left(-k''_{yz}\;y - j\,\beta_y z\right)
\end{aligned}
\tag{2.181}
$$

$$\frac{\partial E_{z2}}{\partial y} - \frac{\partial E_{y2}}{\partial z} = -j\omega\mu_o H_{x2}$$

$$\rightarrow \quad k''_{yz} = \sqrt{\frac{\varepsilon_{z2}}{\varepsilon_{y2}}\beta_y^2 - \omega^2 \mu_o \varepsilon_{z2}}$$

- $-\rho_K \leq y \leq \rho_K$:

$$E_{y1} = \frac{1}{j\omega\varepsilon_y}\frac{\partial H_{x1}}{\partial z}$$

$$E_{y1} = \frac{-\beta_y}{\omega\varepsilon_y}\left[C\cos\left(k_{yz}y\right) + D\sin\left(k_{yz}y\right)\right]\exp\left(-j\beta_y z\right)$$

$$E_{z1} = \frac{-1}{j\omega\varepsilon_z}\frac{\partial H_{x1}}{\partial y} \tag{2.182}$$

$$E_{z1} = \frac{k_{yz}}{j\omega\varepsilon_z}\left[C\sin\left(k_{yz}y\right) - D\cos\left(k_{yz}y\right)\right]\exp\left(-j\beta_y z\right)$$

$$\frac{\partial E_{z1}}{\partial y} - \frac{\partial E_{y1}}{\partial z} = -j\omega\mu_o H_{x1}$$

$$\rightarrow \quad k_{yz} = \sqrt{\omega^2 \mu_o \varepsilon_z - \frac{\varepsilon_z}{\varepsilon_y}\beta_y^2} \quad .$$

Schlussfolgernd aus 2.180 bis 2.182 erkennt man, dass A, B, C, D und β_y noch unbekannte Parameter sind. Außerdem wird es dem Leser überlassen zu zeigen, dass $div\,\vec{B} = 0$ und $div\,\vec{D} = 0$ durch die verwendeten Ansätze und Lösungen automatisch erfüllt sind. Sehen Sie dazu Aufgabe A 2.3.

2.3.2.2 Stetigkeitsbedingungen an den Längs-Grenzflächen

Bedingungen. Die Lösungen 2.180 bis 2.182 müssen an der Kern-Mantel-Grenzfläche für $y = \pm\rho_K$ aneinander angepasst werden. Das erfolgt durch Auswertung der Stetigkeitsbedingungen des Photonenfeldes:

$$\boxed{\begin{aligned} &E_{z1}\left(-\rho_K, z\right) = E_{z2}\left(-\rho_K, z\right)\\ &E_{z1}\left(\rho_K, z\right) = E_{z2}\left(\rho_K, z\right)\\ &H_{x1}\left(-\rho_K, z\right) = H_{x2}\left(-\rho_K, z\right)\\ &H_{x1}\left(\rho_K, z\right) = H_{x2}\left(\rho_K, z\right)\end{aligned}} \tag{2.183}$$

In x-Richtung sei das optische Bauelement unendlich weit ausgedehnt.

Auswertung. Aus 2.180 bis 2.183 folgt das homogene Gleichungssystem 2.184 für die Konstanten A, B, C, D als Unbekannte.

$$\underbrace{\begin{pmatrix} m_{11} & m_{12} & m_{13} & m_{14} \\ m_{21} & m_{22} & m_{23} & m_{24} \\ m_{31} & m_{32} & m_{33} & m_{34} \\ m_{41} & m_{42} & m_{43} & m_{44} \end{pmatrix}}_{=\underline{M}} \begin{pmatrix} A \\ B \\ C \\ D \end{pmatrix} = \begin{pmatrix} 0 \\ 0 \\ 0 \\ 0 \end{pmatrix} \tag{2.184}$$

$$\begin{aligned}
m_{11} &= m_{22} = \frac{k''_{yz}}{\varepsilon_{z2}} \, exp\left(-k''_{yz}\,\rho_K\right) \\
m_{12} &= m_{21} = 0 \\
m_{31} &= m_{42} = exp\left(-k''_{yz}\,\rho_K\right) \\
m_{32} &= m_{41} = 0 \\
m_{13} &= m_{23} = -\frac{k_{yz}}{\varepsilon_z} \, sin\left(k_{yz}\,\rho_K\right) \\
m_{14} &= -m_{24} = -\frac{k_{yz}}{\varepsilon_z} \, cos\left(k_{yz}\,\rho_K\right) \\
m_{33} &= m_{43} = -\,cos\left(k_{yz}\,\rho_K\right) \\
m_{34} &= -m_{44} = sin\left(k_{yz}\,\rho_K\right)
\end{aligned} \tag{2.185}$$

Das Gleichungssystem 2.184 mit den Koeffizienten 2.185 besitzt nur dann nichttriviale Lösungen, wenn die Koeffizientendeterminante verschwindet, sehen Sie dazu Unterabschnitt 2.3.2.3.

2.3.2.3 Eigenwertgleichung für die E_m-Moden

Determinante. Aus 2.184 und 2.185 erhält man die Eigenwertgleichung für die E_m-Moden:

$$det\ \underline{M} = 0$$

$$\rightarrow \left(\frac{k''^2_{yz}}{\varepsilon^2_{z2}} - \frac{k^2_{yz}}{\varepsilon^2_z}\right) \frac{1}{2} sin\left(2\,k_{yz}\rho_K\right) + \frac{k_{yz}\,k''_{yz}}{\varepsilon_z\,\varepsilon_{z2}} cos\left(2\,k_{yz}\,\rho_K\right) = 0 \tag{2.186}$$

Lösung der Eigenwertgleichung. Da später die Übertragung optischer Signale mit den z-Komponenten der elektrischen Feldstärke bzw. Verschiebungsflussdichte im Mittelpunkt der Betrachtung stehen soll, wird die Lösungsschar der Eigenwertgleichung 2.186 gewählt, die auch auf eine nichtverschwindende z-Komponente von $\vec{E}$ bzw. $\vec{D}$ führt.

Diese Lösung lautet:

$$\frac{k''^2_{yz}}{\varepsilon^2_{z2}} = \frac{k^2_{yz}}{\varepsilon^2_z}, \quad k_{yz}\,\rho_K = (2m+1)\frac{\pi}{4}, \quad m = 0, 1, 2, \cdots \tag{2.187}$$

Parameterbestimmung. Aus 2.180 bis 2.182 und 2.187 erhalten Sie für die Parameter der Feldverteilung folgende Lösungen:

$$\beta_y = \omega \sqrt{\mu_o\, \varepsilon_{y2} \frac{1+\dfrac{\varepsilon_{z2}}{\varepsilon_z}}{1+\dfrac{\varepsilon_{y2}\, \varepsilon_{z2}}{\varepsilon_y\, \varepsilon_z}}} \tag{2.188}$$

$$k_{yz} = \omega \sqrt{\mu_o\, \varepsilon_z^2 \frac{\varepsilon_y - \varepsilon_{y2}}{\varepsilon_y\, \varepsilon_z + \varepsilon_{y2}\, \varepsilon_{z2}}} \tag{2.189}$$

$$k''_{yz} = \omega \sqrt{\mu_o\, \varepsilon_{z2}^2 \frac{\varepsilon_y - \varepsilon_{y2}}{\varepsilon_y\, \varepsilon_z + \varepsilon_{y2}\, \varepsilon_{z2}}} \tag{2.190}$$

Der Kernradius ρ_K ergibt sich mit 2.187 und 2.189:

$$\rho_K = \frac{\pi\,(2\,m+1)}{4\,\omega\,\varepsilon_z \sqrt{\mu_o \dfrac{\varepsilon_y - \varepsilon_{y2}}{\varepsilon_y\, \varepsilon_z + \varepsilon_{y2}\, \varepsilon_{z2}}}} \tag{2.191}$$

Für den Monomode-LWL erhalten Sie aus 2.191 mit $m = 0$:

$$\rho_K = \frac{\pi}{4\,\omega\,\varepsilon_z \sqrt{\mu_o \dfrac{\varepsilon_y - \varepsilon_{y2}}{\varepsilon_y\, \varepsilon_z + \varepsilon_{y2}\, \varepsilon_{z2}}}} \tag{2.192}$$

2.192 zeigt, dass der Kernradius ρ_K und die Kreisfrequenz ω der das optische Bauelement anregenden Lichtwelle aneinander angepasst sein müssen. Der aus der Praxis bekannte schwach führende Monomode-LWL ist mit $\varepsilon_y \approx \varepsilon_{y2}$ und $\varepsilon_z \approx \varepsilon_{z2}$ durch

$$\beta_y \approx \frac{\omega}{c} n_y\,, \quad k_{yz} \approx k''_{yz} \approx 0\,, \quad \rho_K \to \infty \tag{2.193}$$

gekennzeichnet. Die Bedingung $\rho_K \to \infty$ drückt dabei aus, dass näherungsweise ein unendlich weit ausgedehntes homogenes Medium in diesem Fall vorliegt. Aufgabe A2.4 hat die Parameterbestimmung aus 2.188 bis 2.192 zum Inhalt.

2.3.2.4 Feldverteilung für den E_0-Mode

***E_0*-Mode.** Aus 2.187 folgen an den E_0-Mode die Bedingungen

$$m = 0\,, \quad k_{yz}\,\rho_K = \frac{\pi}{4}\,, \quad k''_{yz}\,\rho_K = \frac{\varepsilon_{z2}}{\varepsilon_z}\frac{\pi}{4} \tag{2.194}$$

Konstanten. 2.194 wird in 2.184, 2.185 eingeführt und liefert für die speziellen Konstanten A_0, B_0, C_0, D_0 des E_0-Modes das homogene Gleichungssystem

$$\begin{pmatrix} exp\left(-\frac{\varepsilon_{z2}}{\varepsilon_z}\frac{\pi}{4}\right) & 0 & -\frac{1}{\sqrt{2}} & -\frac{1}{\sqrt{2}} \\ 0 & exp\left(-\frac{\varepsilon_{z2}}{\varepsilon_z}\frac{\pi}{4}\right) & -\frac{1}{\sqrt{2}} & \frac{1}{\sqrt{2}} \\ exp\left(-\frac{\varepsilon_{z2}}{\varepsilon_z}\frac{\pi}{4}\right) & 0 & -\frac{1}{\sqrt{2}} & \frac{1}{\sqrt{2}} \\ 0 & exp\left(-\frac{\varepsilon_{z2}}{\varepsilon_z}\frac{\pi}{4}\right) & -\frac{1}{\sqrt{2}} & -\frac{1}{\sqrt{2}} \end{pmatrix} \begin{pmatrix} A_0 \\ B_0 \\ C_0 \\ D_0 \end{pmatrix} = \begin{pmatrix} 0 \\ 0 \\ 0 \\ 0 \end{pmatrix} \tag{2.195}$$

Durch elementare Umformung geht 2.195 in

$$\begin{pmatrix} exp\left(-\frac{\varepsilon_{z2}}{\varepsilon_z}\frac{\pi}{4}\right) & 0 & -\frac{1}{\sqrt{2}} & -\frac{1}{\sqrt{2}} \\ 0 & exp\left(-\frac{\varepsilon_{z2}}{\varepsilon_z}\frac{\pi}{4}\right) & -\frac{1}{\sqrt{2}} & \frac{1}{\sqrt{2}} \\ 0 & 0 & 0 & \frac{2}{\sqrt{2}} \\ 0 & 0 & 0 & 0 \end{pmatrix} \begin{pmatrix} A_0 \\ B_0 \\ C_0 \\ D_0 \end{pmatrix} = \begin{pmatrix} 0 \\ 0 \\ 0 \\ 0 \end{pmatrix} \tag{2.196}$$

über. An 2.196 ist der erforderliche Rangabfall des Gleichungssystems deutlich zu erkennen, so dass die nichttriviale Lösung lautet

$$A_0 = B_0 = \frac{exp\left(\frac{\varepsilon_{z2}}{\varepsilon_z}\frac{\pi}{4}\right)}{\sqrt{2}} C_0\,, \quad D_0 = 0 \tag{2.197}$$

C_0 wird durch die Anregungsbedingungen des E_0-Modes bestimmt. Sehen Sie dazu Unterabschnitt 2.3.2.5.

Feldverteilungen im Mantel. Mit 2.179 erhalten Sie folgende Feldverteilungen für den E_0-Mode im Mantel eines anisotropen optischen Bauelementes:

- $y \leq -\rho_K$:

$$\boxed{\begin{aligned} E_{y2} &= \frac{-\beta_y C_0}{\sqrt{2}\,\omega\,\varepsilon_{y2}}\, exp\left[\frac{\varepsilon_{z2}}{\varepsilon_z}\frac{\pi}{4}\left(1+\frac{y}{\rho_K}\right) - j\,\beta_y z\right] \\ E_{z2} &= j\,\frac{\pi\, C_0}{4\sqrt{2}\,\omega\,\varepsilon_z\,\rho_K}\, exp\left[\frac{\varepsilon_{z2}}{\varepsilon_z}\frac{\pi}{4}\left(1+\frac{y}{\rho_K}\right) - j\,\beta_y z\right] \\ H_{x2} &= \frac{C_0}{\sqrt{2}}\, exp\left[\frac{\varepsilon_{z2}}{\varepsilon_z}\frac{\pi}{4}\left(1+\frac{y}{\rho_K}\right) - j\,\beta_y z\right] \end{aligned}} \tag{2.198}$$

- $y \geq \rho_K$:

$$E_{y2} = \frac{-\beta_y C_0}{\sqrt{2}\,\omega\,\varepsilon_{y2}} \exp\left[\frac{\varepsilon_{z2}}{\varepsilon_z}\frac{\pi}{4}\left(1-\frac{y}{\rho_K}\right) - j\,\beta_y z\right]$$

$$E_{z2} = -j\,\frac{\pi C_0}{4\sqrt{2}\,\omega\,\varepsilon_z\,\rho_K} \exp\left[\frac{\varepsilon_{z2}}{\varepsilon_z}\frac{\pi}{4}\left(1-\frac{y}{\rho_K}\right) - j\,\beta_y z\right] \tag{2.199}$$

$$H_{x2} = \frac{C_0}{\sqrt{2}} \exp\left[\frac{\varepsilon_{z2}}{\varepsilon_z}\frac{\pi}{4}\left(1-\frac{y}{\rho_K}\right) - j\,\beta_y z\right]$$

Feldverteilung im Kern. Die Feldverteilung des E_0-Mode im Kern eines anisotropen optischen Bauelementes ergibt sich aus 2.182, 2.194 und 2.197:

- $-\rho_K \leq y \leq \rho_K$:

$$E_{y1} = \frac{-\beta_y C_0}{\omega\,\varepsilon_y} \cos\left(\frac{\pi}{4}\frac{y}{\rho_k}\right) \exp\left(-j\,\beta_y z\right)$$

$$E_{z1} = -j\,\frac{\pi C_0}{4\,\omega\,\varepsilon_z\,\rho_K} \sin\left(\frac{\pi}{4}\frac{y}{\rho_K}\right) \exp\left(-j\,\beta_y z\right) \tag{2.200}$$

$$H_{x1} = C_0 \cos\left(\frac{\pi}{4}\frac{y}{\rho_K}\right) \exp\left(-j\,\beta_y z\right).$$

2.3.2.5 *Anregung des E_0-Modes*

Algorithmus. Die Modenanregung erfolgt durch Überlagerung schräg einfallender ebener Wellen nach dem Schema:

1. Einkopplung an der Kernstirnfläche
2. Reflexion an der Kern-Mantel-Grenzfläche
3. Interferenz von Quellen- und reflektierter Welle
4. „Ankopplung“ an die Feldverteilung

- Einkopplung an der Kernstirnfläche

Rechts der eingangsseitigen Quergrenzfläche nach Bild 2-6 liege im Kern des anisotropen optischen Bauelementes die schräg laufende ebene Welle nach 2.201 vor.

$$E_{yT}(y,z) = \hat{E}_{yT}\,\exp\left[-j\left(k_{yT}\,y + \beta_{yT}\,z\right)\right]$$

$$E_{zT}(y,z) = \hat{E}_{zT}\,\exp\left[-j\left(k_{yT}\,y + \beta_{yT}\,z\right)\right]$$

$$H_{xT}(y,z) = \hat{H}_{xT}\,\exp\left[-j\left(k_{yT}\,y + \beta_{yT}\,z\right)\right] \tag{2.201}$$

$$\beta_{yT} = \omega\sqrt{\mu_0\,\varepsilon_y\left(1-\frac{\varepsilon_1}{\varepsilon_z}\sin^2\varphi\right)}$$

$$k_{yT} = -\omega\sqrt{\mu_0\,\varepsilon_1}\,\sin\varphi$$

Links der eingangsseitigen Grenzfläche befinde sich ein isotropes Medium mit der Dielektrizitätskonstanten ε_1, in dem eine unter dem Einfallswinkel φ von einer Monomode-Laserdiode erzeugte, näherungsweise ebene Welle läuft.

Für die Amplituden von 2.201 gilt unter Bezug auf die Ausführungen zur Grenzschicht isotrop $\rightarrow$ anisotrop:

$$\hat{E}_{yT} = T_{yT}^{ai}\,\hat{E}_{yq}$$

$$\hat{E}_{zT} = \frac{\varepsilon_1}{\varepsilon_z}\,T_{zT}^{ai}\,\hat{E}_{zq} = \left(\frac{n_1}{n_z}\right)^2 T_{zT}^{ai}\,\hat{E}_{zq}$$

$$\hat{H}_{xT} = \left(k_{yT}\,\hat{E}_{zT} - \beta_{yT}\,\hat{E}_{yT}\right)\frac{1}{\omega\,\mu_o}$$

$$= \left(k_{yT}\left(\frac{n_1}{n_z}\right)^2 T_{zT}^{ai}\,\hat{E}_{zq} - \beta_{yT}\,T_{yT}^{ai}\,\hat{E}_{yq}\right)\frac{1}{\omega\,\mu_o} \tag{2.202}$$

$$\hat{E}_{yq} = \frac{\hat{D}_0}{\varepsilon_1}\cos\varphi$$

$$\hat{E}_{zq} = \frac{\hat{D}_0}{\varepsilon_1}\sin\varphi\ .$$

In 2.202 ist $\hat{D}_0$ die Feldamplitude der Verschiebungsflussdichte der anregenden Monomode-Laserdiode. Bezüglich der Polarisation der anregenden Lichtwelle wird vorerst

$$\left|e_{y'}\right| = 1\,,\ \psi_{y'} = 0 \tag{2.203}$$

vorausgesetzt.

- Reflexion an der Kern-Mantel-Grenzfläche

Die an der Kern-Mantel-Grenzfläche reflektierte Welle läuft ebenfalls schräg durch den Kern. Für sie gilt:

$$E_{yR}(y,z) = \hat{E}_{yT}\ exp\left[j\left(k_{yT}\,y - \beta_{yT}\,z\right)\right]$$

$$E_{zR}(y,z) = -\hat{E}_{zT}\ exp\left[j\left(k_{yT}\,y - \beta_{yT}\,z\right)\right] \tag{2.204}$$

$$H_{xR}(y,z) = \hat{H}_{xT}\ exp\left[j\left(k_{yT}\,y - \beta_{yT}\,z\right)\right]$$

- Interferenz von Quellen- und reflektierter Welle

Für die Quellenwelle und die reflektierte Welle gilt in linearen Medien für die Komponenten, die die gleiche Polarisationsrichtung besitzen, das Superpositionsprinzip. Daraus folgt mit 2.201, 2.202 und 2.204:

$$E_{y1}(y,z) = E_{yT}(y,z) + E_{yR}(y,z)$$
$$= 2\,\hat{E}_{yT}\,\cos\left(k_{yT}\,y\right)\exp\left(-j\,\beta_{yT}\,z\right) \tag{2.205}$$

$$E_{y1}(y,z) = \frac{2\,T_{yT}^{ai}\,\hat{D}_0\,\cos\varphi}{\varepsilon_1}\cos\left(k_{yT}\,y\right)\exp\left(-j\,\beta_{yT}\,z\right)$$

$$E_{z1}(y,z) = E_{zT}(y,z) + E_{zR}(y,z)$$
$$= -2\,j\,\hat{E}_{zT}\,\sin\left(k_{yT}\,y\right)\exp\left(-j\,\beta_{yT}\,z\right) \tag{2.206}$$

$$E_{z1}(y,z) = \frac{-2\,j\left(\frac{n_1}{n_z}\right)^2 T_{zT}^{ai}\,\hat{D}_o\,\sin\varphi}{\varepsilon_1}\sin\left(k_{yT}\,y\right)\exp\left(-j\,\beta_{yT}\,z\right)$$

$$H_{x1}(y,z) = H_{xT}(y,z) + H_{yR}(y,z)$$
$$= 2\,\hat{H}_{xT}\,\cos\left(k_{yT}\,y\right)\exp\left(-j\,\beta_{yT}\,z\right)$$

$$H_{x1}(y,z) = \left[k_{yT}\left(\frac{n_1}{n_z}\right)^2 T_{zT}^{ai}\,\sin\varphi - \beta_{yT}\,T_{yT}^{ai}\,\cos\varphi\right]\frac{2\,\hat{D}_o}{\omega\,\mu_o\varepsilon_1}\cdot \tag{2.207}$$
$$\cos\left(k_{yT}\,y\right)\exp\left(-j\,\beta_{yT}\,z\right)\ .$$

- „Ankopplung“ an die Feldverteilung

Durch Gleichsetzen der entsprechenden Gleichungen 2.200 und 2.205 bis 2.207 ergeben sich die Bedingungen

$$\beta_{yT} = \beta_y$$

$$k_{yT} = -\frac{\omega}{c}\,n_1\,\sin\varphi = -\frac{\pi}{4\,\rho_K}$$

$$\frac{-\beta_y C_o}{\omega\,\varepsilon_y} = \frac{2\,T_{yT}^{ai}\,\hat{D}_o\,\cos\varphi}{\varepsilon_1} \tag{2.208}$$

$$\frac{\pi\,C_o}{4\,\omega\,\varepsilon_z\,\rho_K} = \frac{-2\left(\frac{n_1}{n_z}\right)^2 T_{zT}^{ai}\,\hat{D}_o\,\sin\varphi}{\varepsilon_1}$$

$$C_o = \left[k_{yT}\left(\frac{n_1}{n_z}\right)T_{zT}^{ai}\,\sin\varphi - \beta_{yT}\,T_{yT}^{ai}\,\cos\varphi\right]\frac{2\,\hat{D}_o}{\omega\,\mu_o\,\varepsilon_1}$$

Modenanregungsbedingungen. Aus 2.208 folgen die Modenanregungsbedingungen

$$C_o = -\frac{2\,c}{n_1}\,T_{zT}^{ai}\,\hat{D}_o \quad \textit{für} \quad \left|e_{y'}\right| = 1, \psi_{y'} = 0 \tag{2.209 a}$$

$$\boxed{C_o = -\frac{2\,c}{n_1}\, T_{zT}^{ai}\, \hat{D}_o \left| e_{y'} \right| exp\left(-j\,\psi_{y'}\right) \quad für \quad \left| e_{y'} \right|, \psi_{y'}\ beliebig} \tag{2.209 b}$$

$$\boxed{sin\varphi = \frac{n_z^2}{n_1} \sqrt{\frac{n_y^2 - n_{y2}^2}{n_y^2\, n_z^2 + n_{y2}^2\, n_{z2}^2}} = \frac{\pi\, c}{4\,\omega\, n_1\, \rho_K}} \tag{2.210}$$

mit ρ_K nach 2.192.

2.3.3 H_m-Moden

2.3.3.1 *Lösungsansatz*

Ansatz. Zur Lösung des Gleichungssystems 2.178 der H_m-Moden wird folgender Ansatz für die x-Komponente der elektrischen Feldstärke verwendet:

$$\begin{aligned} E_{x2} &= F\, exp\left(k''_{yx}\, y - j\,\beta_x z\right), \quad y \le -\rho_K \\ E_{x2} &= G\, exp\left(-k''_{yx}\, y - j\,\beta_x z\right), \quad y \ge \rho_K \\ E_{x1} &= \left[K\, cos\left(k_{yx}\, y\right) + L\, sin\left(k_{yx}\, y\right)\right] exp\left(-j\,\beta_x z\right), \quad -\rho_K \le y \le \rho_K \end{aligned} \tag{2.211}$$

Auswertung: Den Ansatz 2.211 führt man in das Gleichungssystem 2.178 der H_m-Moden ein, und es ergeben sich folgende Bedingungen an die Parameter:

- $y \le -\rho_K$:

$$\begin{aligned} H_{y2} &= \frac{-1}{j\,\omega\,\mu_o} \frac{\partial E_{x2}}{\partial z} = \frac{\beta_x}{\omega\,\mu_o} F\, exp\left(k''_{yx}\, y - j\,\beta_x z\right) \\ H_{z2} &= \frac{1}{j\,\omega\,\mu_o} \frac{\partial E_{x2}}{\partial y} = \frac{k''_{yx}}{j\,\omega\,\mu_o} F\, exp\left(k''_{yx}\, y - j\,\beta_x z\right) \\ \frac{\partial H_{z2}}{\partial y} &- \frac{\partial H_{y2}}{\partial z} = j\,\omega\,\varepsilon_{x2}\, E_{x2} \end{aligned} \tag{2.212}$$

$$\rightarrow \quad k''_{yx} = \sqrt{\beta_x^2 - \omega^2\, \mu_o\, \varepsilon_{x2}}$$

- $y \ge \rho_K$:

$$\begin{aligned} H_{y2} &= \frac{-1}{j\,\omega\,\mu_o} \frac{\partial E_{x2}}{\partial z} = \frac{\beta_x}{\omega\,\mu_o} G\, exp\left(-k''_{yx}\, y - j\,\beta_x z\right) \\ H_{z2} &= \frac{1}{j\,\omega\,\mu_o} \frac{\partial E_{x2}}{\partial y} = \frac{-k''_{yx}}{j\,\omega\,\mu_o} G\, exp\left(-k''_{yx}\, y - j\,\beta_x z\right) \end{aligned} \tag{2.213}$$

$$\frac{\partial H_{z2}}{\partial y} - \frac{\partial H_{y2}}{\partial z} = j\,\omega\,\varepsilon_{x2}\,E_{x2}$$

$$\rightarrow \quad k_{yx}'' = \sqrt{\beta_x^2 - \omega^2 \mu_o\,\varepsilon_{x2}}$$

- $-\rho_K \leq y \leq \rho_K$:

$$H_{y1} = \frac{-1}{j\,\omega\,\mu_o}\,\frac{\partial E_{x1}}{\partial z}$$

$$H_{y1} = \frac{\beta_x}{\omega\,\mu_o}\left[K\,cos\left(k_{yx}y\right) + L\,sin\left(k_{yx}y\right)\right] exp\left(-j\,\beta_x z\right)$$

$$H_{z1} = \frac{1}{j\,\omega\,\mu_o}\,\frac{\partial E_{x1}}{\partial y}$$

$$H_{z1} = \frac{k_{yx}}{j\,\omega\,\mu_o}\left[L\,cos\left(k_{yx}y\right) - K\,sin\left(k_{yx}y\right)\right] exp\left(-j\,\beta_x z\right) \tag{2.214}$$

$$\frac{\partial H_{z1}}{\partial y} - \frac{\partial H_{y1}}{\partial z} = j\,\omega\,\varepsilon_x\,E_{x1}$$

$$\rightarrow \quad k_{yx} = \sqrt{\omega^2\,\mu_o\,\varepsilon_x - \beta_x^2}$$

2.3.3.2 Stetigkeitsbedingungen an den Längs-Grenzflächen

Bedingungen. Die Stetigkeitsbedingungen an den Längs-Grenzflächen nach Bild 2-6 lauten hier:

$$\boxed{\begin{aligned} &E_{x1}\left(-\rho_K, z\right) = E_{x2}\left(-\rho_K, z\right) \\ &E_{x1}\left(\rho_K, z\right) = E_{x2}\left(\rho_K, z\right) \\ &H_{z1}\left(-\rho_K, z\right) = H_{z2}\left(\rho_K, z\right) \\ &H_{z1}\left(\rho_K, z\right) = H_{z2}\left(\rho_K, z\right) \end{aligned}} \tag{2.215}$$

Auswertung. Aus 2.211 bis 2.215 folgt das homogene Gleichungssystem 2.216 mit den Koeffizienten 2.217.

$$\underbrace{\begin{pmatrix} n_{11} & n_{12} & n_{13} & n_{14} \\ n_{21} & n_{22} & n_{23} & n_{24} \\ n_{31} & n_{32} & n_{33} & n_{34} \\ n_{41} & n_{42} & n_{43} & n_{44} \end{pmatrix}}_{=\underline{N}} \begin{pmatrix} F \\ G \\ K \\ L \end{pmatrix} = \begin{pmatrix} 0 \\ 0 \\ 0 \\ 0 \end{pmatrix} \tag{2.216}$$

$$n_{11} = n_{22} = exp\left(-k_{yx}''\,\rho_K\right)$$

$$n_{12} = n_{21} = 0$$

$$n_{31} = n_{42} = k''_{yx} \, exp\left(-k''_{yx} \, \rho_K\right)$$

$$n_{31} = n_{41} = 0 \tag{2.217}$$

$$n_{13} = n_{23} = -cos\left(k_{yx} \, \rho_K\right)$$

$$n_{14} = -n_{24} = sin\left(k_{yx} \, \rho_K\right)$$

$$n_{33} = n_{43} = -k_{yx} \, sin\left(k_{yx} \, \rho_K\right)$$

$$n_{34} = -n_{44} = -k_{yx} \, cos\left(k_{yx} \, \rho_K\right)$$

2.3.3.3 *Eigenwertgleichung für die H_m-Moden*

Determinante. Mit 2.216 und 2.217 gilt als Eigenwertgleichung für die H_m-Moden:

$$det \, \underline{N} = 0$$

$$\rightarrow \boxed{\left(k''^2_{yx} - k^2_{yx}\right)\frac{1}{2} \, sin\left(2 \, k_{yx} \, \rho_k\right) + k_{yx} \, k''_{yx} \, cos\left(2 \, k_{yx} \, \rho_K\right) = 0} \tag{2.218}$$

Lösung der Eigenwertgleichung. Unter den gleichen Voraussetzungen wie im Unterabschnitt 2.3.2.3 aber bei Vertauschung elektrisches Feld ↔ magnetisches Feld wird folgende Lösung der Eigenwertgleichung favorisiert:

$$\boxed{k''_{yx} = k_{yx} \, , \quad k_{yx} \, \rho_K = (2m+1)\frac{\pi}{4} \, , \quad m = 0, 1, 2, \cdots} \tag{2.219}$$

Parameterbestimmung. Für die Parameter der Feldverteilung ergeben sich mit 2.212 bis 2.214 und 2.219 folgende Lösungen:

$$\beta_x = \omega \sqrt{\mu_o \, \frac{\varepsilon_x + \varepsilon_{x2}}{2}} \tag{2.220}$$

$$k_{yx} = k''_{yx} = \omega \sqrt{\mu_o \, \frac{\varepsilon_x - \varepsilon_{x2}}{2}} \tag{2.221}$$

Die Bedingung an den Kernradius ρ_K lautet hier:

$$\rho_K = \frac{(2m+1)\,\pi}{4 \, \omega \sqrt{\mu_o \, \frac{\varepsilon_x - \varepsilon_{x2}}{2}}} \tag{2.222}$$

Der Monomode-LWL ist mit $m = 0$ durch

$$\boxed{\rho_K = \frac{\pi}{4 \, \omega \sqrt{\mu_o \, \frac{\varepsilon_x - \varepsilon_{x2}}{2}}}} \tag{2.223}$$

gekennzeichnet. Sollen sowohl E_0- als auch H_0-Mode gleichzeitig mit einer Laserdiode angeregt werden, dann folgt aus 2.192 und 2.223 die Bedingung an die Dielektrizitätskonstanten des anisotropen optischen Bauelementes

$$\boxed{\frac{\varepsilon_x - \varepsilon_{x2}}{2} = \varepsilon_z^2 \frac{\varepsilon_y - \varepsilon_{y2}}{\varepsilon_y\, \varepsilon_z + \varepsilon_{y2}\, \varepsilon_{z2}}} \tag{2.224}$$

2.3.3.4 Feldverteilung für den H_0-Mode

H_0-Mode. Der H_0-Mode ist durch

$$m = 0\,, \quad k_{yx} = k''_{yx} = \frac{\pi}{4\,\rho_K} \tag{2.225}$$

gekennzeichnet.

Konstanten. 2.225 wird in 2.216, 2.217 eingeführt und liefert für die speziellen Konstanten F_0, G_0, K_0, L_0 des H_0-Modes das homogene Gleichungssystem

$$\begin{pmatrix} exp\left(-\frac{\pi}{4}\right) & 0 & -\frac{1}{\sqrt{2}} & \frac{1}{\sqrt{2}} \\ 0 & exp\left(-\frac{\pi}{4}\right) & -\frac{1}{\sqrt{2}} & -\frac{1}{\sqrt{2}} \\ exp\left(-\frac{\pi}{4}\right) & 0 & -\frac{1}{\sqrt{2}} & -\frac{1}{\sqrt{2}} \\ 0 & exp\left(-\frac{\pi}{4}\right) & -\frac{1}{\sqrt{2}} & \frac{1}{\sqrt{2}} \end{pmatrix} \begin{pmatrix} F_o \\ G_o \\ K_o \\ L_o \end{pmatrix} = \begin{pmatrix} 0 \\ 0 \\ 0 \\ 0 \end{pmatrix} \tag{2.226}$$

mit der Lösung

$$F_o = G_o = \frac{exp\left(\frac{\pi}{4}\right)}{\sqrt{2}} K_o\,, \quad L_o = 0 \tag{2.227}$$

Feldverteilungen im Mantel. Mit 2.211 bis 2.213 und 2.225 sowie 2.227 erhalten Sie die nachstehenden Feldverteilungen für den H_0-Mode im Mantel eines anisotropen optischen Bauelementes:

- $y \leq -\rho_K$:

$$\boxed{\begin{aligned} E_{x2} &= \frac{K_o}{\sqrt{2}}\, exp\left[\frac{\pi}{4}\left(1 + \frac{y}{\rho_K}\right) - j\,\beta_x z\right] \\ H_{y2} &= \frac{\beta_x\, K_o}{\sqrt{2}\,\omega\,\mu_o}\, exp\left[\frac{\pi}{4}\left(1 + \frac{y}{\rho_K}\right) - j\,\beta_x z\right] \\ H_{z2} &= -j\,\frac{k''_{yx}\, K_o}{\sqrt{2}\,\omega\,\mu_o}\, exp\left[\frac{\pi}{4}\left(1 + \frac{y}{\rho_K}\right) - j\,\beta_x z\right] \end{aligned}} \tag{2.228}$$

- $y \geq \rho_K$:

$$E_{x2} = \frac{K_o}{\sqrt{2}}\, exp\left[\frac{\pi}{4}\left(1 - \frac{y}{\rho_K}\right) - j\,\beta_x z\right]$$

$$H_{y2} = \frac{\beta_x\, K_o}{\sqrt{2}\,\omega\,\mu_o}\, exp\left[\frac{\pi}{4}\left(1 - \frac{y}{\rho_K}\right) - j\,\beta_x z\right] \qquad (2.229)$$

$$H_{z2} = j\,\frac{k''_{yx}\, K_o}{\sqrt{2}\,\omega\,\mu_o}\, exp\left[\frac{\pi}{4}\left(1 - \frac{y}{\rho_K}\right) - j\,\beta_x z\right]$$

Feldverteilung im Kern. Aus 2.211, 2.214 und 2.225 sowie 2.227 folgt:

- $-\rho_K \leq y \leq \rho_K$:

$$E_{x1} = K_o\, cos\left(\frac{\pi}{4}\frac{y}{\rho_K}\right) exp\left(-j\,\beta_x z\right)$$

$$H_{y1} = \frac{\beta_x\, K_o}{\omega\,\mu_o}\, cos\left(\frac{\pi}{4}\frac{y}{\rho_K}\right) exp\left(-j\,\beta_x z\right) \qquad (2.230)$$

$$H_{z1} = j\,\frac{k_{yx}\, K_o}{\omega\,\mu_o}\, sin\left(\frac{\pi}{4}\frac{y}{\rho_K}\right) exp\left(-j\,\beta_x z\right)$$

2.3.3.5 Anregung des H_0-Modes

Algorithmus. Die Modenanregung des H_0-Modes erfolgt ebenfalls nach dem im Unterabschnitt 2.3.2.5 dargestellten Schema:

- Einkopplung an der Kernstirnfläche

Rechts der eingangsseitigen Quergrenzfläche nach Bild 2-6 liege im Kern des anisotropen Bauelementes die schräg laufende ebene Welle nach 2.231 vor.

$$E_{xT} = \hat{E}_{xT}\, exp\left[-j\left(k_{yT}\, y + \beta_{xT}\, z\right)\right]$$

$$H_{yT} = \hat{H}_{yT}\, exp\left[-j\left(k_{yT}\, y + \beta_{xT}\, z\right)\right] \qquad (2.231)$$

$$H_{zT} = \hat{H}_{zT}\, exp\left[-j\left(k_{yT}\, y + \beta_{xT}\, z\right)\right]$$

$$\beta_{xT} = \omega\sqrt{\mu_o\left(\varepsilon_x - \varepsilon_1\, sin^2\,\varphi\right)}$$

$$k_{yT} = -\omega\sqrt{\mu_o\,\varepsilon_1}\, sin\varphi$$

Für die Amplituden von 2.231 gilt

$$\hat{E}_{xT} = T_{xT}^{ai}\,\hat{E}_{xq}$$

$$\hat{H}_{yT} = \frac{\beta_{xT}}{\omega\,\mu_o}\,\hat{E}_{xT} = \frac{\beta_{xT}}{\omega\,\mu_o}\,T_{xT}^{ai}\,\hat{E}_{xq}$$

$$\hat{H}_{zT} = \frac{-k_{yT}}{\omega\,\mu_o}\,\hat{E}_{xT} = \frac{-k_{yT}}{\omega\,\mu_o}\,T_{xT}^{ai}\,\hat{E}_{xq} \tag{2.232}$$

$$\hat{E}_{xq} = \frac{\hat{D}_o}{\varepsilon_1} \quad \textit{für} \quad |e_{x'}| = 1, \quad \psi_{x'} = 0$$

$$\hat{E}_{xq} = \frac{\hat{D}_o}{\varepsilon_1}\,|e_{x'}|\,exp\,(-j\,\psi_{x'}) \quad \textit{für} \quad |e_{x'}|, \psi_{x'} \quad \textit{beliebig}\,.$$

- Reflexion an der Kern-Mantel-Grenzfläche

Die an der Kern-Mantel-Grenzfläche reflektierte Welle lautet hier:

$$E_{xR}\,(y,z) = \hat{E}_{xT}\;exp\left[j\left(k_{yT}\,y - \beta_{xT}\,z\right)\right]$$

$$H_{yR}\,(y,z) = \hat{H}_{yT}\;exp\left[j\left(k_{yT}\,y - \beta_{xT}\,z\right)\right] \tag{2.233}$$

$$H_{zR}\,(y,z) = -\hat{H}_{zT}\;exp\left[j\left(k_{yT}\,y - \beta_{xT}\,z\right)\right].$$

- Interferenz von Quellen- und reflektierter Welle

Nach dem Superpositionsprinzip in linearen Medien ergibt sich nun für $|e_{x'}| = 1$ und $\psi_{x'} = 0$:

$$E_{x1}(y,z) = E_{xT}(y,z) + E_{xR}(y,z)$$
$$= 2\,\hat{E}_{xT}\,cos\left(k_{yT}\,y\right)exp\left(-j\,\beta_{xT}\,z\right) \tag{2.234}$$

$$E_{x1}(y,z) = \frac{2\,T_{xT}^{ai}\,\hat{D}_o}{\varepsilon_1}\,cos\left(k_{yT}\,y\right)exp\left(-j\,\beta_{xT}\,z\right)$$

$$H_{y1}(y,z) = H_{yT}(y,z) + H_{yR}(y,z)$$
$$= 2\,\hat{H}_{yT}\,cos\left(k_{yT}\,y\right)exp\left(-j\,\beta_{xT}\,z\right) \tag{2.235}$$

$$H_{y1}(y,z) = \frac{2\,\beta_{xT}\,T_{xT}^{ai}\,\hat{D}_o}{\omega\,\mu_o\,\varepsilon_1}\,cos\left(k_{yT}\,y\right)exp\left(-j\,\beta_{xT}\,z\right)$$

$$H_{z1}(y,z) = H_{zT}(y,z) + H_{zR}(y,z)$$
$$= -2j\,\hat{H}_{zT}\,sin\left(k_{yT}\,y\right)exp\left(-j\,\beta_{xT}\,z\right) \tag{2.236}$$

$$H_{z1}(y,z) = \frac{2j\,k_{yT}\,T_{xT}^{ai}\,\hat{D}_o}{\omega\,\mu_o\varepsilon_1}\,sin\left(k_{yT}\,y\right)exp\left(-j\,\beta_{xT}\,z\right)$$

- „Ankopplung" an die Feldverteilung

Durch Gleichsetzen der entsprechenden Gleichungen 2.230 und 2.234 bis 2.236 ergeben sich die Bedingungen

$$\beta_{xT} = \beta_x$$

$$k_{yT} = -\frac{\omega}{c} n_1 \sin\varphi = -k_{yx} = -\frac{\pi}{4\,\rho_K}$$

$$K_o = \frac{2\,T_{xT}^{ai}}{\varepsilon_1}\,\hat{D}_o \tag{2.237}$$

$$\frac{\beta_x\,K_o}{\omega\,\mu_o} = \frac{2\,\beta_{xT}\,T_{xT}^{ai}}{\omega\,\mu_o\,\varepsilon_1}\,\hat{D}_o$$

$$\frac{\pi\,K_o}{4\,\omega\,\mu_o\,\rho_K} = \frac{2\pi\,T_{xT}^{ai}}{4\,\omega\,\mu_o\,\varepsilon_1\,\rho_K}\,\hat{D}_o\,.$$

Modenanregungsbedingungen. Aus 2.237 folgen die Modenanregungsbedingungen

$$K_o = \frac{2\,T_{xT}^{ai}}{\varepsilon_1}\,\hat{D}_o \quad \mathit{für}\left|e_{x'}\right| = 1\,, \quad \psi_{x'} = 0 \tag{2.238 a}$$

$$\boxed{K_o = \frac{2\,T_{xT}^{ai}}{\varepsilon_1}\,\hat{D}_o\left|e_{x'}\right| \exp\left(-j\,\psi_{x'}\right) \quad \mathit{für} \quad \left|e_{x'}\right|, \quad \psi_{x'} \quad \mathit{beliebig}} \tag{2.238 b}$$

$$\boxed{\sin\varphi = \frac{1}{n_1}\sqrt{\frac{n_x^2 - n_{x2}^2}{2}} = \frac{\pi\,c}{4\,\omega\,n_1\,\rho_K}} \tag{2.239}$$

mit ρ_K nach 2.223. Man erkennt, dass durch die Wahl der Polarisation entschieden werden kann, ob der jeweilige Mode, hier der H_0-Mode, angeregt wird oder nicht.

2.4 Aufgaben

A 2.1 Für eine örtlich konstante Raumladungsdichte ρ_0 ist das Gleichungssystem 2.41 bis 2.44 für die Ladungsträger zu lösen.

A 2.2 Ein optoelektronisches Bauelement sei so konstruiert, dass die Wechselwirkungsenergiedichte des elektrischen Feldes maximal und die des magnetischen Feldes minimal ist. Leiten Sie aus der Wechselwirkungsrelation 2.57 Bedingungen für die Amplituden und Phasen der elektrischen und magnetischen Feldstärke des Photonenfeldes ab, wenn die Flächenladungsdichte σ und die Flächenstromdichte S_σ als konstant vorausgesetzt werden können. Benutzen Sie dazu die Ansätze für das Photonenfeld

$$\Delta E_x = \Delta \hat{E}_x \cos\omega t \tag{A 2.1}$$

$$\Delta H_y = \Delta \hat{H}_y \cos\left(\omega t - \delta\right) \tag{A 2.2}$$

für einen geeignet gewählten Ort auf der Grenzfläche.

A 2.3 Zeigen Sie, dass der Ansatz 2.179 und die Lösungen 2.180 bis 2.182 für die E_m-Moden die Grundgesetze der Elektro- und Magnetostatik erfüllen.

A 2.4 Bestimmen Sie für den E_0-Mode, d. h. $m = 0$, die Parameter β_y, k_{yz}, k''_{yz} und ρ_K

mit den angegebenen Daten:

$$c \approx 3 \cdot 10^8 \frac{m}{s}$$

$$\omega \approx 2\,\pi \cdot 1{,}9 \cdot 10^{14}\, s^{-1} \tag{A 2.3}$$

$$n_y \approx n_z \approx 1{,}47$$

$$n_{y2} \approx n_{z2} \approx 1{,}46$$

2.5 Lösungen

L 2.1

Es gilt gemäß 2.48a:

$$\rho = \rho_o\, exp\left(-\frac{\kappa_z}{\varepsilon_z}\, t\right) \tag{L 2.1}$$

Eingesetzt in 2.43 ergibt sich unter Beachtung von 2.48a:

$$\frac{\partial\, \sigma_z}{\partial\, z} = \rho = \rho_0\, exp\left(-\frac{\kappa_z}{\varepsilon_z}\, t\right) \tag{L 2.2}$$

$$\rightarrow \quad \sigma_z\,(x, y, z, t) = \rho_o z\, exp\left(-\frac{\kappa_z}{\varepsilon_z}\, t\right) + \sigma_{zo}\,(x, y, t) \tag{L 2.3}$$

Eingesetzt in 2.42 erhalten Sie:

$$\begin{aligned} rot\, \vec{S}_\sigma &= \left[\frac{\kappa_z}{\varepsilon_z}\, \rho_o z\, exp\left(-\frac{\kappa_z}{\varepsilon_z}\, t\right) - \frac{\kappa_z}{\varepsilon_z}\, \rho_o z\, exp\left(-\frac{\kappa_z}{\varepsilon_z}\, t\right)\right] \vec{e}_z \\ &\quad + \left(\frac{\kappa_z}{\varepsilon_z}\, \sigma_{zo} + \frac{\partial\, \sigma_{zo}}{\partial\, t}\right) \vec{e}_z \\ &= \left(\frac{\kappa_z}{\varepsilon_z}\, \sigma_{zo} + \frac{\partial\, \sigma_{zo}}{\partial\, t}\right) \vec{e}_z \end{aligned} \tag{L 2.4}$$

$$rot\, \vec{S}_\sigma = -\frac{\partial\, S_{\sigma y}}{\partial\, z}\, \vec{e}_x + \frac{\partial\, S_{\sigma x}}{\partial\, z}\, \vec{e}_y + \left(\frac{\partial\, S_{\sigma y}}{\partial\, x} - \frac{\partial\, S_{\sigma x}}{\partial\, y}\right) \vec{e}_z \tag{L 2.5}$$

$$\rightarrow \quad \frac{\partial\, S_{\sigma y}}{\partial\, z} = 0\,, \quad \frac{\partial\, S_{\sigma x}}{\partial\, z} = 0 \tag{L 2.6}$$

$$\rightarrow \quad \begin{aligned} S_{\sigma y} &= S_{\sigma y}\,(x, y, t) \\ S_{\sigma x} &= S_{\sigma x}\,(x, y, t) \end{aligned} \tag{L 2.7}$$

$$\rightarrow \quad \frac{\partial S_{\sigma y}}{\partial x} - \frac{\partial S_{\sigma x}}{\partial y} = \frac{\kappa_z}{\varepsilon_z}\sigma_{zo} + \frac{\partial \sigma_{zo}}{\partial t} \qquad \text{(L 2.8)}$$

Aus 2.44 folgt:

$$div\,\dot{\vec{S}}_\sigma = 0 = \frac{\partial \dot{S}_{\sigma x}}{\partial x} + \frac{\partial \dot{S}_{\sigma y}}{\partial y} \qquad \text{(L 2.9)}$$

$$\rightarrow \quad \frac{\partial^2 \dot{S}_{\sigma x}}{\partial x^2} = -\frac{\partial^2 \dot{S}_{\sigma y}}{\partial x\,\partial y} \qquad \frac{\partial^2 \dot{S}_{\sigma y}}{\partial y^2} = -\frac{\partial^2 \dot{S}_{\sigma x}}{\partial x\,\partial y} \qquad \text{(L 2.10)}$$

$$\rightarrow \quad \frac{\partial^2 \dot{S}_{\sigma y}}{\partial x^2} - \frac{\partial^2 \dot{S}_{\sigma x}}{\partial x\,\partial y} = \frac{\kappa_z}{\varepsilon_z}\frac{\partial \dot{\sigma}_{zo}}{\partial x} + \frac{\partial \ddot{\sigma}_{zo}}{\partial x} \qquad \frac{\partial^2 \dot{S}_{\sigma y}}{\partial x\,\partial y} - \frac{\partial^2 \dot{S}_{\sigma x}}{\partial y^2} = \frac{\kappa_z}{\varepsilon_z}\frac{\partial \dot{\sigma}_{zo}}{\partial y} + \frac{\partial \ddot{\sigma}_{zo}}{\partial y} \qquad \text{(L 2.11)}$$

$$\rightarrow \quad \frac{\partial^2 \dot{S}_{\sigma y}}{\partial x^2} - \frac{\partial^2 \dot{S}_{\sigma y}}{\partial y^2} = \frac{\kappa_z}{\varepsilon_z}\frac{\partial \dot{\sigma}_{zo}}{\partial x} + \frac{\partial \ddot{\sigma}_{zo}}{\partial x} \qquad \frac{\partial^2 \dot{S}_{\sigma x}}{\partial x^2} - \frac{\partial^2 \dot{S}_{\sigma x}}{\partial y^2} = -\frac{\kappa_z}{\varepsilon_z}\frac{\partial \dot{\sigma}_{zo}}{\partial y} + \frac{\partial \ddot{\sigma}_{zo}}{\partial y} \qquad \text{(L 2.12)}$$

Aus 2.41 erhält man

$$rot\,\vec{\sigma} = -\mu_o\,\varepsilon_z\left(\dot{S}_{\sigma x}\,\vec{e}_x + \dot{S}_{\sigma y}\,\vec{e}_y\right) \qquad \text{(L 2.13)}$$

$$\text{rot}\,\vec{\sigma} = \frac{\partial \sigma_z}{\partial y}\vec{e}_x - \frac{\partial \sigma_z}{\partial x}\vec{e}_y \qquad \text{(L 2.14)}$$

$$\rightarrow \quad \frac{\partial \sigma_z}{\partial y} = -\mu_o\,\varepsilon_z\,\dot{S}_{\sigma x} \qquad \frac{\partial \sigma_z}{\partial x} = \mu_o\,\varepsilon_z\,\dot{S}_{\sigma y} \qquad \text{(L 2.15)}$$

$$\rightarrow \quad \frac{\partial \sigma_{zo}}{\partial y} = -\mu_o\,\varepsilon_z\,\dot{S}_{\sigma x} \qquad \frac{\partial \sigma_{zo}}{\partial x} = \mu_o\,\varepsilon_z\,\dot{S}_{\sigma y} \qquad \text{(L 2.16)}$$

Aus L 2.12 und L 2.16 folgt:

$$\frac{1}{\mu_o\,\varepsilon_z}\left(\frac{\partial^2\sigma_{zo}}{\partial x^2}+\frac{\partial^2\sigma_{zo}}{\partial y^2}\right)=\frac{\kappa_z}{\varepsilon_z}\dot{\sigma}_{zo}+\ddot{\sigma}_{zo}$$

$$\boxed{\rightarrow\quad\frac{\partial^2\sigma_{zo}}{\partial x^2}+\frac{\partial^2\sigma_{zo}}{\partial y^2}=\mu_o\,\kappa_z\,\dot{\sigma}_{zo}+\mu_o\,\varepsilon_z\,\ddot{\sigma}_{zo}} \tag{L 2.17}$$

L 2.17 stellt die so genannte Telegraphengleichung für die Flächenladungsdichte σ_{zo} dar [2.4].

Setzt man umgekehrt L 2.16 in L 2.12 ein, so ergibt sich:

$$\boxed{\begin{aligned}&\frac{\partial^2 S_{\sigma y}}{\partial x^2}+\frac{\partial^2 S_{\sigma y}}{\partial y^2}=\mu_o\,\kappa_z\,\dot{S}_{\sigma y}+\mu_o\,\varepsilon_z\,\ddot{S}_{\sigma y}\\&\frac{\partial^2 S_{\sigma x}}{\partial x^2}+\frac{\partial^2 S_{\sigma x}}{\partial y^2}=\mu_o\,\kappa_z\,\dot{S}_{\sigma x}+\mu_o\,\varepsilon_z\,\ddot{S}_{\sigma x}\end{aligned}} \tag{L 2.18}$$

L 2.18 zeigt die Telegraphengleichungen für die Komponenten der Flächenstromdichte $S_{\sigma x}$ und $S_{\sigma y}$.

Sie wollen sich nun der Lösung der Telegraphengleichung widmen. Dazu schreibt man in allgemeiner Darstellung

$$\frac{\partial^2 U}{\partial x^2}+\frac{\partial^2 U}{\partial y^2}=\mu_o\,\kappa_z\,\dot{U}+\mu_o\,\varepsilon_z\,\ddot{U} \tag{L 2.19}$$

$$\text{mit}\qquad U\in\{\sigma_{zo},S_{\sigma x},S_{\sigma y}\}$$

Als Lösungsansatz kommt z. B.

$$U=\hat{U}\,exp\left[j\omega t-\gamma\,(x+y)\right] \tag{L 2.20}$$

mit den Konstanten $\hat{U}$ und γ sowie der Kreisfrequenz ω und der imaginären Einheit $j=\sqrt{-1}$ für den eingeschwungenen Zustand in Frage. Wird L 2.20 in L 2.19 eingesetzt, so folgt

$$2\,\gamma^2\,U=\left(j\omega\,\mu_o\,\kappa_z-\omega^2\,\mu_o\,\varepsilon_z\right)U$$

oder

$$\gamma^2=\frac{1}{2}\left(j\omega\,\mu_o\,\kappa_z-\omega^2\,\mu_o\,\varepsilon_z\right) \tag{L 2.21}$$

Die so genannte Ausbreitungskonstante γ wird zerlegt in die Dämpfungskonstante α und die Phasenkonstante β:

$$\boxed{\gamma=\alpha+j\,\beta} \tag{L 2.22}$$

Für γ^2 gilt dann

$$\gamma^2=(\alpha+j\,\beta)^2=\left(\alpha^2-\beta^2\right)+j\,2\alpha\beta \tag{L 2.23}$$

Durch Vergleich von L 2.23 mit L 2.21 erhält man zwei Bestimmungsgleichungen für α und β:

$$\alpha^2 - \beta^2 = -\frac{\omega^2 \mu_o \varepsilon_z}{2}$$

$$2\alpha\beta = \frac{\omega \mu_o \kappa_z}{2} \quad . \qquad \text{(L 2.24)}$$

Aus dem Vorstehenden ergeben sich die reellen Werte:

$$\alpha = \frac{\omega \sqrt{\mu_o \varepsilon_z}}{2} \sqrt{-1 + \sqrt{1 + \left(\frac{\kappa_z}{\omega \varepsilon_z}\right)^2}}$$

$$\beta = \frac{\omega \sqrt{\mu_o \varepsilon_z}}{2} \sqrt{1 + \sqrt{1 + \left(\frac{\kappa_z}{\omega \varepsilon_z}\right)^2}} \qquad \text{(L 2.25)}$$

Damit gelten die typgleichen Lösungen für $\sigma_{zo}, S_{\sigma x}, S_{\sigma y}$ der Form

$$U = \hat{U}\, exp\left[j\omega t - (\alpha + j\beta)\cdot(x + y)\right] \qquad \text{(L 2.26)}$$

mit $\quad U \in \{\sigma_{zo}, S_{\sigma x}, S_{\sigma y}\}$,

wenn nur die Ausbreitung für $x \geq 0,\ y \geq 0$ vorausgesetzt wird.

L 2.2

$$\Delta w_{E\,max} = \sigma\, \Delta E_x = \sigma\, \Delta\hat{E}_x\, cos\, \omega t \qquad \text{(L 2.27)}$$

$$\Delta w_{M\,min} = -\mu_o\, S_\sigma\, \Delta H_y = -\mu_o\, S_\sigma\, \Delta\hat{H}_y\, cos\,(\omega t - \delta)$$

$$\frac{\partial\, \Delta w_{E\,max}}{\partial\, t} + 2\frac{\kappa_n}{\varepsilon_n}\Delta w_{E\,max} + \frac{\partial\, \Delta w_{M\,min}}{\partial\, t} = 0$$

$$\rightarrow \quad -\sigma\, \omega \Delta\hat{E}_x\, sin\, \omega t + 2\frac{\kappa_n}{\varepsilon_n}\sigma\, \Delta\hat{E}_x\, cos\, \omega t$$

$$+\mu_o\, S_\sigma\, \omega \Delta\hat{H}_y\, sin\,(\omega t - \delta) = 0 \qquad \text{(L 2.28)}$$

$$\rightarrow \quad \frac{1}{2}\left(2\frac{\kappa_n}{\varepsilon_n} + j\omega\right)\sigma\, \Delta\hat{E}_x\, exp\,(j\omega t)$$

$$+\frac{1}{2}\left(2\frac{\kappa_n}{\varepsilon_n} - j\omega\right)\sigma\, \Delta\hat{E}_x\, exp\,(-j\omega t) \qquad \text{(L 2.29)}$$

$$+\mu_o\, S_\sigma\, \omega\, \Delta\hat{H}_y\, sin\,(\omega t - \delta) = 0$$

$$\rightarrow \quad -\sqrt{\left(2\frac{\kappa_n}{\varepsilon_n}\right)^2 + \omega^2}\ \sigma\, \Delta\hat{E}_x\, sin\left(\omega t - arc\, tan\frac{2\,\kappa_n}{\omega\varepsilon_n}\right)$$

$$+\mu_o\, S_\sigma\, \omega\, \Delta\hat{H}_y\, sin\,(\omega t - \delta) = 0 \qquad \text{(L 2.30)}$$

$$\rightarrow \boxed{\begin{aligned} \frac{\Delta \hat{E}_x}{\Delta \hat{H}_y} &= \frac{\omega \mu_o}{\sqrt{\left(2\frac{\kappa_n}{\varepsilon_n}\right)^2 + \omega^2}} \frac{S_\sigma}{\sigma} \\ \delta &= arc\ tan \frac{2\,\kappa_n}{\omega\,\varepsilon_n} \end{aligned}} \qquad \begin{aligned} &(L\ 2.31) \\ &(L\ 2.32) \end{aligned}$$

L 2.3

- Grundgesetz der Magnetostatik

$$div\ \vec{B} = \mu_o\ div\ \vec{H} = 0 \tag{L 2.33}$$

$$\rightarrow \quad div\ \vec{H} = 0 \tag{L 2.34}$$

Für die E_m-Moden gilt mit L 2.34:

$$\frac{\partial H_{x\nu}}{\partial x} = 0 \ \textit{für}\ \nu = 1{,}2\,. \tag{L 2.35}$$

L 2.35 ist erfüllt, da $H_{x\nu}$ für $\nu = 1, 2$ nicht von x abhängt, wie 2.179 zeigt.

- Grundgesetz der Elektrostatik

$$div\ \vec{D} = div\ \underline{\varepsilon}\ \vec{E} = 0 \tag{L 2.36}$$

$$y \le -\rho_K: \quad \varepsilon_{y2} \frac{\partial E_{y2}}{\partial y} + \varepsilon_{z2} \frac{\partial E_{z2}}{\partial z} = 0 \tag{L 2.37}$$

$$\rightarrow \quad \left(-\beta_y\, k''_{yz} + k''_{yz}\, \beta_y\right) \frac{A}{\omega}\, exp\left(k''_{yz} y - j\,\beta_{yz}\right) = 0 \tag{L 2.38}$$

$$0 = 0$$

$$y \ge \rho_K: \quad \varepsilon_{y2} \frac{\partial E_{y2}}{\partial y} + \varepsilon_{z2} \frac{\partial E_{z2}}{\partial z} = 0$$

$$\rightarrow \quad \left(\beta_y\, k''_{yz} - k''_{yz}\, \beta_y\right) \frac{B}{\omega}\, exp\left(-k''_{yz} y - j\,\beta_{yz}\right) = 0 \tag{L 2.39}$$

$$0 = 0$$

$$-\rho_K \le y \le \rho_K: \quad \varepsilon_y \frac{\partial E_{y1}}{\partial y} + \varepsilon_z \frac{\partial E_{z1}}{\partial z} = 0 \tag{L 2.40}$$

$$\begin{aligned} \rightarrow \quad & \left[-\beta_y\, k_{yz}\left(-C\, sin\left(k_{yz} y\right) + D\, cos\left(k_{yz} y\right)\right)\right. \\ & \left. - k_{yz}\, \beta_y \left(C\, sin\left(k_{yz} y\right) - D\, cos\left(k_{yz} y\right)\right)\right] \frac{exp\left(-j\,\beta_y z\right)}{\omega} = 0 \end{aligned} \tag{L 2.41}$$

$$0 = 0$$

L 2.4

$$\beta_y \approx \frac{\omega}{c}\sqrt{n_{y2}^2 \frac{1+\frac{n_{y2}^2}{n_y^2}}{1+\frac{n_{y2}^4}{n_y^4}}} \approx \frac{2\,\pi \cdot 1{,}9 \cdot 10^{14}}{3 \cdot 10^8}\sqrt{1{,}46^2 \frac{1+\frac{1{,}46^2}{1{,}47^2}}{1+\frac{1{,}46^4}{1{,}47^4}}}\; m^{-1} \tag{L 2.42}$$

$$\underline{\underline{\beta_y \approx 4\;\mu m^{-1}}} \tag{L 2.43}$$

$$k_{yz} \approx \frac{\omega}{c} n_y^2 \sqrt{\frac{n_y^2 - n_{y2}^2}{n_y^4 + n_{y2}^4}} \approx \frac{2\,\pi \cdot 1{,}9 \cdot 10^{14}}{3 \cdot 10^8} 1{,}47^2 \sqrt{\frac{1{,}47^2 - 1{,}46^2}{1{,}47^4 + 1{,}46^4}}\; m^{-1} \tag{L 2.44}$$

$$\underline{\underline{k_{yz} \approx 0{,}5\;\mu m^{-1}}} \tag{L 2.45}$$

$$k''_{yz} \approx \frac{n_{y2}^2}{n_y^2} k_{yz} \approx \frac{1{,}46^2}{1{,}47^2} \cdot 0{,}5\;\mu m^{-1} \tag{L 2.46}$$

$$\underline{\underline{k''_{yz} \approx 0{,}5\;\mu m^{-1}}} \tag{L 2.47}$$

$$k_{yz}\rho_K = \frac{\pi}{4}$$

$$\rho_K = \frac{\pi}{4\,k_{yz}} \approx \frac{\pi}{4 \cdot 0{,}5}\;\mu m \tag{L 2.48}$$

$$\underline{\underline{\rho_K \approx 1{,}57\;\mu m}} \tag{L 2.49}$$

2.6 Literatur

[2.1] Huard, S.: Polarization of Light. John Wiley & Sons, Paris 1997

[2.2] Thiele, R.: Optische Nachrichtensysteme und Sensornetzwerke. Vieweg Verlag, Braunschweig/Wiesbaden 2002

[2.3] Wunsch, G.: Feldtheorie. Band 1, Verlag Technik Berlin 1973

[2.4] Strassacker, G.: Rotation, Divergenz und das Drumherum. Eine Einführung in die elektromagnetische Feldtheorie. Teubner Studienskripte, B.G. Teubner, Stuttgart 1992

3 Erweiterter Jones-Kalkül

3.1 Erweiterte Jones-Matrix bei diagonalem Dielektrizitätstensor

3.1.1 Lösungsansätze

Jones-Matrix. Ursprünglich wurde die Jones-Matrix als 2 x 2-Matrix im Frequenzbereich zur Beschreibung des Übertragungsverhaltens der an den Quergrenzflächen nach Bild 2-6 vorhandenen tangentialen elektrischen Feldstärkekomponenten bei paralleler Anregung eingeführt [3.1].

Erweiterte Jones-Matrix. Bei schräger Anregung mit einer transversalen Lichtwelle im x', y', z'-Koordinatensystem muss die Jones-Matrix um den Beitrag erweitert werden den die z-Komponente der elektrischen Feldstärke im x, y, z-Koordinatensystem zur Übertragung liefert. Mit Vorstehendem gilt der Ansatz für die erweiterte Jones-Matrix $\underline{J}^{d}_{erw}(z)$ bei schräger Anregung:

$$\underbrace{\begin{pmatrix} E_x(y,z) \\ E_y(y,z) \\ E_z(y,z) \end{pmatrix}}_{=\vec{E}(y,z)} = \underbrace{\begin{pmatrix} J^{d}_{11}(z) & 0 & 0 \\ 0 & J^{d}_{22}(z) & 0 \\ 0 & 0 & J^{d}_{33}(z) \end{pmatrix}}_{=\underline{J}^{d}_{erw}(z)} \underbrace{\begin{pmatrix} E_x(y,0) \\ E_y(y,0) \\ E_z(y,0) \end{pmatrix}}_{=\vec{E}(y,0)} \tag{3.1}$$

Nachstehend wird bewiesen, dass bei diagonalem Dielektrizitätstensor $\underline{\varepsilon}_d$ die erweiterte Jones-Matrix $\underline{J}^{d}_{erw}(z)$ ebenfalls Diagonalform mit den Hauptdiagonalelementen $J^{d}_{11}(z)$, $J^{d}_{22}(z)$ und $J^{d}_{33}(z)$ besitzt.

Quellensignal. Das Quellensignal $\vec{E}(y,0)$ finden Sie aus den Feldverteilungen im Kern des betrachteten anisotropen optischen Bauelementes nach 2.200 und 2.230 für $z=0$:

$$\begin{pmatrix} E_x(y,0) \\ E_y(y,0) \\ E_z(y,0) \end{pmatrix} = \begin{pmatrix} \hat{E}_x \cos\left(\dfrac{\pi}{4}\dfrac{y}{\rho_K}\right) \\ \hat{E}_y \cos\left(\dfrac{\pi}{4}\dfrac{y}{\rho_K}\right) \\ \hat{E}_z \sin\left(\dfrac{\pi}{4}\dfrac{y}{\rho_K}\right) \end{pmatrix} \tag{3.2}$$

mit

$$\hat{E}_x = K_o = \frac{2\,T^{ai}_{xT}}{\varepsilon_1}\,\hat{D}_o\,|e_{x'}|\,exp\left(-j\,\psi_{x'}\right)$$

$$\hat{E}_y = \frac{-\beta_y C_o}{\omega \varepsilon_y} = \frac{2 T_{yT}^{ai} \hat{D}_o \cos \varphi}{\varepsilon_1} \left| e_{y'} \right| \exp\left(-j \psi_{y'}\right) \tag{3.3}$$

$$\hat{E}_z = -j \frac{\pi C_o}{4 \omega \varepsilon_z \rho_K} = j \frac{2 \left(\frac{n_1}{n_z}\right)^2 T_{zT}^{ai} \hat{D}_o \sin \varphi}{\varepsilon_1} \left| e_{y'} \right| \exp\left(-j \psi_{y'}\right)$$

Außerdem muss bei gleichzeitiger Anregung von E_o- und H_o-Mode aus einer Laserdiode die Bedingung 2.224 erfüllt sein.

Wellengleichungen. Durch ineinander Einsetzen von 2.177 bzw. 2.178 erhält man die Wellengleichungen

$$\begin{aligned}
&\frac{\partial^2 E_x(y,z)}{\partial y^2} + \frac{\partial^2 E_x(y,z)}{\partial z^2} + \omega^2 \mu_o \varepsilon_x E_x(y,z) = 0 \\
&\frac{\varepsilon_y}{\varepsilon_z} \frac{\partial^2 E_y(y,z)}{\partial y^2} + \frac{\partial^2 E_y(y,z)}{\partial z^2} + \omega^2 \mu_o \varepsilon_y E_y(y,z) = 0 \\
&\frac{\partial^2 E_z(y,z)}{\partial y^2} + \frac{\varepsilon_z}{\varepsilon_y} \frac{\partial^2 E_z(y,z)}{\partial z^2} + \omega^2 \mu_o \varepsilon_z E_z(y,z) = 0
\end{aligned} \tag{3.4}$$

Man erkennt, dass die Wellengleichungen 3.4 ungekoppelt sind, so dass ein diagonaler Ansatz für die erweiterte Jones-Matrix möglich ist. 3.4 wird benötigt, um mit 3.1 und 3.2 die Differenzialgleichungen für die Jones-Matrix-Elemente $J_{11}^d(z)$, $J_{22}^d(z)$ und $J_{33}^d(z)$ abzuleiten.

3.1.2 Differenzialgleichungen für die Jones-Matrix-Elemente

Schreibt man das Quellensignal $\vec{E}(y,0)$ in der Form

$$\begin{pmatrix} E_x(y,0) \\ E_y(y,0) \\ E_z(y,0) \end{pmatrix} = \begin{pmatrix} \hat{E}_x \cos\left(\frac{\omega}{c} n_1 y \sin \varphi\right) \\ \hat{E}_y \cos\left(\frac{\omega}{c} n_1 y \sin \varphi\right) \\ \hat{E}_z \sin\left(\frac{\omega}{c} n_1 y \sin \varphi\right) \end{pmatrix} \tag{3.5}$$

mit

$$\frac{\pi}{4 \rho_K} = \frac{\omega}{c} n_1 \sin \varphi ,$$

so ergeben sich mit den gezeigten Ansätzen aus den Wellengleichungen 3.4 folgende Differenzialgleichungen für die Jones-Matrix-Elemente:

$$\frac{\partial^2 J_{11}^d(z)}{\partial z^2} + \frac{\omega^2}{c^2}\left(n_x^2 - n_1^2 \sin^2\varphi\right) J_{11}^d(z) = 0 \quad (3.6\text{ a})$$

$$\frac{\partial^2 J_{22}^d(z)}{\partial z^2} + \frac{\omega^2}{c^2} n_y^2 \left[1 - \left(\frac{n_1}{n_z}\right)^2 \sin^2\varphi\right] J_{22}^d(z) = 0 \quad (3.6\text{ b})$$

$$\frac{\partial^2 J_{33}^d(z)}{\partial z^2} + \frac{\omega^2}{c^2} n_y^2 \left[1 - \left(\frac{n_1}{n_z}\right)^2 \sin^2\varphi\right] J_{33}^d(z) = 0 \quad (3.6\text{ c})$$

Die Ableitung der so bezeichneten Jones-Differenzialgleichungen 3.6 ist Gegenstand der Aufgabe A 3.1.

3.1.3 Lösung der Jones-DGL

3.1.3.1 Allgemeine Lösung

Die Jones-Differenzialgleichungen 3.6, kurz Jones-DGL, sind vom Typ

$$\frac{\partial^2 J^d(z)}{\partial z^2} - \gamma^2 J^d(z) = 0 \quad (3.7)$$

mit

$$J^d(z) = J_{11}^d(z) \wedge \gamma = \gamma_x = j\frac{\omega}{c}\sqrt{n_x^2 - n_1^2 \sin^2\varphi} \quad (3.8\text{ a})$$

oder

$$J^d(z) \in \left\{J_{22}^d(z), J_{33}^d(z)\right\} \wedge \gamma = \gamma_y = j\frac{\omega}{c} n_y \sqrt{1 - \left(\frac{n_1}{n_z}\right)^2 \sin^2\varphi} \quad (3.8\text{ b})$$

Die Lösung von 3.7 erfolgt durch Laplace-Transformation in den Ortsfrequenzbereich unter Einführung der komplexen Ortskreisfrequenz q. Das ergibt mit dem Differentationssatz der Laplace-Transformation

$$\left[q^2 - \gamma^2\right] J^d(q) = q\, J^d(0) + \frac{\partial J^d(0)}{\partial z} \quad (3.9)$$

$$J^d(q) = \frac{q\, J^d(0) + \frac{\partial J^d(0)}{\partial z}}{q^2 - \gamma^2}$$

$$J^d(q) = \frac{q\, J^d(0) + \frac{\partial J^d(0)}{\partial z}}{(q-\gamma)(q+\gamma)} \quad (3.10)$$

Die Rücktransformation von 3.10 in den Ortsbereich erfolgt mittels Residuensatz unter der Bedingung $\gamma \neq 0$:

$$J^d(z) = \lim_{q \to \gamma} \frac{q\,J^d(0) + \frac{\partial J^d(0)}{\partial z}}{q+\gamma} \exp(qz) + \lim_{q \to -\gamma} \frac{q\,J^d(0) + \frac{\partial J^d(0)}{\partial z}}{q-\gamma} \exp(qz) \tag{3.11}$$

$$\boxed{J^d(z) = \frac{\gamma\,J^d(0) + \frac{\partial J^d(0)}{\partial z}}{2\gamma} \exp(\gamma z) + \frac{\gamma\,J^d(0) - \frac{\partial J^d(0)}{\partial z}}{2\gamma} \exp(-\gamma z)} \tag{3.12}$$

$$J^d(z) = J^L(z) + J^R(z)$$

$$J^L(z) = \frac{\gamma\,J^d(0) + \frac{\partial J^d(0)}{\partial z}}{2\gamma} \exp(\gamma z) \tag{3.13}$$

$$J^R(z) = \frac{\gamma\,J^d(0) - \frac{\partial J^d(0)}{\partial z}}{2\gamma} \exp(-\gamma z) \tag{3.14}$$

3.12 ist die allgemeine Lösung der Jones-DGL mit $\gamma \neq 0$. Da es sich bei den Jones-DGL vom Typ her um Wellengleichungen handelt, liefert 3.12 nach D'Alembert sowohl die Linkswelle $J^L(z)$ nach 3.13 mit Ausbreitung in negative z-Richtung als auch die Rechtswelle $J^R(z)$ nach 3.14 mit Ausbreitung in positive z-Richtung.

Die Anfangswerte werden im Unterabschnitt 3.1.3.2 bestimmt.

3.1.3.2 Anfangswerte

Zur Bestimmung der Anfangswerte in der Lösung der Jones-DGL wird vorausgesetzt, dass die Signalübertragung nur in positive z-Richtung stattfindet. Dann muss der die Übertragung in negative z-Richtung beschreibende Anteil der Lösung der Jones-DGL 3.13 verschwinden und der Anteil für die positive z-Richtung 3.14 in Übereinstimmung mit den allgemeinen Stetigkeitsbedingungen bei $z = 0$ gleich 1 werden.

Es gilt also:

$$\frac{\gamma\,J^d(0) - \frac{\partial J^d(0)}{\partial z}}{2\gamma} = 1 \tag{3.15}$$

$$\frac{\gamma\,J^d(0) + \frac{\partial J^d(0)}{\partial z}}{2\gamma} = 0 \tag{3.16}$$

oder

$$\boxed{\begin{pmatrix} \gamma & -1 \\ \gamma & 1 \end{pmatrix} \begin{pmatrix} J^d(0) \\ \frac{\partial J^d(0)}{\partial z} \end{pmatrix} = \begin{pmatrix} 2\gamma \\ 0 \end{pmatrix}} \tag{3.17}$$

Die Lösung des Gleichungssystems 3.17 lautet:

$$\boxed{J^d(0)=1\,,\quad \frac{\partial J^d(0)}{\partial z}=-\gamma} \tag{3.18}$$

für $\gamma \in \{\gamma_x, \gamma_y\}$

und

$$J^d(0) \in \left\{J_{11}^d(0), J_{22}^d(0), J_{33}^d(0)\right\}$$

Dabe ist γ_x dem Element $J_{11}^d(0)$ und γ_y den Größen $J_{22}^d(0)$ und $J_{33}^d(0)$ zugeordnet.

3.2 Diagonale Jones-Matrizen

3.2.1 Lichtwellenleiter

Anisotroper LWL. Beim anisotropen Lichtwellenleiter, kurz LWL, sind die Jones-Matrix-Elemente gegeben durch

$$\boxed{\begin{aligned} J_{11}^R(z) &= exp\left(-\gamma_x z\right)\\ J_{22}^R(z) &= exp\left(-\gamma_y z\right)\\ J_{33}^R(z) &= exp\left(-\gamma_y z\right). \end{aligned}} \tag{3.19}$$

Isotroper LWL. Der isotrope LWL ist durch die Brechzahlbedingung

$$n_1 = n_x = n_y = n_z = n_3 \tag{3.20}$$

gekennzeichnet. Mit 3.8 ergibt sich seine erweiterte Jones-Matrix entsprechend 3.21:

$$\boxed{J_{erw}^d(z) = exp\left(-\gamma z\right)\begin{pmatrix} 1 & 0 & 0\\ 0 & 1 & 0\\ 0 & 0 & 1 \end{pmatrix}} \tag{3.21}$$

wobei

$$\gamma = \gamma_x = \gamma_y = j\,\beta' \cos\varphi$$

gilt.

3.2.2 Polarisatoren

Jones-Matrizen. Die Polarisatoren sollen entweder den H_0- oder den E_0-Mode unterdrücken, wenn beide Moden aus irgendwelchen Gründen vorhanden sind.

Der ***E*₀-Polarisator** besitzt die rechtsseitige Jones-Matrix

$$\boxed{\underline{J}^R_{erw} = \begin{pmatrix} 0 & 0 & 0 \\ 0 & 1 & 0 \\ 0 & 0 & 1 \end{pmatrix}} \tag{3.22}$$

und unterdrückt den H_0-Mode.

Der ***H*₀-Polarisator** besitzt entsprechend die rechtsseitige Jones-Matrix

$$\boxed{\underline{J}^R_{erw} = \begin{pmatrix} 1 & 0 & 0 \\ 0 & 0 & 0 \\ 0 & 0 & 0 \end{pmatrix}} \tag{3.23}$$

bei Unterdrückung des E_0-Modes.

***E*₀-Polarisator**. Damit gelten für den E_0-Polarisator die Bedingungen mit der Länge L des Bauelementes:

$$\begin{aligned} J^R_{11}(L) &= exp\left(-\gamma_x L\right) = 0 \\ J^R_{22}(L) &= exp\left(-\gamma_y L\right) = 1 \\ J^R_{33}(L) &= exp\left(-\gamma_y L\right) = 1\,. \end{aligned} \tag{3.24}$$

Die Gleichung für $J^R_{11}(L)$ ist erfüllt, wenn γ_x positiv reell und $\gamma_x \to \infty$ gewählt wird. Das erreicht man wie folgt:

$$\gamma_x = j\,\frac{\omega}{c}\sqrt{n_x^2 - n_1^2\, sin^2\,\varphi}$$

$$n_1\, sin\varphi = \sqrt{\frac{n_x^2 - n_{x2}^2}{2}}$$

Komplexe Brechzahlen:

$$n_x = n_x' - j\,n_x'', \quad n_{x2} = n_{x2}' - j\,n_{x2}'' \tag{3.25a}$$

$$n_x'' >> n_x' : \; n_x \approx -j\,n_x'' \,;\; n_{x2}'' >> n_{x2}' : n_{x2} \approx -j\,n_{x2}'' \tag{3.25b}$$

Physikalisch sinnvolle Lösung:

$$\gamma_x \approx \frac{\omega}{c}\sqrt{\frac{n_x''^2 + n_{x2}''^2}{2}} \to \infty \tag{3.26a}$$

$$\to n_x'', n_{x2}'' \to \infty \tag{3.26b}$$

Das heißt, die komplexen Brechzahlen 3.25a müssen große Werte in den Absorptionszahlen n_x'', n_{x2}'' für Kern und Mantel nach 3.25b und 3.26b annehmen. Außerdem muss die Bedingung

$$n_1\, sin\varphi \approx \sqrt{\frac{n_{x2}''^2 - n_x''^2}{2}} = const.$$

erfüllt sein.

Die restlichen Gleichungen von 3.24 befriedigt man folgendermaßen:

$$\gamma_y = j\beta' \cos\varphi \rightarrow n_1 = n_y = n_z \tag{3.27}$$

$$\rightarrow \frac{\omega}{c} n_1 \cos\varphi \, L = m\, 2\pi\,; \quad m = 1, 2, \cdots \tag{3.28a}$$

$$\cos\varphi = n_{y2}\sqrt{\frac{n_1^2 + n_{z2}^2}{n_1^4 + n_{y2}^2\, n_{z2}^2}} = \frac{1}{n_1}\sqrt{\frac{2\,n_1^2 + n_x'' - n_{x2}''^2}{2}} = const. \tag{3.28b}$$

Bei paralleler Anregung mit $\varphi = 0$ gilt zusätzlich.

$$n_1 = n_{y2} \; und \; n_x'' = n_{x2}'' \tag{3.29}$$

In diesem Fall verschwindet jedoch wegen $\sin\varphi = 0$ die z-Komponente der elektrischen Feldstärke.

***H_0*-Polarisator.** Mit 3.23 ergibt sich für den H_0-Polarisator:

$$\begin{aligned} J_{11}^R(L) &= exp(-\gamma_x L) = 1 \\ J_{22}^R(L) &= exp(-\gamma_y L) = 0 \\ J_{33}^R(L) &= exp(-\gamma_y L) = 0\,. \end{aligned} \tag{3.30}$$

$J_{11}^R(L) = 1$ verlangt folgende Bedingungen:

$$\gamma_x = j\beta' \cos\varphi$$

$$\rightarrow \quad n_1 = n_x \tag{3.31}$$

$$\frac{\omega}{c} n_1 \cos\varphi \, L = m\, 2\pi, m = 1, 2, \cdots, \tag{3.32a}$$

$$\cos\varphi = \frac{1}{n_1}\sqrt{\frac{n_1^2 + n_{x2}^2}{2}} = const. \tag{3.32b}$$

Die restlichen Gleichungen von 3.30 sind erfüllt für:

$$\gamma_y = j\frac{\omega}{c} n_y \sqrt{1 - \left(\frac{n_1}{n_z}\right)^2 \sin^2\varphi} \rightarrow \infty$$

$$n_1 = n_z : \gamma_y = j\frac{\omega}{c} n_y \cos\varphi \tag{3.33}$$

$$\cos\varphi = \sqrt{\frac{n_1^2\, n_{y2}^2 + n_{y2}^2\, n_{z2}^2}{n_1^2\, n_y^2 + n_{y2}^2\, n_{z2}^2}} = const.$$

Komplexe Brechzahl:

$$n_y = n'_y - j\,n''_y\,,\quad n_{y2} = n'_{y2} - j\,n''_{y2} \tag{3.34a}$$

$$n''_y >> n'_y : n_y \approx -j\,n''_y\,, n''_{y2} >> n'_{y2} : n_{y2} \approx -j\,n''_{y2} \tag{3.34b}$$

$$\rightarrow \quad cos\,\varphi = \sqrt{\frac{n_1^2\,n''^2_{y2} + n''^2_{y2}\,n''^2_{z2}}{n_1^2\,n''^2_y + n''^2_{y2}\,n''^2_{z2}}} = const.\,,$$

$$\rightarrow \quad \gamma_y \approx \frac{\omega}{c} n''_y \, cos\,\varphi \rightarrow \infty\,,$$

$$\rightarrow \quad n''_y, n''_{y2} \rightarrow \infty \tag{3.35}$$

Bei paralleler Anregung mit $\varphi = 0$ gilt hier zusätzlich:

$$n_1 = n_{x2} \text{ und } n''_y = n''_{y2} \tag{3.36}$$

In diesem Fall verschwindet wegen $sin\varphi = 0$ die z-Komponente der magnetischen Feldstärke.

3.2.3 Retarder

Jones-Matrizen. Retarder oder Verzögerungsplatten verzögern einen Mode gegenüber dem anderen. Praktisch interessant sind die $\frac{\lambda}{4}$ – und $\frac{\lambda}{2}$ -Platte. Ihre erweiterten Jones-Matrizen lauten:

- $$\frac{\lambda}{4} - Platte: \quad \underline{J}^R_{erw}(L) = \begin{pmatrix} 1 & 0 & 0 \\ 0 & \pm j & 0 \\ 0 & 0 & \pm j \end{pmatrix} \tag{3.37}$$

- $$\frac{\lambda}{2} - Platte: \quad \underline{J}^R_{erw}(L) = \begin{pmatrix} 1 & 0 & 0 \\ 0 & -1 & 0 \\ 0 & 0 & -1 \end{pmatrix} \tag{3.38}$$

$\frac{\boldsymbol{\lambda}}{\mathbf{4}}$**-Platte.** Die Bedingungen an die Jones-Matrix-Elemente der rechtsseitigen erweiterten Jones-Matrix 3.37 sind für die $\frac{\lambda}{4}$-Platte :

$$J^R_{11}(L) = exp\left(-\gamma_x L\right) = 1$$

$$J^R_{22}(L) = exp\left(-\gamma_y L\right) = \pm j \tag{3.39}$$

$$J^R_{33}(L) = exp\left(-\gamma_y L\right) = \pm j\,.$$

Für die erste Gleichung von 3.39 gelten wieder die Bedingungen 3.31 und 3.32.

$J_{22}^{R}(L)=\pm j$ und $J_{33}^{R}(L)=\pm j$ werden einfach erfüllt für

$$\gamma_y = j\beta' \cos\varphi$$

$$\rightarrow \quad n_1 = n_y = n_z \,, \tag{3.40}$$

$$\cos\varphi = \sqrt{\frac{n_1^2 \, n_{y2}^2 + n_{y2}^2 \, n_{z2}^2}{n_1^4 + n_{y2}^2 \, n_{z2}^2}}$$

und

$$J_{22}^{R}(L) = +j : \gamma_y L = j \frac{\omega}{c} n_1 \cos\varphi \, L = j\,(2m+1)\frac{\pi}{2}; \quad m = 1, 3, 5, \cdots$$

$$\rightarrow \quad \frac{\omega}{c} n_1 \cos\varphi \, L = (2m+1)\frac{\pi}{2}; \quad m = 1, 3, 5, \cdots \tag{3.41a}$$

$$J_{22}^{R}(L) = -j : \gamma_y L = j \frac{\omega}{c} n_1 \cos\varphi \, L = j\,(2m+1)\frac{\pi}{2}; \quad m = 0, 2, 4, \cdots$$

$$\rightarrow \quad \frac{\omega}{c} n_1 \cos\varphi \, L = (2m+1)\frac{\pi}{2}; \quad m = 0, 2, 4, \cdots \tag{3.41b}$$

$\boldsymbol{\frac{\lambda}{2}}$**-Platte.** Bei der $\frac{\lambda}{2}$-Platte gilt für die rechtsseitige erweiterte Jones-Matrix in den Matrizenelementen:

$$J_{11}^{R}(L) = \exp(-\gamma_x L) = 1$$

$$J_{22}^{R}(L) = \exp(-\gamma_y L) = -1 \tag{3.42}$$

$$J_{33}^{R}(L) = \exp(-\gamma_y L) = -1 \,.$$

Die Bedingungen für $J_{11}^{R}(L)=1$ finden Sie wieder in 3.31 und 3.32.

Aus $J_{22}^{R}(L)=J_{33}^{R}(L)=-1$ folgt die einfach zu realisierende Bedingung

$$\gamma_y = j\,\beta' \cos\varphi$$

$$\rightarrow \quad n_1 = n_y = n_z \,, \tag{3.43}$$

$$\cos\varphi = \sqrt{\frac{n_1^2 \, n_{y2}^2 + n_{y2}^2 \, n_{z2}^2}{n_1^4 + n_{y2}^2 \, n_{z2}^2}}$$

und

$$\gamma_y L = j \frac{\omega}{c} n_1 \cos\varphi \, L = j\,(2m+1)\,\pi \,, \quad m = 0, 1, 2, \cdots \tag{3.44a}$$

$$\rightarrow \quad \frac{\omega}{c} n_1 \cos\varphi \, L = (2m+1)\,\pi \,, \quad m = 0, 1, 2, \cdots \tag{3.44b}$$

Damit liegen die Dimensionierungsbedingungen für die $\frac{\lambda}{4}$– und $\frac{\lambda}{2}$-Platte vor.

3.2.4 Faseroptischer Verstärker

***H_0*-Mode.** Wird nur der H_0-Mode angeregt, muss für den faseroptischen Verstärker das Jones-Matrix-Element $J_{11}^{d}(L)$ bestimmt werden. Dazu gehen Sie bitte vom Eigenwert der zugehörigen Jones-DGL, also von

$$\gamma_x = j\,\frac{\omega}{c}\sqrt{n_x^2 - n_1^2\,sin^2\,\varphi} \tag{3.45}$$

aus. Es gilt für $n_1 sin\,\varphi$:

$$n_1\,sin\varphi = \sqrt{\frac{n_x^2 - n_{x2}^2}{2}} \tag{3.46}$$

Beschreibt man nun die verstärkende Wirkung des faseroptischen Verstärkers durch die imaginären Ersatzbrechzahlen

$$n_x \approx j\,n_x'', \quad n_{x2} \approx j\,n_{x2}'', \quad n_1 \approx j\,n_1'', \tag{3.47}$$

so geht 3.46 über in

$$j\,n_1''\,sin\varphi = \sqrt{\frac{-n_x''^2 + n_{x2}''^2}{2}} = j\sqrt{\frac{n_x''^2 - n_{x2}''^2}{2}}$$

$$\rightarrow \quad n_1''\,sin\varphi = \sqrt{\frac{n_x''^2 - n_{x2}''^2}{2}} \tag{3.48}$$

Mit 3.47, 3.48 ergibt sich für 3.45:

$$\gamma_x = j\,\frac{\omega}{c}\sqrt{-n_x''^2 + n_1''^2\,sin^2\,\varphi}$$

$$= j\,\frac{\omega}{2}\sqrt{-n_x''^2 + \frac{n_x''^2 - n_{x2}''^2}{2}}$$

$$= j\,\frac{\omega}{c}\sqrt{\frac{-n_x''^2 - n_{x2}''^2}{2}}$$

$$\gamma_x = -\frac{\omega}{c}\sqrt{\frac{n_x''^2 + n'{}_{x2}^2}{2}} \tag{3.49}$$

Für $cos\ \varphi$ gilt:

$$cos\ \varphi = \sqrt{1 - sin^2\ \varphi} = \sqrt{1 - \frac{n_x''^2 - n_{x2}''^2}{2\,n_1''^2}}$$

$$n_1'' \cos\varphi = \sqrt{\frac{2\,n_1''^2 - n_x''^2 + n_{x2}''^2}{2}}$$

Mit der Wahl $n_1'' = n_x''$ erhalten Sie:

$$n_1'' \cos\varphi = \sqrt{\frac{n_x''^2 + n_{x2}''^2}{2}}, \tag{3.50}$$

$$\rightarrow \quad \gamma_x = -\frac{\omega}{c}\, n_1'' \cos\varphi, \tag{3.51a}$$

$$j\,\beta' \cos\varphi = -\frac{\omega}{c}\, n_1'' \cos\varphi \tag{3.51b}$$

Damit ergeben sich folgende Zusammenhänge für das zu 3.51 gehörige Jones-Matrix-Element $J_{11}^R(L)$:

- $\gamma_x = -\frac{\omega}{c}\, n_1'' \cos\varphi$:
- $J_{11}^R(L) = exp\left(\frac{\omega}{c}\, n_1'' \cos\varphi\, L\right)$ (3.52)

3.52 ist nur richtig für $n_1'' = konst.$, so lange der faseroptische Verstärker als linear angenommen werden kann, d. h. er sich nicht im Sättigungsbereich befindet.

***E*₀-Mode.** Analog gilt bei Anregung des E_0-Modes:

$$\gamma_y = j\,\frac{\omega}{c}\, n_y \sqrt{1 - \left(\frac{n_1}{n_z}\right)^2 \sin^2\varphi} \tag{3.53}$$

$$\frac{n_1}{n_z} \sin\varphi = \sqrt{\frac{n_y^2\, n_z^2 - n_{y2}^2\, n_z^2}{n_y^2\, n_z^2 + n_{y2}^2\, n_{z2}^2}} \tag{3.54}$$

Imaginäre Ersatzbrechzahlen:

$$n_y \approx j\, n_y'', \quad n_z \approx j\, n_z'', \quad n_{y2} \approx j\, n_{y2}'', \quad n_{z2} \approx j\, n_{z2}'', \quad n_1 \approx j\, n_1''$$

$$\frac{n_1''}{n_z''} \sin\varphi = \sqrt{\frac{n_y''^2\, n_z''^2 - n_{y2}''^2\, n_z''^2}{n_y''^2\, n_z''^2 + n_{y2}''^2\, n_{z2}''^2}}$$

$$\gamma_y = j\,\frac{\omega}{c} \sqrt{-n_y''^2\, \frac{n_{y2}''^2\, n_{z2}''^2 + n_{y2}''^2\, n_z''^2}{n_y''^2\, n_z''^2 + n_{y2}''^2\, n_{z2}''^2}}$$

$$\gamma_y = -\frac{\omega}{c} n_y'' \sqrt{\frac{n_{y2}''^2 n_{z2}''^2 + n_{y2}''^2 n_z''^2}{n_y''^2 n_z''^2 + n_{y2}''^2 n_{z2}''^2}} \tag{3.55}$$

$$\cos\varphi = \sqrt{1-\sin^2\varphi} = \sqrt{1 - \frac{n_z''^2}{n_1''^2} \frac{n_y''^2 n_z''^2 - n_{y2}''^2 n_z''^2}{n_y''^2 n_z''^2 + n_{y2}''^2 n_{z2}''^2}}$$

Wahl: $n_1'' = n_y'' = n_z''$:

$$\rightarrow \quad \cos\varphi = \sqrt{\frac{n_{y2}''^2 n_{z2}''^2 + n_{y2}''^2 n_z''^2}{n_y''^2 n_z''^2 + n_{y2}''^2 n_{z2}''^2}}, \tag{3.56}$$

$$\rightarrow \quad \gamma_y = -\frac{\omega}{c} n_1'' \cos\varphi, \tag{3.57a}$$

$$j\beta' \cos\varphi = -\frac{\omega}{c} n_1'' \cos\varphi \tag{3.57b}$$

Somit erhalten Sie zu 3.52 analoge Formeln für die Jones-Matrix-Elemente $J_{22}^R(L)$ und $J_{33}^R(L)$:

- $\gamma_y = -\frac{\omega}{c} n_1'' \cos\varphi$:
- $J_{22}^R(L) = exp\left(\frac{\omega}{c} n_1'' \cos\varphi\, L\right)$ (3.58)
- $J_{33}^R(L) = exp\left(\frac{\omega}{c} n_1'' \cos\varphi\, L\right)$

Jones-Matrix. Die erweiterte rechtsseitige Jones-Matrix des faseroptischen Verstärkers lautet also bei Anregung beider Polarisationsmoden aus einer Laserdiode:

$$\boxed{J_{erw}^R = exp\left(\frac{\omega}{c} n_1'' \cos\varphi\, L\right) \begin{pmatrix} 1 & 0 & 0 \\ 0 & 1 & 0 \\ 0 & 0 & 1 \end{pmatrix}} \tag{3.59}$$

Mit den Dimensionierungsbedingungen

$$n_1'' = n_x'' = n_y'' = n_z'', \tag{3.60a}$$

$$\cos\varphi = \sqrt{\frac{n_1''^2 + n_{x2}''^2}{2\, n_1''^2}} = \sqrt{\frac{n_{y2}''^2 n_{z2}''^2 + n_{y2}''^2 n_1''^2}{n_1''^4 + n_{y2}''^2 n_{z2}''^2}} \tag{3.60b}$$

Für $n_2'' = n_{x2}'' = n_{y2}'' = n_{z2}''$ geht 3.60b über in

$$cos\ \varphi = \sqrt{\frac{n_1''^2 + n_2''^2}{2\, n_1''^2}} = \sqrt{\frac{n_2''^4 + n_2''^2\, n_1''^2}{n_1''^4 + n_2''^4}} \tag{3.60c}$$

3.60c ergibt:

$$n_1''^6 - n_1''^2\, n_2''^4 - n_2''^2\, n_1''^4 + n_2''^6 = 0\,, \tag{3.60d}$$

d. h. $n_1'' = n_2''$ als physikalisch sinnvolle Lösung.

Damit folgt der wichtige Satz:

Der isotrope faseroptische Verstärker lässt wegen $\varphi = 0$ nur parallel mit einer Laserdiode anregen, wenn sich beide Polarisationsmoden im Verstärker ausbreiten sollen.

Die z-Komponente der elektrischen Feldstärke verschwindet wegen $\varphi = 0$ in diesem Fall und ebenso die z-Komponente der magnetischen Feldstärke.

Die gleichzeitige Anregung von E_0- und H_0-Mode aus einer Laserdiode führt offenbar grundsätzlich bei isotropen Bauelementen auf den Spezialfall der parallelen Anregung. Das liegt für die anregenden Lichtwellen im isotropen Medium daran, dass die z-Komponenten aller ihrer Feldvektoren verschwindend klein vorausgesetzt wurden. Dies führt auf die Bedingung 2.224 bei gleichem $sin\ \varphi$ und $cos\ \varphi$ für E_0- und H_0-Mode und damit auf $\varphi = 0$ sowie auf schwache Führung der Wellen.

3.2.5 Zusammenfassung

3.2.5.1 Modenanregungsbedingungen

Die Modenanregungsbedingungen von E_0- und H_0-Mode aus einer Laserdiode führt zur parallelen Anregung.

Bei schräger Anregung des E_0- und H_0-Mode sind zwei Laserdioden unterschiedlicher Frequenz und Polarisation im Tandembetrieb notwendig. Tandembetrieb soll bedeuten, dass die beiden Monomode-Laserdioden vom gleichen elektrischen Strom angesteuert werden, jedoch unterschiedliche Frequenzen und Polarisationen besitzen sollen. Auch die Winkel der schrägen Anregung müssen unterschiedlich sein.

Dann ergeben sich die allgemeinen Modenanregungsbedingungen nach Tabelle 3-1. Der Tandembetrieb zweier Laserdioden ist im Bild 3-1 skizziert.

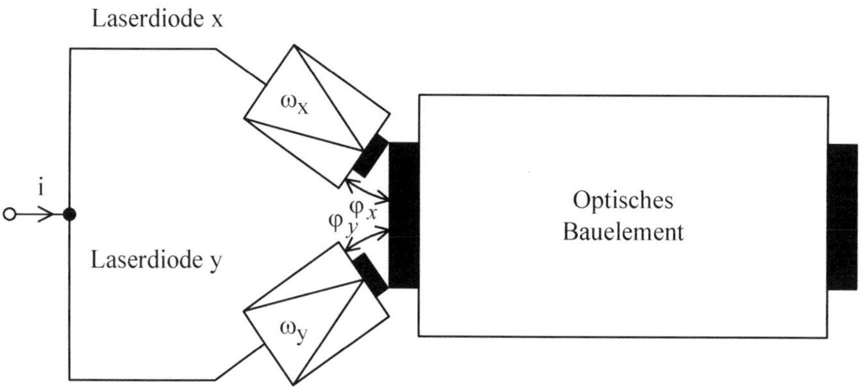

Bild 3-1 Tandembetrieb zweier Laserdioden

Tabelle 3-1 Modenanregungsbedingungen

Größe	E_0-Mode	H_0-Mode
ω	$\omega_y = \dfrac{\pi}{4\rho_\kappa\, \varepsilon_z \sqrt{\mu_o \dfrac{\varepsilon_y - \varepsilon_{y2}}{\varepsilon_y\, \varepsilon_z + \varepsilon_{y2}\, \varepsilon_{z2}}}}$	$\omega_x = \dfrac{\pi}{4\rho_\kappa \sqrt{\mu_o \dfrac{\varepsilon_x - \varepsilon_{x2}}{2}}}$
$\sin\varphi$	$sin\,\varphi_y = \dfrac{n_z^2}{n_1} \sqrt{\dfrac{n_y^2 - n_{y2}^2}{n_y^2\, n_z^2 + n_{y2}^2\, n_{z2}^2}}$	$sin\,\varphi_x = \dfrac{1}{n_1} \sqrt{\dfrac{n_x^2 - n_{x2}^2}{2}}$
$\cos\varphi$	$cos\,\varphi_y = \sqrt{1 - sin^2\, \varphi_y}$	$cos\,\varphi_x = \sqrt{1 - sin^2\, \varphi_x}$
β'	$\beta_y' = \dfrac{\omega_y}{c}\, n_1$	$\beta_x' = \dfrac{\omega_x}{c}\, n_1$
$\vec{e}$	$\lvert e_{y'} \rvert = 1, \quad \psi_{y'} = 0$	$\lvert e_{x'} \rvert = 1, \quad \psi_{x'} = 0$
γ	$\gamma_y = j \dfrac{\omega_y}{c}\, n_y \sqrt{1 - \left(\dfrac{n_1}{n_z}\right)^2 sin^2\, \varphi_y}$	$\gamma_x = j \dfrac{\omega_x}{c} \sqrt{n_x^2 - n_1^2\, sin^2\, \varphi_x}$

3.2.5.2 Jones-Matrizen

In den nachstehenden Tabellen sind die Eigenschaften von LWL, Polarisatoren, Retardern und faseroptischen Verstärkern mit diagonaler Jones-Matrix zusammengefasst. Dabei sind die Modenanregungsbedingungen nach Tabelle 3-1 berücksichtigt bzw. spezialisiert. Außerdem sind die Transmissionsfaktoren für die ein- und ausgangsseitige Grenzschicht mit den Übergängen isotrop → anisotrop und anisotrop → isotrop nach den Unterabschnitten 2.2.6.1 und 2.2.6.2 eingearbeitet.

Des Weiteren werden nur die Lösungen für den Kern des optischen Bauelementes angegeben. Überwiegend ist die gemeinsame Phase in den Jones-Matrizen weggelassen, weil Sie bei der Detektion der optischen Signale ohnehin keine Rolle spielt.

Die Matrix

$$\underline{T}_{erw} = \underline{T}_T^{ia}\,\underline{J}_{erw}^{R}\,\underline{T}_T^{ai} \tag{3.61}$$

ist die gesamte Transfermatrix des optischen Bauelementes zwischen ein – und ausgangsseitigen isotropen Medien in der Form

$$\underline{T}_{erw} = \begin{pmatrix} T_x & 0 & 0 \\ 0 & T_y & 0 \\ 0 & 0 & T_z \end{pmatrix} \tag{3.62}$$

Als Entwurfsbeispiel wird die $\frac{\lambda}{4}$ – Platte gemäß Aufgabe A 3.2 betrachtet.

Tabelle 3-2 beinhaltet die Eigenschaften des anisotropen LWL. In Tabelle 3-3 sind die Merkmale des isotropen LWL dargestellt. Die Dimensionierungsbedingungen für den E_0- und H_0-Polarisator finden Sie in den Tabellen 3-4 und 3-5. Ausführlich sind in den Tabellen 3-6 und 3-7 die Realisierungsbedingungen für die $\frac{\lambda}{4}$- und $\frac{\lambda}{2}$- Platte dargestellt. Schließlich zeigt Tabelle 3-8 wichtige Eigenschaften linearer faseroptischer Verstärker.

Tabelle 3-2 Anisotroper LWL

Größe	Dimensionierungsbedingung
n	$n_1 = n_3$
ω	$\omega_x = \dfrac{\pi c}{4\rho_\kappa \sqrt{\dfrac{n_x^2 - n_{x2}^2}{2}}}, \quad \omega_y = \dfrac{\pi c}{4\rho_\kappa n_z^2 \sqrt{\dfrac{n_y^2 - n_{y2}^2}{n_y^2 n_z^2 + n_{y2}^2 n_{z2}^2}}}$
$sin\,\varphi$	$sin\,\varphi_x = \dfrac{1}{n_1}\sqrt{\dfrac{n_x^2 - n_{x2}^2}{2}}, \quad sin\,\varphi_y = \dfrac{n_z^2}{n_1}\sqrt{\dfrac{n_y^2 - n_{y2}^2}{n_y^2 n_z^2 + n_{y2}^2 n_{z2}^2}}$
$cos\,\varphi$	$cos\,\varphi_x = \sqrt{1 - sin^2\varphi_x}, \quad cos\,\varphi_y = \sqrt{1 - sin^2\varphi_y}$
β'	$\beta'_x = \dfrac{\omega_x}{c} n_1, \quad \beta'_y = \dfrac{\omega_y}{c} n_1$
γ	$\gamma_x = j\dfrac{\omega_x}{c}\sqrt{n_x^2 - n_1^2\, sin^2\varphi_x}\,; \quad \gamma_y = j\dfrac{\omega_y}{c} n_y \sqrt{1 - \left(\dfrac{n_1}{n_z}\right)^2 sin^2\varphi_y}$
$\underline{T}_T^{ai}$	$T_{xT}^{ai} = \dfrac{2j\beta'_x\, cos\,\varphi_x}{\gamma_x + j\beta'_x\, cos\,\varphi_x}, \quad T_{yT}^{ai} = \dfrac{2j\beta'_y\, cos\,\varphi_y}{\gamma_y + j\beta'_y\, cos\,\varphi_y}$ $\left(\dfrac{n_1}{n_z}\right)^2 T_{zT}^{ai} = \left(\dfrac{n_1}{n_z}\right)^2 \dfrac{2\gamma_y}{\gamma_y + j\beta'_y\, cos\,\varphi_y}$
$\underline{J}_{erw}^R$	$J_{11}^R = exp(-\gamma_x L), \quad J_{22}^R = exp(-\gamma_y L), \quad J_{33}^R = exp(-\gamma_y L)$
$\underline{T}_T^{ia}$	$T_{xT}^{ia} = \dfrac{2\gamma_x}{\gamma_x + j\beta'_x\, cos\,\varphi_x}$ $T_{yT}^{ia} = \dfrac{2\gamma_y}{\gamma_y + j\beta'_y\, cos\,\varphi_y}$ $\left(\dfrac{n_z}{n_1}\right)^2 T_{zT}^{ia} = \left(\dfrac{n_z}{n_1}\right)^2 \dfrac{2j\beta'_y\, cos\,\varphi_y}{\gamma_y + j\beta'_y\, cos\,\varphi_y}$
$\underline{T}_{erw} = \underline{T}_T^{ia}\, \underline{J}_{erw}^R\, T_T^{ai}$	$T_x = T_{xT}^{ia}\, exp(-\gamma_x L)\, T_{xT}^{ai}$ $T_y = T_{yT}^{ia}\, exp(-\gamma_y L)\, T_{yT}^{ai}$ $T_z = T_{zT}^{ia}\, exp(-\gamma_y L)\, T_{zT}^{ai}$

Tabelle 3-3 Isotroper LWL

Größe	Dimensionierungsbedingung
n	$n_1 = n_x = n_y = n_z = n_3$ $n_2 = n_{x2} = n_{y2} = n_{z2}$
ω	$\omega_x = \frac{\pi\, c}{4\,\rho_K \sqrt{\frac{n_1^2 - n_2^2}{2}}}\,,\quad \omega_y = \frac{\pi\, c}{4\,\rho_K \sqrt{\frac{n_1^4 - n_1^2\, n_2^2}{n_1^4 + n_2^4}}}$
$\sin\varphi$	$\sin\varphi_x = \frac{1}{n_1}\sqrt{\frac{n_1^2 - n_2^2}{2}}\,,\quad \sin\varphi_y = \sqrt{\frac{n_1^4 - n_1^2\, n_2^2}{n_1^4 + n_2^4}}$
$\cos\varphi$	$\cos\varphi_x = \sqrt{1 - \sin^2\varphi_x}\,,\quad \cos\varphi_y = \sqrt{1 - \sin^2\varphi_y}$
β'	$\beta'_x = \frac{\omega_x}{c}\, n_1\,,\quad \beta'_y = \frac{\omega_y}{c}\, n_1$
γ	$\gamma_x = j\,\beta'_x \cos\varphi_x\,,\quad \gamma_y = j\,\beta'_y \cos\varphi_y$
$\underline{T}_T^{ai}$	$T_{xT}^{ai} = T_{yT}^{ai} = T_{zT}^{ai} = 1$
$\underline{J}_{erw}^R$	$J_{11}^R = exp\left(-\gamma_x L\right)$ $J_{22}^R = J_{33}^R = exp\left(-\gamma_y L\right)$
$\underline{T}_T^{ia}$	$T_{xT}^{ia} = T_{yT}^{ia} = T_{zT}^{ia} = 1$
$\underline{T}_{erw} = \underline{T}_T^{ia}\, \underline{J}_{erw}^R\, \underline{T}_T^{ai}$	$T_x = exp\left(-\gamma_x L\right)$ $T_y = T_z = exp\left(-\gamma_y L\right)$

Wegen der unterschiedlichen Frequenzen ω_x und ω_y sind selbst beim isotropen LWL unter Beachtung von $\varphi_x \neq \varphi_y$ die Übertragungseigenschaften wegen $\gamma_x \neq \gamma_y$ unterschiedlich.

Tabelle 3-4 E_0-Polarisator

Größe	Dimensionierungsbedingung
n	$n''_x, n''_{x2} \to \infty;\quad n_1 = n_y = n_z = n_3,\quad n_2 = n_{y2} = n_{z2}$
ω	$\omega_x = \dfrac{\pi c}{4\rho_\kappa \sqrt{\dfrac{n''^2_{x2} - n''^2_x}{2}}},\quad \omega_y = \dfrac{\pi c}{4\rho_\kappa \sqrt{\dfrac{n_1^4 - n_1^2 n_2^2}{n_1^4 + n_2^4}}}$
$sin\,\varphi$	$sin\,\varphi_x = \dfrac{1}{n_1}\sqrt{\dfrac{n''^2_{x2} - n''^2_x}{2}},\quad sin\,\varphi_y = \sqrt{\dfrac{n_1^4 - n_1^2 n_2^2}{n_1^4 + n_2^4}}$
$cos\,\varphi$	$cos\,\varphi_x = \sqrt{1 - sin^2\,\varphi_x},\quad cos\,\varphi_y = \sqrt{1 - sin^2\,\varphi_y}$
β'	$\beta'_x = \dfrac{\omega_x}{c} n_1,\quad \beta'_y = \dfrac{\omega_y}{c} n_1$
γ	$\gamma_x = \dfrac{\omega}{c}\sqrt{\dfrac{n''^2_x + n''^2_{x2}}{2}} \to \infty,\quad \gamma_y = j\,\beta'_y\,cos\,\varphi_y$
L	$L = \dfrac{m\,2\pi}{\beta'_y\,cos\,\varphi_y};\quad m = 1, 2, \cdots$
$\underline{T}_T^{ai}$	$T_{xT}^{ai} = 0,\quad T_{yT}^{ai} = T_{zT}^{ai} = 1$
$\underline{J}_{erw}^R$	$J_{11}^R = 0,\quad J_{22}^R = J_{33}^R = 1$
$\underline{T}_T^{ia}$	$T_{xt}^{ia} = 2,\quad T_y^{ia} = T_{zT}^{ia} = 1$
$\underline{T}_{erw} = \underline{T}_T^{ia}\,\underline{J}_{erw}^R\,\underline{T}_T^{ai}$	$T_x = 0,\quad T_y = T_z = 1$

Bei den Dimensionierungsbedingungen für den E_0-Polarisator bleibt die gemeinsame Phase unberücksichtigt.

Tabelle 3-5 H_0-Polarisator

Größe	Dimensionierungsbedingung
n	$n_1 = n_x = n_z = n_3\,,\quad n_2 = n_{x2} = n_{z2}\,;\quad n''_y\,, n''_{y2} \to \infty$
ω	$\omega_x = \dfrac{\pi\, c}{4\,\rho_\kappa \sqrt{\dfrac{n_1^2 - n_2^2}{2}}}\,,\quad \omega_y = \dfrac{\pi\, c}{4\,\rho_\kappa\, n_1^2 \sqrt{\dfrac{n_y''^2 - n_{y2}''^2}{n_y''^2\, n_1^2 + n_{y2}''^2\, n_2^2}}}$
$sin\,\varphi$	$sin\,\varphi_x = \dfrac{1}{n_1}\sqrt{\dfrac{n_1^2 - n_2^2}{2}}\,,\quad sin\,\varphi_y = n_1 \sqrt{\dfrac{n_y''^2 - n_{y2}''^2}{n_y''^2\, n_1^2 + n_{y2}''^2\, n_2^2}}$
$cos\,\varphi$	$cos\,\varphi_x = \sqrt{1 - sin^2\,\varphi_x}\,,\quad cos\,\varphi_y = \sqrt{1 - sin^2\,\varphi_y}$
β'	$\beta'_x = \dfrac{\omega_x}{c}\, n_1\,,\quad \beta'_y = \dfrac{\omega_y}{c}\, n_1$
γ	$\gamma_x = j\,\beta'_x\, cos\,\varphi_x\,,\quad \gamma_y = \dfrac{\omega_y}{c}\, n''_y\, cos\,\varphi_y \to \infty$
L	$L = \dfrac{m\, 2\pi}{\beta'_x\, cos\,\varphi_x}\,;\quad m = 1, 2, \cdots$
$\underline{T}^{ai}_T$	$T^{ai}_{xT} = 1\,,\quad T^{ai}_{yT} = 0\,,\quad T^{ai}_{zT} = 2$
$\underline{J}^R_{erw}$	$J^R_{11} = 1\,,\quad J^R_{22} = J^R_{33} = 0$
$\underline{T}^{ia}_T$	$T^{ia}_{xT} = 1\,,\quad T^{ia}_{yT} = 2\,,\quad T^{ia}_{zT} = 0$
$\underline{T}_{erw} = \underline{T}^{ia}_T\, \underline{J}^R_{erw}\, \underline{T}^{ai}_T$	$T_x = 1\,,\quad T_y = T_z = 0$

Ebenso wurde bei H_0-Polarisator die Wirkung der gemeinsamen Phase nicht berücksichtigt.

Tabelle 3-6 $\frac{\lambda}{4}$-Platte

Größe	Dimensionierungsbedingung
n	$n_1 = n_x = n_y = n_z = n_3\,, \quad n_2 = n_{x2} = n_{y2} = n_{z2}\,, \quad \frac{n_1}{n_2} = \frac{8\,m_x}{4\,m_y + 2}$
ω	$\omega_x = \frac{\pi\,c}{4\,\rho_\kappa \sqrt{\frac{n_1^2 - n_2^2}{2}}}\,, \quad \omega_y = \frac{\pi\,c}{4\,\rho_\kappa\, n_1^2 \sqrt{\frac{n_1^2 - n_2^2}{n_1^4 + n_2^4}}}$
$cos\ \varphi$	$cos\ \varphi_x = \frac{1}{n_1}\sqrt{\frac{n_1^2 + n_2^2}{2}}\,, \quad cos\ \varphi_y = \sqrt{\frac{n_1^2\, n_2^2 + n_2^4}{n_1^4 + n_2^4}}$
$cos\ \varphi$	$cos\ \varphi_x = \frac{1}{\sqrt{128}\, m_x}\sqrt{64\, m_x^2 + (4\,m_y + 2)^2}$ $cos\ \varphi_y = \sqrt{\frac{64\, m_x^2\,(4\,m_y + 2)^2 + (4\,m_y + 2)^4}{4096\, m_x^4 + (4\,m_y + 2)^4}}$
ρ_κ	$\rho_\kappa = \frac{\pi\,c}{4\,n_1(\omega_x - \omega_y)}\left[\frac{\sqrt{128}\, m_x}{\sqrt{64\, m_x^2 - (4\,m_y + 2)^2}} - \sqrt{\frac{4096\, m_x^4 + (4\,m_y + 2)^4}{4096\, m_x^4 - 64\, m_x^2 (4\,m_y + 2)^2}}\right]$
L	$L = 8\, m_x\, \rho_\kappa \sqrt{\frac{64\, m_x^2 - (4\,m_y + 2)^2}{64\, m_x^2 + (4\,m_y + 2)^2}}$
β'	$\beta_x' = \frac{\omega_x}{c}\, n_1\,, \quad \beta_y' = \frac{\omega_y}{c}\, n_1$
γ	$\gamma_x = j\,\beta_x'\, cos\ \varphi_x\,, \quad \gamma_y = j\,\beta_y'\, cos\ \varphi_y$
$\underline{T}_T^{ai}$	$T_{xT}^{ai} = T_{yT}^{ai} = T_{zT}^{ai} = 1$
$\underline{J}_{erw}^R$	$J_{11}^R = 1\,, \quad J_{22}^R = J_{33}^R = \pm\, j$
$\underline{T}_T^{ia}$	$T_{xT}^{ia} = T_{yT}^{ia} = T_{zT}^{ia} = 1$
$\underline{T} = \underline{T}_T^{ia}\, \underline{J}_{erw}^R\, \underline{T}_T^{ai}$	$T_x = 1\,, \quad T_y = T_z = \pm\, j$
m	$\underline{J}_{erw}^R = \begin{pmatrix} 1 & 0 & 0 \\ 0 & j & 0 \\ 0 & 0 & j \end{pmatrix}: \begin{matrix} m_x = 1, 2, 3, \cdots \\ m_y = 1, 3, 5, \cdots \end{matrix}\,, \quad \underline{J}_{erw}^R = \begin{pmatrix} 1 & 0 & 0 \\ 0 & -j & 0 \\ 0 & 0 & -j \end{pmatrix}: \begin{matrix} m_x = 1, 2, 3, \cdots \\ m_y = 0, 2, 4, \cdots \end{matrix}:$

Tabelle 3-7 $\frac{\lambda}{2}$-Platte

Größe	Dimensionierungsbedingung
n	$n_1 = n_x = n_y = n_z = n_3\,, \quad n_2 = n_{x2} = n_{y2} = n_{z2}\,, \quad \frac{n_1}{n_2} = \frac{8\,m_x}{8\,m_y + 4}$
ω	$\omega_x = \frac{\pi\,c}{4\,\rho_\kappa \sqrt{\frac{n_1^2 - n_2^2}{2}}}\,, \quad \omega_y = \frac{\pi\,c}{4\,\rho_\kappa\, n_1^2 \sqrt{\frac{n_1^2 - n_2^2}{n_1^4 + n_2^4}}}$
$cos\,\varphi$	$cos\,\varphi_x = \frac{1}{n_1}\sqrt{\frac{n_1^2 + n_2^2}{2}}\,, \quad cos\,\varphi_y = \sqrt{\frac{n_1^2\,n_2^2 + n_2^4}{n_1^4 + n_2^4}}$
$cos\,\varphi$	$cos\,\varphi_x = \frac{1}{\sqrt{128}\,m_x}\sqrt{64\,m_x^2 + (8\,m_y + 4)^2}$ $cos\,\varphi_y = \sqrt{\frac{64\,m_x^2\,(8\,m_y + 4)^2 + (8\,m_y + 4)^4}{4096\,m_x^4 + (8\,m_y + 4)^4}}$
ρ_κ	$\rho_\kappa = \frac{\pi\,c}{4\,n_1\,(\omega_x - \omega_y)}\left[\frac{\sqrt{128}\,m_x}{\sqrt{64\,m_x^2 - (8\,m_y + 4)^2}} - \sqrt{\frac{4096\,m_x^4 + (8\,m_y + 4)^4}{4096\,m_x^4 - 64\,m_x^2\,(8\,m_y + 4)^2}}\right]$
L	$L = 8\,m_x\,\rho_\kappa \sqrt{\frac{64\,m_x^2 - (8\,m_y + 4)^2}{64\,m_x^2 + (8\,m_y + 4)^2}}$
β'	$\beta'_x = \frac{\omega_x}{c}\,n_1\,, \quad \beta'_y = \frac{\omega_y}{c}\,n_1$
γ	$\gamma_x = j\,\beta'_x\,cos\,\varphi_x\,, \quad \gamma_y = j\,\beta'_y\,cos\,\varphi_y$
$\underline{T}_T^{ai}$	$T_{xT}^{ai} = T_{yT}^{ai} = T_{zT}^{ai} = 1$
$\underline{J}_{erw}^R$	$J_{11}^R = 1\,, \quad J_{22}^R = J_{33}^R = -1$
$\underline{T}_T^{ia}$	$T_{xT}^{ia} = T_{yT}^{ia} = T_{zT}^{ia} = 1$
$\underline{T} = \underline{T}_T^{ia}\,\underline{J}_{erw}^R\,\underline{T}_T^{ai}$	$T_x = 1\,, \quad T_y = T_z = -1$
m	$m_x = 1, 2, 3, \cdots; \quad m_y = 0, 1, 2, \cdots$

Tabelle 3-8 Faseroptischer Verstärker

Größe	Dimensionierungsbedingung
n''	$n''_1 = n''_x = n''_y = n''_z = n''_3$ $n''_2 = n''_{x2} = n''_{y2} = n''_{z2}$
ω	$\omega_x = \dfrac{\pi\, c}{4\, \rho_K \sqrt{\dfrac{n_2''^2 - n_1''^2}{2}}}, \quad \omega_y = \dfrac{\pi\, c}{4\, \rho_K\, n_1''^2 \sqrt{\dfrac{n_2''^2 - n_1''^2}{n_1''^4 + n_2''^4}}}$
$\cos\varphi$	$\cos\varphi_x = \dfrac{1}{n''_1} \sqrt{\dfrac{n_1''^2 + n_2''^2}{2}}, \quad \cos\varphi_y = \sqrt{\dfrac{n_1''^2\, n_2''^2 + n_2''^4}{n_1''^4 + n_2''^4}}$
β'	$\beta'_x = \dfrac{\omega_x}{c} n''_1, \quad \beta'_y = \dfrac{\omega_y}{c} n''_1$
γ	$\gamma_x = -\dfrac{\omega_x}{c} n''_1 \cos\varphi_x, \quad \gamma_y = -\dfrac{\omega_y}{c} n''_1 \cos\varphi_y$
$\underline{T}^{ai}_T$	$T^{ai}_{xT} = T^{ai}_{yT} = T^{ai}_{zT} = 1$
$\underline{J}^R_{erw}$	$J^R_{11}(L) = exp\left(\dfrac{\omega_x}{c} n''_1 \cos\varphi_x L\right)$ $J^R_{22}(L) = J^R_{33}(L) = exp\left(\dfrac{\omega_y}{c} n''_y \cos\varphi_y L\right)$
$\underline{T}^{ia}_T$	$T^{ia}_{xT} = T^{ia}_{yT} = T^{ia}_{zT} = 1$
$\underline{T}_{erw} = \underline{T}^{ia}_T\, \underline{J}^R_{erw}\, \underline{T}^{ai}_T$	$T_x = exp\left(\dfrac{\omega_x}{c} n''_1 \cos\varphi_x L\right)$ $T_y = T_z = exp\left(\dfrac{\omega_y}{c} n''_1 \cos\varphi_y L\right)$

3.3 *z*-Komponenten-Übertragungsfunktion bei diagonalem Dielektrizitätstensor

3.3.1 Ableitung der *z*-Komponenten-Übertragungsfunktion

Die *z*-Komponenten-Übertragungsfunktion als Verhältnis der *z*-Komponenten der elektrischen Verschiebungsflussdichte am Aus- und Eingang wird definiert in der Form:

$$T_z(L)=\frac{D_z(y,L_+)}{D_z(y,0_-)} \tag{3.63}$$

Allgemein erhält man $T_z^d(L)$ bei diagonalem Dielektrizitätstensor aus

$$\begin{aligned}
D_z(y,L_+) &= T_{zT}^{ia}\, D_z(y,L_-)\\
&= T_{zT}^{ia}\, \varepsilon_z\, E_z(y,L_-)\\
&= T_{zT}^{ia}\, J_{33}^{d}(L)\,\varepsilon_z\, E_z(y,0_+)\\
&= T_{zT}^{ia}\, J_{33}^{d}(L)\, D_z(y,0_+)
\end{aligned}$$

$$D_z(y,L_+)=T_{zT}^{ia}\, J_{33}^{d}(L)\,T_{zT}^{ai}\, D_z(y,0_-)$$

$$\rightarrow \boxed{T_z^d(L)=T_{zT}^{ia}\, J_{33}^{d}(L)\,T_{zT}^{ai}} \tag{3.64}$$

3.3.2 *z*-Komponenten-Übertragungsfunktionen

Die *z*-Komponenten-Übertragungsfunktionen, kurz *z*-KÜF, sind für die Bauelemente nach Unterabschnitt 3.2.5.2 in Tabelle 3-4 zusammengestellt. Sie stimmen formal entsprechend den Bedingungen im Unterabschnitt 3.2.5.2 mit T_z überein.

Tabelle 3-9 *z*-Komponenten-Übertragungsfunktionen bei diagonalem Dielektrizitätstensor

Bauelement	z-KÜF
Anisotroper LWL	$T_z^d = exp\left(-\gamma_y L\right)$, $\gamma_y = j\,\frac{\omega_y}{c}\,n_y\sqrt{1-\left(\frac{n_1}{n_z}\right)^2 sin^2\,\varphi_y}$
Isotroper LWL	$T_z^d = exp\left(-\gamma_y L\right),\quad \gamma_y = j\,\beta_y'\,cos\,\varphi_y$
E_0-Polarisator	$T_z^d = 1$
H_0-Polarisator	$T_z^d = 0$
$\frac{\lambda}{4}$ – Platte	$T_z^d = \pm j$
$\frac{\lambda}{2}$ – Platte	$T_z^d = -1$
Faseroptischer Verstärker	$T_z^d = exp\left(\frac{\omega_y}{c}\,n_1''\,cos\,\varphi_y L\right)$

3.4 Erweiterte Jones-Matrix bei symmetrischem oder hermiteschem Dielektrizitätstensor

3.4.1 Dielektrizitätstensoren

3.4.1.1 Symmetrischer Dielektrizitätstensor

Symmetriebedingung. Für homogene, nichtabsorbierende und magnetisch isotrope Stoffe soll die Symmetrieeigenschaft des Dielektrizitätstensors $\underline{\varepsilon}$ abgeleitet werden. Dazu geht man von der Energiedichte des elektrischen Feldes, hier mit w_E bezeichnet, aus, differenziert diese nach der Zeit t und vergleicht den entstehenden Ausdruck mit dem entsprechenden Term im Poyntingschen Satz. In Gleichungen gefasst, gilt also:

$$w_E = \frac{1}{2}\vec{E}\cdot\vec{D}$$

$$\vec{E}' = (E_x, E_y, E_z)$$

$$\vec{D}' = (D_x, D_y, D_z)$$

$$\vec{D} = \underline{\varepsilon}\,\vec{E}$$

$$\begin{pmatrix} D_x \\ D_y \\ D_z \end{pmatrix} = \begin{pmatrix} \varepsilon_{xx} & \varepsilon_{xy} & \varepsilon_{xz} \\ \varepsilon_{yx} & \varepsilon_{yy} & \varepsilon_{yz} \\ \varepsilon_{zx} & \varepsilon_{zy} & \varepsilon_{zz} \end{pmatrix} \begin{pmatrix} E_x \\ E_y \\ E_z \end{pmatrix}$$

$$\begin{aligned} w_E = \frac{1}{2}\left[E_x\,D_x + E_y\,D_y + E_z\,D_z\right] = \frac{1}{2}\Big[&\varepsilon_{xx}\,E_x^2 + \varepsilon_{xy}\,E_xE_y + \varepsilon_{xz}\,E_xE_z \\ &+ \varepsilon_{yx}\,E_yE_x + \varepsilon_{yy}\,E_y^2 + \varepsilon_{yz}\,E_yE_z + \varepsilon_{zx}\,E_zE_x + \varepsilon_{zy}\,E_zE_y + \varepsilon_{zz}\,E_z^2\Big] \end{aligned}$$

$$\begin{aligned} w_E = \frac{1}{2}\Big[&\varepsilon_{xx}\,E_x^2 + \left(\varepsilon_{xy} + \varepsilon_{yx}\right)E_x\,E_y \\ &+ \left(\varepsilon_{xz} + \varepsilon_{zx}\right)E_x\,E_z + \varepsilon_{yy}\,E_y^2 \\ &+ \left(\varepsilon_{yz} + \varepsilon_{zy}\right)E_y\,E_z + \varepsilon_{zz}\,E_z^2\Big] \end{aligned}$$

$$\begin{aligned} \dot{w}_E = \frac{1}{2}\Big[&2\,\varepsilon_{xx}\,E_x\dot{E}_x + \left(\varepsilon_{xy} + \varepsilon_{yx}\right)\left(\dot{E}_xE_y + E_x\dot{E}_y\right) \\ &+ \left(\varepsilon_{xz} + \varepsilon_{zx}\right)\left(\dot{E}_xE_z + E_x\dot{E}_z\right) + 2\,\varepsilon_{yy}\,E_y\dot{E}_y \\ &+ \left(\varepsilon_{yz} + \varepsilon_{zy}\right)\left(\dot{E}_yE_z + E_y\dot{E}_z\right) + 2\,\varepsilon_{zz}\,E_z\dot{E}_z\Big] \end{aligned}$$

$$-div\left(\vec{E}\times\vec{H}\right)=\vec{E}\cdot\dot{\vec{D}}+\vec{H}\cdot\dot{\vec{B}}$$

$$\vec{E}\cdot\dot{\vec{D}}=\varepsilon_{xx}\;E_x\dot{E}_x+\varepsilon_{xy}\;E_x\dot{E}_y+\varepsilon_{xz}\;E_x\dot{E}_z$$

$$+\varepsilon_{yx}\;\dot{E}_xE_y+\varepsilon_{yy}\;E_y\dot{E}_y+\varepsilon_{yz}\;E_y\dot{E}_z$$

$$+\varepsilon_{zy}\;\dot{E}_xE_z+\varepsilon_{zy}\;\dot{E}_yE_z+\varepsilon_{zz}\;E_z\dot{E}_z$$

$$\dot{w}_E=\vec{E}\cdot\dot{\vec{D}}$$

$$\rightarrow\quad \varepsilon_{xy}=\varepsilon_{yx}\,,\quad \varepsilon_{xz}=\varepsilon_{zx}\,,\quad \varepsilon_{yz}=\varepsilon_{zy}$$

$$\boxed{\rightarrow\quad \underline{\varepsilon}=\underline{\varepsilon}'} \tag{3.65}$$

Nach 3.65 ist also für o. g. Materialien der Dielektrizitätstensor $\underline{\varepsilon}$ symmetrisch:

$$\underline{\varepsilon}=\begin{pmatrix}\varepsilon_{xx} & \varepsilon_{xy} & \varepsilon_{xz}\\ \varepsilon_{xy} & \varepsilon_{yy} & \varepsilon_{yz}\\ \varepsilon_{xz} & \varepsilon_{yz} & \varepsilon_{zz}\end{pmatrix} \tag{3.66}$$

Beispiel 3.1: Symmetrischer Dielektrizitätstensor

Einen symmetrischen Dielektrizitätstensor zeigt 3.67.

$$\underline{\varepsilon}=\frac{\varepsilon_o}{4}\begin{pmatrix}9 & 1 & 1\\ 1 & 9 & 1\\ 1 & 1 & 9\end{pmatrix} \tag{3.67}$$

Definitheit. Mit Hilfe dieses Begriffes können dielektrische Medien auf positive oder negative Bestimmtheit geprüft werden:

- positiv definit

Ein dielektrisches Medium heißt positiv definit, wenn

$$\boxed{w_E>0\quad\rightarrow\quad \vec{E}'\;\underline{\varepsilon}\;\vec{E}>0} \tag{3.68}$$

gilt. In diesem Fall muss die quadratische Form 3.68 mit der Formenmatrix $\underline{\varepsilon}$ ebenfalls positiv definit sein.

Eine quadratische Form ist genau dann positiv definit, wenn alle Hauptabschnittsdeterminanten von $\underline{\varepsilon}$ positiv sind.

$$\underline{\varepsilon}=\begin{pmatrix}\varepsilon_{xx} & \varepsilon_{xy} & \varepsilon_{xz}\\ \varepsilon_{xy} & \varepsilon_{yy} & \varepsilon_{yz}\\ \varepsilon_{xz} & \varepsilon_{yz} & \varepsilon_{zz}\end{pmatrix}$$

$$D_1 = \varepsilon_{xx} > 0\,, \quad D_2 = \begin{vmatrix} \varepsilon_{xx} & \varepsilon_{xy} \\ \varepsilon_{xy} & \varepsilon_{yy} \end{vmatrix} > 0$$

$$D_3 = \begin{vmatrix} \varepsilon_{xx} & \varepsilon_{xy} & \varepsilon_{xz} \\ \varepsilon_{xy} & \varepsilon_{yy} & \varepsilon_{yz} \\ \varepsilon_{xz} & \varepsilon_{yz} & \varepsilon_{zz} \end{vmatrix} > 0 \tag{3.69}$$

- negativ definit

Ein dielektrisches Medium heißt negativ definit, wenn

$$\boxed{w_E < 0 \;\rightarrow\; \vec{E}'\,\underline{\varepsilon}\,\vec{E} < 0} \tag{3.70}$$

gilt. In diesem Fall muss die quadratische Form mit der Formenmatrix $\underline{\varepsilon}$ ebenfalls negativ definit sein.

Eine quadratische Form ist genau dann negativ definit, wenn alle ungeraden Hauptabschnittsdeterminanten von $\underline{\varepsilon}$ negativ und alle geraden Hauptabschnittsdeterminanten positiv sind:

$$D_1 = \varepsilon_{xx} < 0\,, \quad D_2 = \begin{vmatrix} \varepsilon_{xx} & \varepsilon_{xy} \\ \varepsilon_{xy} & \varepsilon_{yy} \end{vmatrix} > 0\,,$$

$$D_3 = \begin{vmatrix} \varepsilon_{xx} & \varepsilon_{xy} & \varepsilon_{xz} \\ \varepsilon_{xy} & \varepsilon_{yy} & \varepsilon_{yz} \\ \varepsilon_{xz} & \varepsilon_{yz} & \varepsilon_{zz} \end{vmatrix} < 0 \tag{3.71}$$

Beispiel 3.2: Definitheit eines symmetrischen Dielektrizitätstensors

Untersucht wird der Dielektrizitätstensor 3.67. Ohne Berücksichtigung des positiven Vorfaktors $\varepsilon_o / 4$ gilt:

$$D_1 = 9 > 0\,, \quad D_2 = \begin{vmatrix} 9 & 1 \\ 1 & 9 \end{vmatrix} = 80 > 0$$

$$D_3 = \begin{vmatrix} 9 & 1 & 1 \\ 1 & 9 & 1 \\ 1 & 1 & 9 \end{vmatrix} = 9 \cdot 80 - 80 - 8 = 632 > 0$$

Das zugehörige Medium ist offenbar positiv definit.

Hauptachsentransformation. Ein symmetrischer Dielektrizitätstensor $\underline{\varepsilon}$ kann durch die so genannte Hauptachsentransformation auf Diagonalform gebracht werden. Die Lage der Hauptachsen kennzeichnet ein neues Koordinatensystem, dass durch Drehung aus dem ursprünglichen hervorgeht.

Zunächst sind aus

$$\left(\underline{\varepsilon} - \lambda\ \underline{E}\right)\vec{a} = \vec{0}$$

die Eigenwerte λ von $\underline{\varepsilon}$ und die zugehörigen Eigenvektoren $\vec{a}$ zu bestimmen. Die Eigenvektoren lassen sich nach Gram-Schmidt orthogonalisieren:

$$\vec{n}_1 = \frac{\vec{a}_1}{\left|\vec{a}_1\right|}$$

$$\vec{n}_2 = \frac{\vec{a}_2 - \left(\vec{n}_1 \cdot \vec{a}_2\right)\vec{n}_1}{\left|\vec{a}_2\right|} \tag{3.72}$$

$$\vec{n}_3 = \frac{\vec{a}_3 - \left(\vec{n}_1 \cdot \vec{a}_3\right)\vec{n}_1 - \left(\vec{n}_2 \cdot \vec{a}_3\right)\vec{n}_2}{\left|\vec{a}_3\right|}$$

$\vec{n}_1, \vec{n}_2, \vec{n}_3$ bilden die orthogonale Matrix $\underline{A}$:

$$\underline{A} = \left(\vec{n}_1\ \vec{n}_2\ \vec{n}_3\right) \tag{3.73}$$

Damit lässt sich die orthogonale Transformation auf Diagonalform mit dem diagonalem Dielektrizitätstensor $\underline{\varepsilon}_d$ formulieren:

$$\boxed{\underline{\varepsilon}_d = \underline{A}'\ \underline{\varepsilon}\ \underline{A}} \tag{3.74}$$

Ein Beispiel zur Hauptachsentransformation symmetrischer, positiv definiter Dielektrizitätstensoren findet sich in Aufgabe A3.3.

3.4.1.2 Hermitescher Dielektrizitätstensor

Symmetriebedingung. Auf gleichem Wege wie in Unterabschnitt 3.4.1.1 kann für homogene, nichtabsorbierende und magnetisch isotrope Materialien gezeigt werden, dass der Dielektrizitätstensor auch hermitesch sein kann. Verallgemeinert zu 3.65 gilt also:

$$\boxed{\underline{\varepsilon} = \underline{\varepsilon}'^{*}} \tag{3.75}$$

Das sieht man wie folgt ein:

$$\vec{S} = \underline{\kappa}\ \vec{E}$$

$$\begin{pmatrix} S_x \\ S_y \\ S_z \end{pmatrix} = \begin{pmatrix} \kappa_{xx} & \kappa_{xy} & \kappa_{xz} \\ \kappa_{yx} & \kappa_{yy} & \kappa_{yz} \\ \kappa_{zx} & \kappa_{zy} & \kappa_{zz} \end{pmatrix} \begin{pmatrix} E_x \\ E_y \\ E_z \end{pmatrix}$$

$$\vec{S} \cdot \vec{E} = \kappa_{xx} E_x^2 + \left(\kappa_{xy} + \kappa_{yx}\right) E_x E_y + \left(\kappa_{xz} + \kappa_{zx}\right) E_x E_z$$

$$+ \kappa_{yy} E_y^2 + \left(\kappa_{yz} + \kappa_{zy}\right) E_y E_z + \kappa_{zz} E_z^2$$

$$\dot{w}_E = \vec{E} \cdot \dot{\vec{D}} + \vec{S} \cdot \vec{E} \quad \rightarrow \quad \vec{S} \cdot \vec{E} = 0$$

$$\rightarrow \quad \underline{\varepsilon} = \underline{\varepsilon}', \quad \underline{\kappa} = -\underline{\kappa}' \tag{3.76}$$

mit $\kappa_{xx} = \kappa_{yy} = \kappa_{zz} = 0$

$$\kappa_{xy} = -\kappa_{yx}\,, \quad \kappa_{xz} = -\kappa_{zx}\,, \quad \kappa_{yz} = -\kappa_{zy}$$

Der Dielektrizitätstensor $\underline{\varepsilon}$ ist symmetrisch und der Leitfähigkeitstensor $\underline{\kappa}$ schiefsymmetrisch. Mit

$$\underline{\varepsilon}_{ges} = \underline{\varepsilon} - j\frac{\underline{\kappa}}{\omega} \tag{3.78}$$

folgt

$$\underline{\varepsilon}_{ges} = \underline{\varepsilon}_{ges}^{\prime *}$$

Für $\underline{\varepsilon}_{\mathrm{ges}}$ wird wieder $\underline{\varepsilon}$ geschrieben.

3.78 setzt eine einheitliche Kreisfrequenz ω der Polarisationsmoden voraus. was jedoch nur näherungsweise erfüllt ist. Daher muss auch 3.75 als Näherung, z. B. für die mittlere Kreisfrequenz $\omega = \dfrac{\omega_x + \omega_y}{2}$ der Polarisationsmoden betrachtet werden.

Beispiel 3.3: Hermitescher Dielektrizitätstensor

Ein hermitescher Dielektrizitätstensor ist z. B.:

$$\underline{\varepsilon} = \frac{\varepsilon_o}{4}\begin{pmatrix} 9 & 1+j & 1+j \\ 1-j & 9 & 1+j \\ 1-j & 1-j & 9 \end{pmatrix} \tag{3.79}$$

Definitheit. Ist $\underline{\varepsilon}$ hermitesch, so spricht man in 3.68 und 3.70 von hermiteschen Formen, wenn noch $\vec{E}'$ durch $\vec{E}'^*$ ersetzt wird. Bei hermiteschen Formen lauten die Testbedingungen:

- positiv definit

$$\boxed{w_E > 0 \;\rightarrow\; \vec{E}'^* \;\underline{\varepsilon}\; \vec{E} > 0} \tag{3.80}$$

- negativ definit

$$\boxed{w_E < 0 \;\rightarrow\; \vec{E}'^* \;\underline{\varepsilon}\; \vec{E} < 0} \tag{3.81}$$

Bezüglich positiver und negativer Bestimmtheit gelten hier die gleichen Sätze wie bei reellen quadratischen Formen.

Beispiel 3.4: Definitheit eines hermiteschen Dielektrizitätstensors

Untersucht wird der Dielektrizitätstensor nach 3.79.

$$D_1 = 9 > 0\,, \quad D_2 = \begin{vmatrix} 9 & 1+j \\ 1-j & 9 \end{vmatrix} = 79 > 0$$

$$D_3 = \begin{vmatrix} 9 & 1+j & 1+j \\ 1-j & 9 & 1+j \\ 1-j & 1-j & 9 \end{vmatrix} = 679 > 0$$

Das Medium ist positiv definit. Die Berücksichtigung des positiven Vorfaktors $\varepsilon_o / 4$ ändert nichts an dieser Aussage.

Hauptachsentransformation. Die Diagonalisierung eines hermiteschen Dielektrizitätstensors $\underline{\varepsilon}$ erfolgt durch die verallgemeinerte Hauptachsentransformation mit einer unitären Transformationsmatrix $\underline{B}$:

$$\boxed{\underline{\varepsilon}_d = \underline{B}^{'*}\ \underline{\varepsilon}\ \underline{B}} \tag{3.82}$$

Ein Beispiel zu der auch als unitäre Transformation bekannten Diagonalisierungsvorschrift 3.82 enthält Aufgabe A3.4:

3.4.2 Ableitung der erweiterten Jones-Matrix

3.4.2.1 Erweiterte Jones-Matrix bei symmetrischem Dielektrizitätstensor

Die bisherigen Ausführungen zur erweiterten Jones-Matrix $\underline{J}_{erw}^{d}$ und zu den Transmissionsmatrizen für die Übergänge isotrop → anisotrop, hier bezeichnet mit $\underline{T}_{ai}^{d}$, und anisotrop → isotrop, gekennzeichnet durch $\underline{T}_{ia}^{d}$, bezogen sich auf das **diagonale Übertragungsproblem**:

$$\boxed{\vec{E}_{out}^{d} = \underline{T}_{ia}^{d}\ \underline{J}_{erw}^{d}\ \underline{T}_{ai}^{d}\ \vec{E}_{in}^{d}} \tag{3.83}$$

Mit der Transformationsmatrix $\underline{A}$, herrührend von der Diagonalisierung eines symmetrischen Dielektrizitätstensors $\underline{\varepsilon}$, lässt sich unter Nutzung orthogonaler Transformationen der Form

$$\boxed{\begin{aligned} \underline{T}_{ai} &= \underline{A}\ \underline{T}_{ai}^{d}\ \underline{A}' \\ \underline{J}_{erw} &= \underline{A}\ \underline{J}_{erw}^{d}\ \underline{A}' \\ \underline{T}_{ia} &= \underline{A}\ \underline{T}_{ia}^{d}\ \underline{A}' \\ \vec{E}_{in} &= \underline{A}\ \vec{E}_{in}^{d} \\ \vec{E}_{out} &= \underline{A}\ \vec{E}_{out}^{d} \end{aligned}} \tag{3.84}$$

das **nichtdiagonale Übertragungsproblem** wie folgt ableiten:

$$\vec{E}_{out}^{d} = \underline{T}_{ia}^{d} \, \underline{J}_{erw}^{d} \, \underline{T}_{ai}^{d} \, \vec{E}_{in}^{d}$$

$$\underline{A} \, \vec{E}_{out}^{d} = \underline{A} \, \underline{T}_{ia}^{d} \, \underline{J}_{erw}^{d} \, \underline{T}_{ai}^{d} \, \underline{A}' \, \vec{E}_{in}$$

$$\vec{E}_{out} = \underline{A} \, \underline{T}_{ia}^{d} \, \underline{A}' \, \underline{A} \, \underline{J}_{erw}^{d} \, \underline{A}' \, \underline{A} \, \underline{T}_{ai}^{d} \, \underline{A}' \, \vec{E}_{in}$$

$$\boxed{\vec{E}_{out} = \underline{T}_{ia} \, \underline{J}_{erw} \, \underline{T}_{ai} \, \vec{E}_{in}} \qquad (3.85)$$

Zur Ableitung der nichtdiagonalen Übertragungsgleichung 3.85 wurde die Eigenschaft

$$\underline{A}' \, \underline{A} = \underline{E} \qquad (3.86)$$

mit der Einheitsmatrix $\underline{E}$ benutzt.

3.4.2.2 Erweiterte Jones-Matrix bei hermiteschem Dielektrizitätstensor

Mit der unitären Transformationsmatrix $\underline{B}$, herrührend von der Diagonalisierung eines hermiteschen Dielektrizitätstensors $\underline{\varepsilon}$, lauten die Transformationsbeziehungen zwischen diagonalem und nichtdiagonalem Übertragungsproblem:

$$\boxed{\begin{aligned} \underline{T}_{ai} &= \underline{B} \, \underline{T}_{ai}^{d} \, \underline{B}'^{*} \\ \underline{J}_{erw} &= \underline{B} \, \underline{J}_{erw}^{d} \, \underline{B}'^{*} \\ \underline{T}_{ia} &= \underline{B} \, \underline{T}_{ia}^{d} \, \underline{B}'^{*} \\ \vec{E}_{in} &= \underline{B} \, \vec{E}_{in}^{d} \\ \vec{E}_{out} &= \underline{B} \, \vec{E}_{out}^{d} \, . \end{aligned}} \qquad (3.87)$$

Es gelten auch hier strukturgleich Zusammenhänge wie in 3.83 und 3.85.

Ein Beispiel zur Berechnung der erweiterten Jones-Matrix $\underline{J}_{erw}$ bei gegebener diagonaler erweiterter Jones-Matrix $\underline{J}_{erw}^{d}$ enthält Aufgabe A3.5.

3.5 Jones-Matrizen und *z*-Komponenten-Übertragungsfunktion mit *z*-Achse als Drehachse

3.5.1 Absorbierende Medien mit komplexem Dielektrizitätstensor

Absorbierende Medien. In nichtabsorbierenden dielektrischen Medien war der Dielektrizitätstensor entweder symmetrisch oder hermitesch. Im ersten Fall spricht man von linearer Anisotropie und im zweiten von zirkularen anisotropen Medien. Die Polarisationshauptzustände sind bei symmetrischem Dielektrizitätstensor linear und bei hermiteschem Tensor zirkular. Absorbiert das betrachtete Medium optische Wellen, so spricht man von Dichroismus. In Analogie spricht man bei absorbierenden Medien vom linearen und zirkularen Dichroismus. Der Dielektrizitätstensor besitzt dann nicht mehr Symmetrie oder Hermitizität. Er muss allgemein komplex angesetzt werden.

Komplexer Dielektrizitätstensor. Für den komplexen Dielektrizitätstensor schreibt man

$$\boxed{\underline{\varepsilon} = \underline{\varepsilon}' - j\,\underline{\varepsilon}''} \tag{3.88}$$

Transformation auf Diagonalform. Im Falle kleiner Absorption lässt sich $\underline{\varepsilon}$ nach 3.88 näherungsweise auf Diagonalform transformieren [3.3]. Dazu wird das Eigenwertproblem

$$\underline{\varepsilon}'\,\vec{n}_i = \varepsilon_i'\,\vec{n}_i \tag{3.89}$$

für die Eigenwerte $\varepsilon_i' \in \{\varepsilon_x', \varepsilon_y', \varepsilon_z'\}$ und die Eigenvektoren $\vec{n}_i \in \{\vec{n}_1, \vec{n}_2, \vec{n}_3\}$ unter der Voraussetzung eines symmetrischen positiv definiten Realteils $\underline{\varepsilon}'$ von $\underline{\varepsilon}$ gelöst. Dann sind die Eigenwerte ε_i' sämtlich positiv reell und die Eigenvektoren können in ein Orthonormalsystem überführt werden. Unter Anwendung der Störungsrechnung erster Ordnung bestimmt man dann die Imaginärteile $\Delta\varepsilon_i \in \{\Delta\varepsilon_x, \Delta\varepsilon_y, \Delta\varepsilon_z\}$ aus

$$\Delta\varepsilon_i = \vec{n}_i'\,\underline{\varepsilon}''\,\vec{n}_i \tag{3.90}$$

Unter der weiteren Voraussetzung $\underline{\varepsilon}'' \ll \underline{\varepsilon}'$ ist die näherungsweise Diagonalform gegeben durch

$$\underline{\varepsilon}_d \approx \begin{pmatrix} \varepsilon_x' - j\Delta\varepsilon_x & 0 & 0 \\ 0 & \varepsilon_y' - j\Delta\varepsilon_y & 0 \\ 0 & 0 & \varepsilon_z' - j\Delta\varepsilon_z \end{pmatrix} \tag{3.91}$$

abgeleitet

aus $$\boxed{\underline{\varepsilon}_d \approx \underline{A}'\,\underline{\varepsilon}\,\underline{A}} \tag{3.92}$$

mit $$\underline{A} = (\vec{n}_1\;\vec{n}_2\;\vec{n}_3) \tag{3.93}$$

und $$\underline{A}' = \begin{pmatrix} \vec{n}_1' \\ \vec{n}_2' \\ \vec{n}_3' \end{pmatrix} \tag{3.94}$$

Ein Beispiel zu diesem Verfahren enthält Aufgabe A3.7.

Besitzt ein komplexer Dielektrizitätstensor nach 3.88 großes Absorptionsverhalten, so wird seine Diagonalform vorausgesetzt.

3.5.2 Nichtdiagonale Jones-Matrizen und zugehörige *z*-Komponenten-Übertragungsfunktion

3.5.2.1 Voraussetzungen

Die Darstellung der Zusammenhänge für nichtdiagonale Jones-Matrizen und die zugehörigen *z*-Komponenten-Übertragungsfunktionen erfolgt unter den Voraussetzungen:

- Es liege ein symmetrischer oder hermitescher Dielektrizitätstensor oder ein komplexer Dielektrizitätstensor mit kleiner Absorption bzw. großer Absorption, letzterer in Diagonalform, vor.
- Die nachfolgende Rechnung gilt näherungsweise für die mittlere Frequenz $\omega = \dfrac{\omega_x + \omega_y}{2}$ der beiden Polarisationsmoden.
- Die Winkel der schrägen Anregung seien $\varphi = \dfrac{\varphi_y + \varphi_x}{2}$ und $\varphi_{out} = \dfrac{\varphi_{yout} + \varphi_{xout}}{2}$.
- Eine eventuelle Berücksichtigung des Transmissionsverhaltens von ein- und ausgangsseitiger Grenzschicht soll zusätzlich zur Jones-Matrix $\underline{J}$ und zur z-Komponenten-Übertragungsfunktion T_z erfolgen.
- Für jede optische Komponente wird gleiches vor- und nachgeschaltetes isotropes, homogenes und lineares Dielektrikum mit $\varepsilon_1 = \varepsilon_3$ vorausgesetzt.
- Es werden nur die Lösungen für den Kern und nicht für den Mantel eines optischen Bauelementes angegeben.

3.5.2.2 Nichtdiagonale Jones-Matrix

Transformation. Für einen symmetrischen, hermiteschen oder komplexen Dielektrizitätstensor geringer Absorption ist die Transformation auf Diagonalform mit einer i. A. unitären Transformationsmatrix $\underline{B}$ gezeigt worden. $\underline{B}$ ist auch die Matrix, die $\underline{J}_{erw}$ auf Diagonalform $\underline{J}_{erw}^d$ gemäß

$$\underline{J}_{erw}^d = \underline{B}'^* \, \underline{J}_{erw} \, \underline{B} \tag{3.95}$$

transformiert.

Zum Beispiel durch Verdrehung des x, y, z-Koordinatensystems um den Winkel Θ mit der z-Achse als Drehachse weist die erweiterte Jones-Matrix $\underline{J}_{erw}$ entsprechend 3.95 keine Diagonalform $\underline{J}_{erw}^d$ mehr auf, sondern die spezielle Form

$$\underline{J}_{erw}^J = \begin{pmatrix} J_{11} & J_{12} & 0 \\ J_{21} & J_{22} & 0 \\ 0 & 0 & J_{33}^d \end{pmatrix} \tag{3.96}$$

mit der Jones-Matrix

$$\underline{J} = \begin{pmatrix} J_{11} & J_{12} \\ J_{21} & J_{22} \end{pmatrix} \tag{3.97}$$

Unter Verwendung der unitären Transformationsmatrix $\underline{A}$ kann $\underline{J}_{erw}^J$ in der Form

$$\underline{J}_{erw}^J = \underline{A} \, \underline{J}_{erw}^d \, \underline{A}'^* \tag{3.98}$$

mit

$$\underline{A} = \begin{pmatrix} a_{11} & a_{12} & 0 \\ a_{21} & a_{22} & 0 \\ 0 & 0 & 1 \end{pmatrix} \tag{3.99}$$

dargestellt werden.

Beispiele für $\underline{A}$ sind:

$$\underline{A} = \begin{pmatrix} \cos\Theta & -\sin\Theta & 0 \\ \sin\Theta & \cos\Theta & 0 \\ 0 & 0 & 1 \end{pmatrix} \tag{3.100}$$

oder

$$\underline{A} = \begin{pmatrix} \cos\Theta & j\sin\Theta & 0 \\ j\sin\Theta & \cos\Theta & 0 \\ 0 & 0 & 1 \end{pmatrix} \tag{3.101}$$

$\underline{J}_{erw}^{J}$ lässt sich auch aus $\underline{J}_{erw}$ mit der unitären Transformationsmatrix $\underline{C}$ gemäß

$$\underline{J}_{erw}^{J} = \underline{C}^{'*} \, \underline{J}_{erw} \, \underline{C} \tag{3.102}$$

ermitteln. Zwischen $\underline{A}$, $\underline{B}$ und $\underline{C}$ gelten folgende Zusammenhänge:

$$\begin{aligned} \underline{J}_{erw}^{J} &= \underline{A}\,\underline{J}_{erw}^{d}\,\underline{A}^{'*} = \underline{C}^{'*}\,\underline{J}_{erw}\,\underline{C} \\ &= \underline{C}^{'*}\,\underline{B}\,\underline{J}_{erw}^{d}\,\underline{B}^{'*}\,\underline{C} \\ \rightarrow\ & \underline{C}^{'*} = \underline{A}\,\underline{B}^{'*}, \quad \underline{C} = \underline{B}\,\underline{A}^{'*} \end{aligned} \tag{3.103}$$

Beispiel 3.5: Transformationsmatrizen

- Gegeben:

$$\underline{B} = \frac{1}{\sqrt{3}} \begin{pmatrix} 1 & 1 & 1 \\ j & \frac{-\sqrt{3}-j}{2} & \frac{\sqrt{3}-j}{2} \\ -1 & \frac{1+j\sqrt{3}}{2} & \frac{1-j\sqrt{2}}{2} \end{pmatrix}$$

$$\underline{A} = \frac{1}{\sqrt{2}} \begin{pmatrix} 1 & -1 & 0 \\ 1 & 1 & 0 \\ 0 & 0 & \sqrt{2} \end{pmatrix}$$

- Gesucht:

$$\underline{C}, \quad \underline{J}_{erw}^{J}$$

- Lösung:

$$\underline{C} = \underline{B}\,\underline{A}'^{*} = \frac{1}{\sqrt{6}}\begin{bmatrix} 0 & 2 & \sqrt{2} \\ \dfrac{\sqrt{3}+3\,j}{2} & \dfrac{-\sqrt{3}+j}{2} & \dfrac{\sqrt{6}-\sqrt{2}\,j}{2} \\ \dfrac{-3-j\sqrt{3}}{2} & \dfrac{-1+j\sqrt{3}}{2} & \dfrac{\sqrt{2}+j\sqrt{6}}{2} \end{bmatrix},$$

$$\underline{J}^{J}_{erw} = \underline{A}\,\underline{J}^{d}_{erw}\,\underline{A}'^{*}$$

$$= \begin{pmatrix} \dfrac{J^d_{11}+J^d_{22}}{2} & \dfrac{J^d_{11}-J^d_{22}}{2} & 0 \\ \dfrac{J^d_{11}-J^d_{22}}{2} & \dfrac{J^d_{11}+J^d_{22}}{2} & 0 \\ 0 & 0 & J^d_{33} \end{pmatrix}$$

$\underline{J}^{J}_{erw}$ kann auch unter Verwendung von $\underline{C}$ aus $\underline{J}_{erw}$ gemäß L 3.45 und L 3.46 erhalten werden, wovon sich der Leser überzeugen mag. Die Jones-Matrix $\underline{J}$ lautet hier:

$$\underline{J} = \frac{1}{2}\begin{pmatrix} J^d_{11}+J^d_{22} & J^d_{11}-J^d_{22} \\ J^d_{11}-J^d_{22} & J^d_{11}+J^d_{22} \end{pmatrix}$$

Die Übertragung der z-Komponente erfolgt bei $\underline{J}^{J}_{erw}$ verglichen mit $\underline{J}^{d}_{erw}$ für eine geeignet gewählte Eingangspolarisation invariant.

3.5.2.3 z-Komponenten-Übertragungsfunktion

Ziel. Es soll die z-KÜF für die z-Komponenten der elektrischen Verschiebungsflussdichte unter der Voraussetzung abgeleitet werden, dass die Jones-Matrix $\underline{J}$ die Form 3.97 besitzt.

Eingangssignal im x', y', z'-Koordinatensystem. Dazu regen wir ein optisches Bauelement gemäß Bild 2-6 mit folgendem Signal einer Laserdiode an:

$$\begin{pmatrix} D_{x'}(z') \\ D_{y'}(z') \end{pmatrix} = \hat{D}_o\, exp\left(-j\,\beta'\,z'\right)\begin{pmatrix} \left|e_{x'}\right| exp\left(-j\,\psi_{x'}\right) \\ \left|e_{y'}\right| exp\left(-j\,\psi_{y'}\right) \end{pmatrix} \tag{3.104}$$

Drehungsmatrix. Die Drehung um den Winkel φ in Bild 2-6 wird durch die Drehungsmatrix nach 3.105 beschrieben.

$$\begin{pmatrix} x' \\ y' \\ z' \end{pmatrix} = \begin{pmatrix} 1 & 0 & 0 \\ 0 & cos\,\varphi & sin\,\varphi \\ 0 & -sin\,\varphi & cos\,\varphi \end{pmatrix}\begin{pmatrix} x \\ y \\ z \end{pmatrix} \tag{3.105}$$

Eingangssignale im *x*, *y*, *z*-Koordinatensystem. Bedingt durch die Koordinatentransformation 3.105 geht das optische Signal der Laserdiode über in

$$\begin{pmatrix} D_{x'}(y,z) \\ D_{y'}(y,z) \end{pmatrix} = \hat{D}_o \, exp\left(j\,\beta'\,y\,sin\varphi - j\,\beta'\,z\,cos\varphi\right) \begin{pmatrix} |e_{x'}|\,exp\left(-j\,\psi_{x'}\right) \\ |e_{y'}|\,exp\left(-j\,\psi_{y'}\right) \end{pmatrix} \tag{3.106}$$

Am Eingang des optischen Bauelementes liegt im x, y, z-Koordinatensystem das Signal

$$\begin{pmatrix} D_{x\,in}(y,0) \\ D_{y\,in}(y,0) \\ D_{z\,in}(y,0) \end{pmatrix} = \begin{pmatrix} 1 & 0 \\ 0 & cos\varphi \\ 0 & sin\varphi \end{pmatrix} \begin{pmatrix} D_{x'}(y,0) \\ D_{y'}(y,0) \end{pmatrix} \tag{3.107}$$

vor.

Das Eingangssignal für die elektrische Feldstärke bezüglich x- und y-Komponente lässt sich darstellen in der Form:

$$\begin{pmatrix} E_{x\,in}(y,0) \\ E_{y\,in}(y,0) \end{pmatrix} = \begin{pmatrix} \dfrac{1}{\chi'_{in}\,sin\varphi} \\ cot\varphi \end{pmatrix} \frac{D_{z\,in}(y,0)}{\varepsilon_1} \tag{3.108}$$

Für die z-Komponente von $\vec{D}_{in}$ gilt:

$$D_{z\,in}(y,0) = \hat{D}_o |e_{y'}|\, sin\varphi\, exp\left(j\,\beta'\,y\,sin\varphi - \psi_{y'}\right) \tag{3.109}$$

Polarisationsvariable. Die Größe χ'_{in} ist die Polarisationsvariable auf der Eingangsseite mit

$$\boxed{\chi'_{in} = \frac{|e_{y'}|}{|e_{x'}|}\, exp\left(-j\,\psi'\right), \quad \psi' = \psi_{y'} - \psi_{x'}} \tag{3.110}$$

Ausgangssignale im *x*, *y*, *z*-Koordinatensystem. Auf der Ausgangsseite des optischen Bauelementes bei $z = L$ erhält man:

$$\begin{pmatrix} E_{x\,out}(y,L) \\ E_{y\,out}(y,L) \end{pmatrix} = \begin{pmatrix} J_{11}(L) & J_{12}(L) \\ J_{21}(L) & J_{22}(L) \end{pmatrix} \begin{pmatrix} E_{x\,in}(y,0) \\ E_{y\,in}(y,0) \end{pmatrix} \tag{3.111}$$

Unter der Annahme gleichen vor- und nachgeschaltetem Dielektrikums $\varepsilon_1 = \varepsilon_3$ kann 3.111 auch für die x- und y-Komponente der elektrischen Verschiebungsflussdichte formuliert werden. Wenn zusätzlich 3.108 berücksichtigt wird, dann gilt:

$$\begin{pmatrix} E_{x\,out}(y,L) \\ E_{y\,out}(y,L) \end{pmatrix} = \begin{pmatrix} \dfrac{J_{11}}{\chi'_{in}\,sin\varphi} + J_{12}\,cot\varphi \\ \dfrac{J_{21}}{\chi'_{in}\,sin\varphi} + J_{22}\,cot\varphi \end{pmatrix} \frac{D_{z\,in}(y,0)}{\varepsilon_1} \tag{3.112}$$

$$\rightarrow \begin{pmatrix} D_{x\,out}(y,L) \\ D_{y\,out}(y,L) \end{pmatrix} = \begin{pmatrix} \dfrac{J_{11}}{\chi'_{in}\,sin\varphi} + J_{12}\,cot\varphi \\ \dfrac{J_{21}}{\chi'_{in}\,sin\varphi} + J_{12}\,cot\varphi \end{pmatrix} D_{z\,in}(y,0) \tag{3.113}$$

***z*-Komponenten-Übertragungsfunktion.** Die z-KÜF lässt sich unter der Voraussetzung der am Ausgang verschwindenden Divergenz von $\vec{D}$ wie folgt ableiten:

$$\frac{\partial D_{x\,out}(y,L)}{\partial x}+\frac{\partial D_{y\,out}(y,L)}{\partial y}+\frac{\partial D_{z\,out}(y,L)}{\partial L}=0 \tag{3.114}$$

$$\frac{\partial D_{x\,out}(y,L)}{\partial x}=0: \quad \frac{\partial D_{z\,out}(y,L)}{\partial L}=-\frac{\partial D_{y\,out}(y,L)}{\partial y} \tag{3.115}$$

$$\frac{\partial D_{y\,out}(y,L)}{\partial y}=j\beta'\sin\varphi\left(\frac{J_{21}}{\chi'_{in}\sin\varphi}+J_{22}\cot\varphi\right)D_{z\,in}(y,0) \tag{3.116}$$

Es gilt:

$$J_{21}=J_{21}(L),\quad J_{22}=J_{22}(L) \tag{3.117}$$

$$\rightarrow \quad \frac{\partial D_{z\,out}(y,L)}{\partial L}=-j\beta'\cos\varphi\left[\frac{J_{21}(L)}{\chi'_{in}\cos\varphi}+J_{22}(L)\right]D_{z\,in}(y,0) \tag{3.118}$$

$$D_{z\,out}(y,L)=T_z(L)\,D_{z\,in}(y,0) \tag{3.119}$$

$$\rightarrow \quad \frac{\partial T_z}{\partial L}=-j\beta'\cos\varphi\left[\frac{J_{21}(L)}{\chi'_{in}\cos\varphi}+J_{22}(L)\right] \tag{3.120}$$

Somit gilt die Form I der z-KÜF:

$$T_z(L)=T_z(0)-j\beta'\cos\varphi\int_0^L\left[\frac{J_{21}(z)}{\chi'_{in}\cos\varphi}+J_{22}(z)\right]dz \tag{3.121}$$

3.5.2.4 Polarisationsübertragungsgleichung

Drehungsmatrix. Auf der Ausgangsseite bei $z = L$ erhält man mit der in 3.122 angegebenen Drehungsmatrix den Zusammenhang bezüglich der Verschiebungsflussdichten des x', y', z'-Koordinatensystems, dargestellt im x, y, z-Koordinatensystem:

$$\begin{pmatrix} D_{x'out}(y,L) \\ D_{y'out}(y,L) \\ D_{z'out}(y,L) \end{pmatrix}=\begin{pmatrix} 1 & 0 & 0 \\ 0 & \cos\varphi_{out} & \sin\varphi_{out} \\ 0 & -\sin\varphi_{out} & \cos\varphi_{out} \end{pmatrix}\begin{pmatrix} D_{x\,out}(y,L) \\ D_{y\,out}(y,L) \\ D_{z\,out}(y,L) \end{pmatrix} \tag{3.122}$$

Mit 3.113 und 3.119 ergibt sich:

$$\begin{pmatrix} D_{x'out}(y,L) \\ D_{y'out}(y,L) \end{pmatrix}=\begin{pmatrix} \dfrac{J_{11}}{\chi'_{in}\sin\varphi}+J_{22}\cot\varphi \\ \dfrac{J_{21}\cos\varphi_{out}}{\chi'_{in}\sin\varphi}+J_{22}\cot\varphi\cos\varphi_{out}+T_z\sin\varphi_{out} \end{pmatrix}D_{z\,in}(y,0) \tag{3.123}$$

$$D_{z'out}(y,L)=\left[\frac{-J_{21}\sin\varphi_{out}}{\chi'_{in}\sin\varphi}-J_{22}\cot\varphi\sin\varphi_{out}+T_z\cos\varphi_{out}\right]D_{z\,in}(y,0) \tag{3.124}$$

z'-Komponente. Der Winkel φ_{out} soll nun so gewählt werden, dass die z'-Komponente $D_{z'out}(y, L)$ verschwindet. Dann liegen äquivalente Verhältnisse bezüglich der transversalen Lichtwellen am Ein- und Ausgang vor, was die Beschreibung der Zusammenschaltung von optischen Bauelementen erleichtert. In diesem Falle ist nämlich der Winkel φ_{out} derjenige für die schräge Anregung eines in Kette geschalteten nachfolgenden optischen Bauelementes und die noch zu definierende Polarisationsvariable χ'_{out} am Ausgang eines vorgeschalteten Bauelementes die die Eingangspolarisation beschreibende Kenngröße der nachfolgenden Baugruppe.

Aus 3.124 folgt mit $D_{z'out}(y, L) = 0$ die Bedingung:

$$tan\,\varphi_{out} = tan\,\varphi \frac{T_z}{\dfrac{J_{21}}{\chi'_{in}\,cos\,\varphi} + J_{22}} = -j\beta' sin\,\varphi \frac{T_z}{\dfrac{\partial T_z}{\partial L}} \tag{3.125}$$

Andererseits gilt mit $\beta' = \omega\sqrt{\mu_0\,\varepsilon_1} = \omega\sqrt{\mu_0\,\varepsilon_3}$:

$$sin\,\varphi_{out} = \frac{\beta' sin\,\varphi}{\beta'} = sin\,\varphi \quad \to \quad \varphi_{out} = \varphi \tag{3.126}$$

Bei gleichem vor- und nachgeschaltetem Dielektrikum $\varepsilon_1 = \varepsilon_3$ sind also die Winkel φ_{out} und φ identisch. Diese Aussage entspricht dem Brechungsgesetz von Snellius van Roijen.

DGL für die z-KÜF. Mit $\varphi_{out} = \varphi$ erhält man aus 3.125 und 3.120 folgende Differenzialgleichung für die z-Komponentenübertragungsfunktionen

$$\frac{\partial T_z}{\partial L} + j\beta' cos\,\varphi\, T_z = 0 \tag{3.127}$$

Die Lösung von 3.129 ergibt die Form II der z-KÜF:

$$T_z(L) = T_z(0)\, exp\left(-j\beta' cos\,\varphi\, L\right) \tag{3.128}$$

Weiterhin erhalten Sie aus 3.124 und 3.126 mit $D_{z'out}(y, L) = 0$ sowie $\varphi_{out} = \varphi$ die Form III der KÜF:

$$T_z(L) = \frac{J_{21}(L)}{\chi'_{in}\,cos\,\varphi} + J_{22}(L) \tag{3.129a}$$

mit

$$T_z(0) = \frac{J_{21}(0)}{\chi'_{in}\,cos\,\varphi} + J_{22}(0) \tag{3.129b}$$

Polarisationsvariable am Ausgang. Über

$$D_{z\,out}(y, L) = tan\,\varphi\, D_{y\,out}(y, L)\ , \tag{3.130}$$

ermittelt aus 3.122 mit $D_{z'out}(y, L) = 0$, folgt

$$D_{y'out}(y, L) = \left[cos\,\varphi + sin\,\varphi\, tan\,\varphi\right] D_{y\,out}(y, L)$$

$$= \frac{cos^2\varphi + sin^2\varphi}{cos\,\varphi} D_{y\,out}(y, L)$$

$$D_{y'out}(y,L) = \frac{D_{y\,out}(y,L)}{\cos\varphi} \tag{3.131}$$

und somit aus 3.113:

$$\begin{pmatrix} D_{x'out}(y,L) \\ D_{y'out}(y,L) \end{pmatrix} = \begin{pmatrix} \dfrac{J_{21}}{\chi'_{in}\,\sin\varphi} + J_{12}\cot\varphi \\ \dfrac{J_{21}}{\chi'_{in}\cos\varphi\,\sin\varphi} + \dfrac{J_{22}}{\sin\varphi} \end{pmatrix} D_{z\,in}(y,0) \tag{3.132}$$

Die Polarisationsvariable am Ausgang wird nun in der Darstellung

$$\chi'_{out} = \frac{D_{y'out}(y,L)}{D_{x'out}(y,L)} \tag{3.133}$$

definiert, und mit 3.132 ergibt sich die Polarisationsübertragungsgleichung als Bilinearform in $\chi'_{in}\cos\varphi$:

$$\boxed{\chi'_{out}\cos\varphi = \frac{J_{21} + J_{22}\,\chi'_{in}\cos\varphi}{J_{11} + J_{12}\,\chi'_{in}\cos\varphi}} \tag{3.134}$$

Des weiteren folgen aus 3.129 und 3.134 die Parameterdarstellungen für die Polarisationsvariablen auf der Ein- und Ausgangsseite nach 3.135 und 3.136.

$$\chi'_{in}\cos\varphi = \frac{J_{21}(L)}{T_z(L) - J_{22}(L)} \tag{3.135}$$

$$\chi'_{out}\cos\varphi = \frac{J_{21}(L)\,T_z(L)}{J_{11}(L)\,T_z(L) - det\,\underline{J}} \tag{3.136}$$

$$det\,\underline{J} = J_{11}\,J_{22} - J_{12}\,J_{21} \tag{3.137}$$

Die Gleichungen 3.135 und 3.136 sind insofern von Bedeutung, wenn man sich bei einem Systementwurf die rechten Seiten vorgibt, muss die Eingangspolarisation nach 3.135 realisiert werden, bzw. es ergibt sich dann die Ausgangspolarisation nach 3.136.

3.5.2.5 Diskussion

Die Rechnungen im Unterabschnitt 3.5.2 bezogen sich auf die mittlere Kreisfrequenz $\omega = \dfrac{\omega_x + \omega_y}{2}$ und den mittleren Winkel $\varphi = \dfrac{\varphi_x + \varphi_y}{2}$.

Die Form I der z-KÜF benötigte zu ihrer Herleitung Differenzialausdrücke, die die Stetigkeit an den Stellen $z = 0$ und $z = L$ voraussetzen. Die Stetigkeit an den Grenzschichten bei $z = 0$ und $z = L$ ist jedoch nur für gleiche Brechzahlen

$$n_1 = n_x = n_y = n_z = n_3$$

gegeben. Dann gilt wegen der Stetigkeit bei $z = 0$ der Anfangswert der z-KÜF: $T_z(0) = 1$. Für gleiche Brechzahlen ist der Dielektrizitätstensor isotrop und die Transformationsmatrix $\underline{B}$

gleich der Einheitsmatrix $\underline{E}$. Die Jones-Matrix $\underline{J}$ weist also Diagonalform $\underline{J}^d$ mit $J_{21} = 0$ und $J_{22} = J_{22}^d$ auf. Für J_{22}^d gilt:

$$J_{22}^d(z) = exp\left(-\gamma_y z\right)$$

Wegen der gleichen Brechzahlen gilt in diesem Falle weiterhin:

$$\gamma_y = j\,\beta' cos\,\varphi$$

Damit folgt für die Form I:

$$T_z(L) = 1 - \gamma_y \int_0^L exp\left(-\gamma_y z\right) dz$$

$$= 1 + exp\left(-\gamma_y z\right)\Big|_0^L$$

$$= 1 + exp\left(-\gamma_y L\right) - 1$$

$$T_z(L) = exp\left(\gamma_y L\right) \quad .$$

Die Form II der z-KÜF wurde abgeleitet aus der DGL

$$\frac{\partial T_z}{\partial L} + j\beta' cos\,\varphi\; T_z = 0$$

Daraus folgte:

$$T_z(L) = T_z(0)\; exp\left(-\,j\beta' cos\,\varphi\, L\right)$$

Da $\frac{\partial T_z}{\partial L}$ Verwendung fand, musste die Stetigkeit an der Stelle $z = L$ vorausgesetzt werden. Außerdem bildete sich $j\beta' cos\,\varphi$ teilweise aus $\frac{\partial D_y(y,0)}{\partial y}$ an der Stelle $z = 0$. Daher wurde auch Stetigkeit bei $z = 0$ vorausgesetzt. Deshalb gilt $T_z(L)$ nach Form II ebenfalls nur für gleiche Brechzahlen

$$n_1 = n_x = n_y = n_z = n_3$$

Allgemeiner gilt unter der Voraussetzung $\varepsilon_1 = \varepsilon_3$ die Form III der z-KÜF:

$$T_z(L) = \frac{J_{21}(L)}{\chi'_{in}\; cos\,\varphi} + J_{22}(L)$$

Zur Ableitung der Form III benötigte man keine Differenzialausdrücke und somit nicht die Stetigkeit bei $z = 0$ und $z = L$. Weiterhin zeigt Form III, dass die Invarianz der z-KÜF bei Anwendung einer unitären Transformation mit der z-Achse als Drehachse i. A. nur für eine geschickt gewählte Eingangspolarisation χ'_{in} gegeben ist.

3.5.3 Beispiele

3.5.3.1 Lichtwellenleiter

Näherungen. Aus den Tabellen 3-2 und 3-3 lassen sich die in den Tabellen 3-10 und 3-11 gezeigten Näherungen für den anisotropen oder isotropen LWL ableiten. Diese Näherungen führen bei beiden LWL-Typen auf die strukturgleiche diagonale Jones-Matrix

$$\underline{J}^d(L) = exp\left(-j\beta' L\right)\begin{pmatrix} exp\left(j\,\Delta\beta' L\right) & 0 \\ 0 & exp\left(-j\,\Delta\beta' L\right)\end{pmatrix} \tag{3.138}$$

Die Forderung $sin\varphi \approx 0$ lässt sich dabei nur für die Ermittlung der Jones-Matrix und der z-KÜF aufrechterhalten und nicht für die Einspeisung der z-Komponente $D_z(y,0)$, die mit

$$D_z(y,0) = D_{y'}(y,0)\, sin\varphi$$

geht. Hier muss mit dem genauen Wert für $sin\varphi$ gerechnet werden.

Tabelle 3-10 Näherungen für den anisotropen LWL

Größe	Näherung
$n, \Delta n$	$n_x = n_1 - \Delta n_1, \quad n_1 = \dfrac{n_x + n_y}{2}$ $n_y = n_z = n_1 + \Delta n_1, \quad \Delta n_1 = \dfrac{n_y - n_x}{2}$
ω	$\omega \approx \omega_x \approx \omega_y$
$sin\varphi$	$sin\varphi \approx sin\varphi_x \approx sin\varphi_y \approx 0$
$cos\varphi$	$cos\varphi \approx cos\varphi_x \approx cos\varphi_y \approx 1$
$\beta', \Delta\beta'$	$\beta' \approx \beta'_x \approx \beta'_y \approx \dfrac{\omega}{c} n_1, \quad \Delta\beta' = \dfrac{\omega}{c}\Delta n_1$
γ	$\gamma_x \approx j\dfrac{\omega}{c} n_x \approx j\dfrac{\omega}{c} n_1 - j\dfrac{\omega}{c}\Delta n_1$ $\gamma_x \approx j\beta' - j\,\Delta\beta'$ $\gamma_y \approx j\dfrac{\omega}{c} n_y \approx j\dfrac{\omega}{c} n_1 + j\dfrac{\omega}{c}\Delta n_1$ $\gamma_y \approx j\beta' + j\,\Delta\beta'$
$\underline{J}^d = \begin{pmatrix} J_{11}^d & 0 \\ 0 & J_{22}^d \end{pmatrix}$	$J_{11}^d = exp\left(-\gamma_x L\right), \quad J_{11}^d \approx exp\left(-j\beta' L\right) exp\left(j\,\Delta\beta' L\right)$ $J_{22}^d = exp\left(-\gamma_y L\right), \quad J_{22}^d \approx exp\left(-j\beta' L\right) exp\left(-j\,\Delta\beta' L\right)$

Tabelle 3-11 Näherungen für den isotropen LWL

Größe	Näherung
n	$n_1 = n_x = n_y = n_z \approx n_2$
$\omega, \Delta\omega$	$\omega_x = \omega - \Delta\omega, \quad \omega = \frac{\omega_x + \omega_y}{2}$ $\omega_y = \omega + \Delta\omega, \quad \Delta\omega = \frac{\omega_y - \omega_x}{2}$
$sin\,\varphi$	$sin\,\varphi \approx sin\,\varphi_x \approx sin\,\varphi_y \approx 0$
$cos\,\varphi$	$cos\,\varphi \approx cos\,\varphi_x \approx cos\,\varphi_y \approx 1$
$\beta', \quad \Delta\beta'$	$\beta'_x \approx \frac{\omega_x}{c} n_1 \approx \frac{\omega}{c} n_1 - \frac{\Delta\omega}{c} n_1$ $\beta'_x \approx \beta' - \Delta\beta'$ $\beta'_y \approx \frac{\omega_y}{c} n_1 \approx \frac{\omega}{c} n_1 + \frac{\Delta\omega}{c} n_1$ $\beta'_y \approx \beta' + \Delta\beta'$ $\beta' = \frac{\omega}{c} n_1, \quad \Delta\beta' = \frac{\Delta\omega}{c} n_1$
γ	$\gamma_x \approx j\beta' - j\Delta\beta', \quad \gamma_y \approx j\beta' + j\Delta\beta'$
$\underline{J}^d = \begin{pmatrix} J_{11}^d & 0 \\ 0 & J_{22}^d \end{pmatrix}$	$J_{11}^d \approx exp\left(-j\beta' L\right) exp\left(j\Delta\beta' L\right)$ $J_{22}^d \approx exp\left(-j\beta' L\right) exp\left(-j\Delta\beta' L\right)$

Jones-Matrizen. Aus der diagonalen Jones-Matrix 3.138 lassen sich z. B. mit der Transformationsmatrix $\underline{A}$ nach 3.100 oder 3.101 nichtdiagonale Jones-Matrizen erzeugen.

Wählt man z. B. $\Theta = \frac{\pi}{4}$, so ergibt sich aus 3.98, 3.100 und 3.138:

$$\underline{J}(L) = \frac{1}{\sqrt{2}}\begin{pmatrix} 1 & 1 \\ 1 & 1 \end{pmatrix} exp\left(-j\beta' L\right)\begin{pmatrix} exp\left(j\Delta\beta' L\right) & 0 \\ 0 & exp\left(-j\Delta\beta' L\right) \end{pmatrix} \frac{1}{\sqrt{2}}\begin{pmatrix} 1 & 1 \\ -1 & 1 \end{pmatrix} \tag{3.139a}$$

$$\underline{J}(L) = exp\left(-j\beta' L\right)\begin{pmatrix} cos\left(\Delta\beta' L\right) & j\,sin\left(\Delta\beta' L\right) \\ j\,sin\left(\Delta\beta' L\right) & cos\left(\Delta\beta' L\right) \end{pmatrix} \tag{3.139b}$$

Mit $\Theta = \frac{\pi}{4}$ und 3.98, 3.101 sowie 3.138 erhält man:

$$\underline{J}(L) = \frac{1}{\sqrt{2}}\begin{pmatrix} 1 & j \\ j & 1 \end{pmatrix} exp\left(-j\beta' L\right)\begin{pmatrix} exp\left(j\Delta\beta' L\right) & 0 \\ 0 & exp\left(-j\Delta\beta' L\right)\end{pmatrix}\frac{1}{\sqrt{2}}\begin{pmatrix} 1 & -j \\ -j & 1 \end{pmatrix} \tag{3.140a}$$

$$\underline{J}(L) = exp\left(-j\beta' L\right)\begin{pmatrix} cos\left(\Delta\beta' L\right) & sin\left(\Delta\beta' L\right) \\ -sin\left(\Delta\beta' L\right) & cos\left(\Delta\beta' L\right)\end{pmatrix} \tag{3.140b}$$

***z*-KÜF.** Die *z*-Komponenten-Übertragungsfunktion für den LWL mit der Jones-Matrix 3.139b ergibt sich aus

$$T_z(L) = \frac{J_{21}(L)}{\chi'_{in}\ cos\,\varphi} + J_{22}(L)$$

und lautet:

$$T_z(L) = \left[cos\left(\Delta\beta' L\right) + j\,\frac{sin\left(\Delta\beta' L\right)}{\chi'_{in}\ cos\,\varphi}\right] exp\left(-j\beta' L\right) \tag{3.141}$$

Für die Eingangspolarisation

$$\boxed{\chi'_{in}\ cos\,\varphi = -1 \approx \chi'_{in}} \tag{3.142}$$

erhält man aus 3.141:

$$\boxed{T_z(L) = exp\left[-j\left(\beta' + \Delta\beta'\right) L\right]} \tag{3.143}$$

Nur für 3.142 bleibt $T_z(L)$ gegenüber $J_{33}^{d}(L) = J_{33}^{R}(L)$ nach Tabelle 3-2 oder 3-3 bei Anwendung der unitären Transformation mit *z*-Achse als Drehachse entsprechend 3.139a invariant.

Wiederum aus

$$T_z(L) = \frac{J_{21}(L)}{\chi'_{in}\ cos\,\varphi} + J_{22}(L)$$

erhalten Sie mit der Jones-Matrix 3.140b die *z*-KÜF

$$T_z(L) = \left[cos\left(\Delta\beta' L\right) - \frac{sin\left(\Delta\beta' L\right)}{\chi'_{in}\ cos\,\varphi}\right] exp\left(-j\beta' L\right) \tag{3.144}$$

Für die Eingangspolarisation

$$\boxed{\chi'_{in}\ cos\,\varphi = -j \approx \chi'_{in}} \tag{3.145}$$

ergibt sich $T_z(L)$ gemäß 3.143.

Nur mit 3.145 ist die Invarianz von $T_z(L)$ gegenüber $J_{33}^{d}(L) = J_{33}^{R}(L)$ gemäß Tabelle 3-3 bei Anwendung einer unitären Transformation mit der *z*-Achse als Drehachse entsprechend 3.140a gegeben.

Ausgangspolarisation. Die Ausgangspolarisation des LWL erhält man z. B. aus

$$\chi'_{out}\ cos\,\varphi = \frac{J_{21} + J_{22}\ \chi'_{in}\ cos\,\varphi}{J_{11} + J_{12}\ \chi'_{in}\ cos\,\varphi}$$

Daraus ergibt sich mit der Wahl

$$\chi'_{in}\ cos\,\varphi = -1 \approx \chi'_{in}$$

und der Jones-Matrix 3.139b:

$$\chi'_{out}\ cos\,\varphi = \frac{j\,sin\left(\Delta\beta' L\right) - cos\left(\Delta\beta' L\right)}{cos\left(\Delta\beta' L\right) - j\,sin\left(\Delta\beta' L\right)}$$

$$\chi'_{out}\ cos\,\varphi = -1 \approx \chi'_{out} \tag{3.146}$$

Aus

$$\chi'_{in}\ cos\,\varphi = -j \approx \chi'_{in}$$

und der Jones-Matrix 3.140b erhalten Sie für die Ausgangspolarisation

$$\chi'_{out}\ cos\,\varphi = \frac{-\,sin\left(\Delta\beta' L\right) - j\,cos\left(\Delta\beta' L\right)}{cos\left(\Delta\beta' L\right) - j\,sin\left(\Delta\beta' L\right)}$$

$$\chi'_{out}\ cos\,\varphi = -j \approx \chi'_{out} \tag{3.147}$$

Die Invarianz der z-KÜF bei Anwendung einer unitären Transformation mit z-Achse als Drehachse ist offenbar nur gegeben, wenn man das optische Bauelement mit einer so genannten **Eigenpolarisation χ'_e** entsprechend der Definition

$$\boxed{\chi'_e = \chi'_{in} = \chi'_{out}} \tag{3.148}$$

anregt.

Eigenpolarisationen. Die Eigenpolarisationen ergeben sich aus der Polarisationsübertragungsgleichung 3.134 mit 3.148 zu

$$\boxed{\chi'_{e_{1,2}}\ cos\,\varphi = \frac{1}{2\,J_{12}}\left[J_{22} - J_{11} \pm \sqrt{\left(J_{22} - J_{11}\right)^2 + 4\,J_{12}\,J_{21}}\right]} \tag{3.149}$$

Beispiel 3.6: Eigenpolarisationen

Für die Jones-Matrix 3.139b sollen die Eigenpolarisationen $\chi'_{e_{1,2}}$ berechnet werden.

Man erhält:

$$\chi'_{e_{1,2}}\ cos\,\varphi = \frac{\pm\sqrt{-4\,sin^2\left(\Delta\beta' L\right)}}{2\,j\,sin\left(\Delta\beta' L\right)}$$

$$\underline{\underline{\chi'_{e_{1,2}}\ cos\,\varphi = \pm 1 \approx \chi'_{e_{1,2}}}} \tag{3.150}$$

Ebenso bestimmt man die Eigenpolarisationen für die Jones-Matrix 3.140b:

$$\chi'_{e_{1,2}}\ cos\,\varphi = \frac{\pm\sqrt{-4\,sin^2\left(\Delta\beta' L\right)}}{2\,sin\left(\Delta\beta' L\right)}$$

$$\underline{\underline{\chi'_{e_{1,2}}\ cos\,\varphi = \pm j \approx \chi'_{e_{1,2}}}} \tag{3.151}$$

Das zu wählende Vorzeichen von 3.150 oder 3.151 richtet sich bei der Forderung nach Invarianz der z-KÜF bei Anwendung einer unitären Transformation mit der z-Achse als Drehachse nach dem in der Exponentialfunktion für

$$J_{22}^{d}(L)=J_{33}^{d}(L)=J_{22}^{R}(L)=J_{33}^{R}(L)$$

Das ist hier gemäß den Tabellen 3-10 und 3-11 das Minuszeichen.

3.5.3.2 Polarisatoren

Jones-Matrizen. Ausgehend von den diagonalen Jones-Matrizen für den

- E_0-Polarisator und
- H_0-Polarisator:

$$\boxed{\underline{J}_{erw}^{R}=\begin{pmatrix}0&0&0\\0&1&0\\0&0&1\end{pmatrix}} \qquad \boxed{\underline{J}_{erw}^{R}=\begin{pmatrix}1&0&0\\0&0&0\\0&0&0\end{pmatrix}},$$

gewinnt man mit den Transformationsmatrizen $\underline{A}$ nach 3.100 und 3.101 folgende Formen der Jones-Matrix für $\Theta=-\frac{\pi}{4}$:

- aus dem E_0-Polarisator:

$$\underline{J}_1=\frac{1}{2}\begin{pmatrix}1&1\\-1&1\end{pmatrix}\begin{pmatrix}0&0\\0&1\end{pmatrix}\begin{pmatrix}1&-1\\1&1\end{pmatrix}, \tag{3.152a}$$

$$\underline{J}_1=\frac{1}{2}\begin{pmatrix}1&1\\1&1\end{pmatrix}, \tag{3.152b}$$

$$\underline{J}_2=\frac{1}{2}\begin{pmatrix}1&-j\\-j&1\end{pmatrix}\begin{pmatrix}0&0\\0&1\end{pmatrix}\begin{pmatrix}1&j\\j&1\end{pmatrix}, \tag{3.153a}$$

$$\underline{J}_2=\frac{1}{2}\begin{pmatrix}1&-j\\j&1\end{pmatrix} \tag{3.153b}$$

- aus dem H_0-Polarisator:

$$\underline{J}_3=\frac{1}{2}\begin{pmatrix}1&1\\-1&1\end{pmatrix}\begin{pmatrix}1&0\\0&0\end{pmatrix}\begin{pmatrix}1&-1\\1&1\end{pmatrix}, \tag{3.154a}$$

$$\underline{J}_3=\frac{1}{2}\begin{pmatrix}1&-1\\-1&1\end{pmatrix}, \tag{3.154b}$$

$$\underline{J}_4=\frac{1}{2}\begin{pmatrix}1&-j\\-j&1\end{pmatrix}\begin{pmatrix}1&0\\0&0\end{pmatrix}\begin{pmatrix}1&j\\j&1\end{pmatrix}, \tag{3.155a}$$

$$\underline{J}_4 = \frac{1}{2}\begin{pmatrix} 1 & j \\ -j & 1 \end{pmatrix} \tag{3.155b}$$

Ausgangspolarisationen. Für die Ausgangspolarisationen der Systemelemente mit den Jones-Matrizen $\underline{J}_1$ bis $\underline{J}_4$ erhalten Sie:

$$\chi'_{out_1}\, cos\,\varphi = \frac{1+\chi'_{in_1}\, cos\,\varphi}{1+\chi'_{in_1}\, cos\,\varphi} = 1 \tag{3.156}$$

$$\chi'_{out_2}\, cos\,\varphi = \frac{j+\chi'_{in_2}\, cos\,\varphi}{1-j\chi'_{in_2}\, cos\,\varphi} = j \tag{3.157}$$

$$\chi'_{out_3}\, cos\,\varphi = \frac{-1+\chi'_{in_3}\, cos\,\varphi}{1-\chi'_{in_3}\, cos\,\varphi} = -1 \tag{3.158}$$

$$\chi'_{out_4}\, cos\,\varphi = \frac{-j+\chi'_{in_4}\, cos\,\varphi}{1+j\,\chi'_{in_4}\, cos\,\varphi} = -j \tag{3.159}$$

Für realisierbare φ drücken 3.156 bis 3.159 folgende Zusammenhänge aus.

3.156 und 3.152 kennzeichnen den linearen 45°-Polarisator. 3.158 und 3.154 beschreiben den linearen -45°-Polarisator. 3.157 und 3.153 ergeben einen rechtsdrehenden zirkularen Polarisator. 3.159 und 3.155 gelten für den linksdrehenden zirkularen Polarisator.

z-KÜF. Aus den Jones-Matrizen $\underline{J}_1$ bis $\underline{J}_4$ leitet man folgende z-KÜF ab:

$$T_{z1} = \frac{1}{2}\left(\frac{1}{\chi'_{in_1}\, cos\,\varphi} + 1\right) = 1 \tag{3.160}$$

$$T_{z2} = \frac{1}{2}\left(\frac{j}{\chi'_{in_2}\, cos\,\varphi} + 1\right) = 1 \tag{3.161}$$

$$T_{z3} = \frac{1}{2}\left(\frac{-1}{\chi'_{in_3}\, cos\,\varphi} + 1\right) = 0 \tag{3.162}$$

$$T_{z4} = \frac{1}{2}\left(\frac{-j}{\chi'_{in_4}\, cos\,\varphi} + 1\right) = 0 \tag{3.163}$$

Die rechten Seiten von 3.160 bis 3.163 kennzeichnen die Invarianzbedingung bei Durchführung einer unitären Transformation mit der z-Achse als Drehachse. Dafür ergeben sich die Eingangspolarisationen zu

$$\chi'_{in_1}\, cos\,\varphi = 1 \tag{3.164}$$

$$\chi'_{in_2}\, cos\,\varphi = j \tag{3.165}$$

$$\chi'_{in_3}\, cos\,\varphi = 1 \tag{3.166}$$

$$\chi'_{in_4}\, cos\,\varphi = j \tag{3.167}$$

Während sich für T_{z1} und T_{z2} die gleichen Eigenpolarisationen ergeben, erhalten Sie bei T_{z3} und T_{z4} die invertierten Werte, also die jeweils andere Eigenpolarisation, bezüglich Eingangs- und Ausgangspolarisation.

3.5.3.3 Rotatoren

Jones-Matrizen. Für kleine φ kann man die folgenden Jones-Matrizen für Rotatoren angeben, die eine Drehung der Polarisationsebene eingekoppelten linear polarisierten Lichtes um den Faraday-Winkel

$$\alpha = V\ N\ i \tag{3.168}$$

mit der Verdetkonstante V, der Windungszahl N eines um den elektrischen Leiter gewickelten LWLs durchführen. i ist dabei der vom elektrischen Leiter geführte Strom.

Diese Jones-Matrizen lauten

$$\boxed{\underline{J}(\alpha) = \begin{pmatrix} \cos\alpha & -\sin\alpha \\ \sin\alpha & \cos\alpha \end{pmatrix}} \tag{3.169}$$

$$\boxed{\underline{J}(\alpha, \delta) = \begin{pmatrix} a + j\,b & -c \\ c & a - j\,b \end{pmatrix}} \tag{3.170}$$

mit

$$a = \cos\left(\frac{d}{2}\right), \quad b = \frac{\delta}{2}\frac{\sin(d/2)}{d/2}, \quad c = \alpha\frac{\sin(d/2)}{d/2}$$
$$d = \sqrt{\delta^2 + 4\,\alpha^2}\,, \quad \delta = \frac{\omega}{c}\Delta n L\,, \quad \Delta n = n_y - n_x\,. \tag{3.171}$$

In 3.171 kennzeichnet δ die Doppelbrechung des verwendeten LWL als unerwünschten Effekt. Aus 3.171 folgt die Nebenbedingung

$$a^2 + b^2 + c^2 = 1 \tag{3.172}$$

Während 3.169 den idealen Rotator mit $\delta = 0$ beschreibt, genügt der reale Rotator der Jones-Matrix 3.170.

Die Matrix

$$\boxed{\underline{A} = \frac{1}{\sqrt{2}}\begin{pmatrix} 1 & -j \\ -j & 1 \end{pmatrix}} \tag{3.173}$$

und ihre transponiert konjugiert Komplexe transformieren die Jones-Matrix 3.169 auf die Diagonalform

$$\boxed{\underline{J}^d(\alpha) = \begin{pmatrix} \exp(j\,\alpha) & 0 \\ 0 & \exp(-j\,\alpha) \end{pmatrix}} \tag{3.174}$$

Auf $\underline{A}$ nach 3.173 kommt man durch Lösung des zugehörigen Eigenwertproblems:

$$det\begin{pmatrix} cos\,\alpha-\lambda & -sin\,\alpha \\ sin\,\alpha & cos\,\alpha-\lambda \end{pmatrix}=0$$

$$\rightarrow\ \lambda^2-2\,cos\,\alpha\,\lambda+1=0$$

$$\rightarrow\ \underline{\underline{\lambda_{1/2}=exp\,(\pm\, j\,\alpha)}}$$

$$\lambda_1:\qquad \begin{pmatrix} -j & 1 \\ 1 & -j \end{pmatrix}\begin{pmatrix} a_{11} \\ a_{21} \end{pmatrix}=\begin{pmatrix} 0 \\ 0 \end{pmatrix}$$

$$\rightarrow\ \underline{\underline{\begin{pmatrix} a_{11} \\ a_{21} \end{pmatrix}=\frac{1}{\sqrt{2}}\begin{pmatrix} 1 \\ -j \end{pmatrix}}}$$

$$\lambda_2:\qquad \begin{pmatrix} j & -1 \\ 1 & j \end{pmatrix}\begin{pmatrix} a_{12} \\ a_{22} \end{pmatrix}=\begin{pmatrix} 0 \\ 0 \end{pmatrix}$$

$$\rightarrow\ \underline{\underline{\begin{pmatrix} a_{12} \\ a_{22} \end{pmatrix}=\frac{1}{\sqrt{2}}\begin{pmatrix} -j \\ 1 \end{pmatrix}}}$$

$$\rightarrow\ \underline{\underline{A}}=\begin{pmatrix} a_{11} & a_{12} \\ a_{21} & a_{22} \end{pmatrix}=\underline{\underline{\frac{1}{\sqrt{2}}\begin{pmatrix} 1 & -j \\ -j & 1 \end{pmatrix}}}$$

In Analogie dazu transformiert die Matrix

$$\boxed{\underline{A}=\frac{1}{\sqrt{2}\,\sqrt{d^2-\delta\,d}}\begin{pmatrix} 2\,\alpha & -j\,(d-\delta) \\ -j\,(d-\delta) & 2\,\alpha \end{pmatrix}} \tag{3.175}$$

zusammen mit ihrer transponiert konjugiert Komplexen die Jones-Matrix 3.170 auf die Diagonalform

$$\boxed{\underline{J}^d\,(\alpha,\delta)=\begin{pmatrix} exp\left(j\,\frac{1}{2}\sqrt{\delta^2+4\,\alpha^2}\right) & 0 \\ 0 & exp\left(-j\,\frac{1}{2}\sqrt{\delta^2+4\,\alpha^2}\right) \end{pmatrix}} \tag{3.176}$$

Da sieht man wie folgt ein:

$$det\begin{pmatrix} a+j\,b-\lambda & -c \\ c & a-j\,b-\lambda \end{pmatrix}=0$$

$$\rightarrow\ \lambda^2-2\,a\,\lambda+1=0$$

$$\rightarrow\ \underline{\underline{\lambda_{1,2}=exp\left(\pm\, j\,\frac{1}{2}\sqrt{\delta^2+4\,\alpha^2}\right)}}$$

$$\lambda_1: \quad \begin{pmatrix} j\left(b-\sqrt{b^2+c^2}\right) & -c \\ c & -j\left(b+\sqrt{b^2+c^2}\right) \end{pmatrix} \begin{pmatrix} a_{11} \\ a_{21} \end{pmatrix} = \begin{pmatrix} 0 \\ 0 \end{pmatrix}$$

$$\rightarrow \quad \begin{pmatrix} a_{11} \\ a_{21} \end{pmatrix} = \frac{1}{\sqrt{2}\sqrt{d^2-\delta\, d}} \begin{pmatrix} 2\,\alpha \\ -j\,(d-\delta) \end{pmatrix}$$

$$\lambda_2: \quad \begin{pmatrix} j\left(b+\sqrt{b^2+c^2}\right) & -c \\ c & -j\left(b-\sqrt{b^2+c^2}\right) \end{pmatrix} \begin{pmatrix} a_{12} \\ a_{22} \end{pmatrix} = \begin{pmatrix} 0 \\ 0 \end{pmatrix}$$

$$\rightarrow \quad \begin{pmatrix} a_{12} \\ a_{22} \end{pmatrix} = \frac{1}{\sqrt{2}\sqrt{d^2-\delta\, d}} \begin{pmatrix} -j\,(d-\delta) \\ 2\,\alpha \end{pmatrix}$$

$$\rightarrow \quad \underline{A} = \begin{pmatrix} a_{11} & a_{12} \\ a_{21} & a_{22} \end{pmatrix}$$

$$\underline{A} = \frac{1}{\sqrt{2}\sqrt{d^2-\delta\, d}} \begin{pmatrix} 2\,\alpha & -j\,(d-\delta) \\ -j\,(d-\delta) & 2\,\alpha \end{pmatrix}$$

Durch Vergleich von 3.173 mit 3.175 erkennt man, dass die Transformationsmatrix $\underline{A}$ nur für eine verschwindende Doppelbrechung $\delta = 0$ von α unabhängig ist.

***z*-KÜF.** Die *z*-Komponenten-Übertragungsfunktionen für die Jones-Matrizen 3.169 und 3.170 lauten

$$\boxed{T_z(\alpha) = \frac{\sin\alpha}{\chi'_{in}\cos\varphi} + \cos\alpha}\,, \tag{3.177}$$

$$\boxed{T_z(\alpha,\delta) = \frac{c}{\chi'_{in}\cos\varphi} + a - j\,b} \tag{3.178}$$

Für

$$\boxed{\chi'_{in}\cos\varphi = j} \tag{3.179}$$

geht $T_z(\alpha)$ über in

$$\boxed{T_z(\alpha) = \exp(-j\,\alpha)} \tag{3.180}$$

und ist damit transformationsinvariant gegenüber einer unitären Transformation mit der *z*-Achse als Drehachse.

Um die z-KÜF in der Form

$$\boxed{T_z(\alpha, \delta) = exp\left(-j\frac{1}{2}\sqrt{\delta^2 + 4\,\alpha^2}\right)} \tag{3.181}$$

zu realisieren, wäre eine von α abhängige Eigenpolarisation in der Form

$$\boxed{\chi'_{in}\, cos\;\varphi = j\,\frac{2\,\alpha}{d-\delta}} \tag{3.182}$$

zu verwenden. Um dies zu vermeiden, geht man z. B. bei der Messung elektrischer Ströme mittels α ein anderen Weg.

Wie später noch gezeigt wird, findet das Kompensationsprinzip zur Elimination der Doppelbrechung δ bei Verwendung der z-KÜF mit konstanter Eingangspolarisation Anwendung.

3.5.3.4 Optische Isolatoren

Aufbau. Ein optischer Isolator lässt das Licht nur in einer Richtung durch und kann für die Wellenausbreitung in positive z-Richtung nach Bild 3.2 aufgebaut werden.

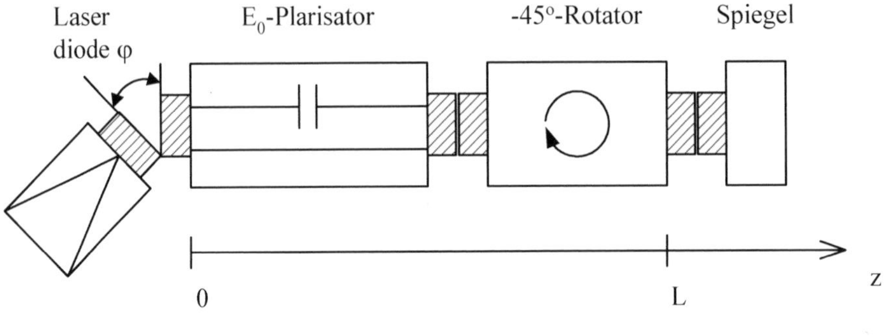

Bild 3-2 Optischer Isolator, bestehend aus E_0-Polarisator und -45°-Rotator

Zum optischen Isolator gehört also die Reihenschaltung von E_0-Polarisator und -45°-Rotator. Zur Beschreibung des Prinzips wird der optische Isolator durch eine Laserdiode schräg angeregt, und der Spiegel dient als Reflektor zum Nachweis der Funktion.

Die Jones-Matrizen sind gegeben

- für den E_0-Polarisator durch

$$\underline{J}_1 = \begin{pmatrix} 0 & 0 \\ 0 & 1 \end{pmatrix} \tag{3.183}$$

- für den -45°-Rotator in der Form

$$\underline{J}_2 = \frac{1}{\sqrt{2}}\begin{pmatrix} 1 & 1 \\ -1 & 1 \end{pmatrix} \tag{3.184}$$

Die zugehörigen z-KÜF lauten

- E_0-Polarisator:

$$T_{z1} = 1 \tag{3.185}$$

- -45°-Rotator:

$$T_{z2} = \frac{1}{\sqrt{2}} \tag{3.186}$$

3.186 erhält man aus 3.129a und 3.184 für

$$\chi'_{in_2} \cos\varphi = \chi'_{out_1} \cos\varphi \quad \rightarrow \quad \infty\,, \tag{3.187}$$

was durch den E_0-Polarisator sicher gestellt wird.

Mathematischer Nachweis des Funktionsprinzips. Die Ausbreitung des Lichtes in positive z-Richtung wird beschrieben durch

$$\begin{pmatrix} D_{x\,out}(y,L) \\ D_{y\,out}(y,L) \\ D_{z\,out}(y,L) \end{pmatrix} = \frac{1}{\sqrt{2}} \begin{pmatrix} 1 & 1 & 0 \\ -1 & 1 & 0 \\ 0 & 0 & 1 \end{pmatrix} \begin{pmatrix} 0 & 0 & 0 \\ 0 & 1 & 0 \\ 0 & 0 & 1 \end{pmatrix} \begin{pmatrix} D_{x\,in}(y,0) \\ D_{y\,in}(y,0) \\ D_{z\,in}(y,0) \end{pmatrix}$$

$$\rightarrow \quad \begin{pmatrix} D_{x\,out}(y,L) \\ D_{y\,out}(y,L) \\ D_{z\,out}(y,L) \end{pmatrix} = \frac{1}{\sqrt{2}} \begin{pmatrix} D_{y\,in}(y,0) \\ D_{y\,in}(y,0) \\ D_{z\,in}(y,0) \end{pmatrix} \tag{3.188}$$

Das am Spiegel bei $z = L$ reflektierte Licht ist gegeben in der Form

$$\begin{pmatrix} D_{x\,in}(y,L) \\ D_{y\,in}(y,L) \\ D_{z\,in}(y,L) \end{pmatrix} = \frac{1}{\sqrt{2}} \begin{pmatrix} D_{y\,in}(y,0) \\ -D_{y\,in}(y,0) \\ D_{z\,in}(y,0) \end{pmatrix} \tag{3.189}$$

Nun wird gezeigt, dass die reflektierte Welle am Eingang verschwindet.

Es gilt:

$$\begin{pmatrix} D_{x\,out}(y,0) \\ D_{y\,out}(y,0) \\ D_{z\,out}(y,0) \end{pmatrix} = \frac{1}{2} \begin{pmatrix} 0 & 0 & 0 \\ 0 & 1 & 0 \\ 0 & 0 & 1 \end{pmatrix} \begin{pmatrix} 1 & -1 & 0 \\ 1 & 1 & 0 \\ 0 & 0 & 0 \end{pmatrix} \begin{pmatrix} D_{y\,in}(y,0) \\ -D_{y\,in}(y,0) \\ D_{z\,in}(y,0) \end{pmatrix} \tag{3.190}$$

$$\rightarrow \quad \begin{pmatrix} D_{x\,out}(y,0) \\ D_{y\,out}(y,0) \\ D_{z\,out}(y,0) \end{pmatrix} = \begin{pmatrix} 0 \\ 0 \\ 0 \end{pmatrix}$$

Dabei ist die z-KÜF in Rückwärtsrichtung für den 45°-Rotator gleich Null, denn die Ausgangspolarisation unmittelbar vor dem Spiegel lautet

$$\chi'_{out\,2}\cos\varphi = 1 \tag{3.191}$$

Damit gilt für die eingangsseitige Polarisation in Rückwärtsrichtung, Index r , unmittelbar am Spiegel

$$\chi'^{r}_{in\,2}\cos\varphi = -1\,. \tag{3.192}$$

Mit $J^{r}_{21} = J^{r}_{22} = 1$ des 45°-Rotators folgt

$$T^{r}_{z2} = \frac{J^{r}_{21}}{\chi'^{r}_{in\,2}\cos\varphi} + J^{r}_{22} = -\frac{1}{1} + 1 = 0 \tag{3.193}$$

Bei der Bildung von 3.193 ist zu beachten, dass die z-KÜF in Rückwärtsrichtung nicht etwa der Kehrwert der z-KÜF in Vorwärtsrichtung ist, sondern wegen der benötigten Eingangspolarisation eben nach 3.193 zu bestimmen ist.

3.6 Realisierung orthogonaler und unitärer Transformationen

3.6.1 Orthogonale Transformationsmatrix

3.6.1.1 Orthogonale RT-Zerlegung

Die Realisierung einer reellen orthogonalen Transformationsmatrix soll durch Zerlegung in Matrizen erfolgen, die verfügbaren optischen Bauelementen entsprechen.

Jede reelle Matrix $\underline{A}$ lässt sich als Summe des symmetrischen Teiles $\underline{A}_s$ und des schiefsymmetrischen Anteiles $\underline{A}_a$ gemäß

$$\underline{A} = \underline{A}_s + \underline{A}_a \tag{3.194}$$

mit $$\underline{A}_s = \frac{\underline{A} + \underline{A}'}{2} \tag{3.195}$$

und $$\underline{A}_a = \frac{\underline{A} - \underline{A}'}{2} \tag{3.196}$$

darstellen. Dabei bezeichnet $\underline{A}'$ die zu $\underline{A}$ transponierte Matrix.

Der symmetrische Teil von $\underline{A}$ kann mit Hilfe linearer Polarisatoren durch Überlagerung ihrer erweiterten Jones-Matrizen $\underline{L}_{\Theta}$, $\underline{L}_{\beta}$ und $\underline{L}_{\gamma}$ mit einer noch zu bestimmenden Diagonalmatrix $\underline{D}$ realisiert werden.

Es soll gelten:

$$\underline{\widetilde{A}}_s = \underline{L}_{\Theta} + \underline{L}_{\beta} + \underline{L}_{\gamma} + \underline{D} \tag{3.197}$$

mit

$$\underline{L}_{\Theta} = \begin{pmatrix} \cos^2\Theta & \sin\Theta\cos\Theta & 0 \\ \sin\Theta\cos\Theta & \sin^2\Theta & 0 \\ 0 & 0 & T_z(\Theta) \end{pmatrix} \tag{3.198}$$

$$\underline{L}_{\beta} = \begin{pmatrix} \cos^2\beta & 0 & \sin\beta\cos\beta \\ 0 & T_y(\beta) & 0 \\ \sin\beta\cos\beta & 0 & \sin^2\beta \end{pmatrix} \tag{3.199}$$

$$\underline{L}_{\gamma} = \begin{pmatrix} T_x(\gamma) & 0 & 0 \\ 0 & \cos^2\gamma & \sin\gamma\cos\gamma \\ 0 & \sin\gamma\cos\gamma & \sin^2\gamma \end{pmatrix} \tag{3.200}$$

In 3.198 bis 3.200 kennzeichnen $T_z(\Theta)$ $T_y(\beta)$ sowie $T_x(\gamma)$ die z-KÜF, y-KÜF und x-KÜF. Die Bildung der x- und y-KÜF ist in den Anhängen A2 und A3 dargestellt.

Kennzeichnet man den symmetrischen Teil von $\underline{A}$ durch

$$\underline{A}_s = \begin{pmatrix} a_{11}^s & a_{12}^s & a_{13}^s \\ a_{12}^s & a_{22}^s & a_{23}^s \\ a_{13}^s & a_{23}^s & a_{33}^s \end{pmatrix} \tag{3.201}$$

und schreibt für die Diagonalmatrix

$$\underline{D} = \begin{pmatrix} d_{11} & 0 & 0 \\ 0 & d_{22} & 0 \\ 0 & 0 & d_{33} \end{pmatrix}, \tag{3.202}$$

so gilt:

$$\begin{aligned} &\cos^2\Theta + \cos^2\beta + T_x(\gamma) + d_{11} = S\, a_{11}^s = \tilde{a}_{11}^s \\ &\sin\Theta\cos\Theta = S\, a_{12}^s = \tilde{a}_{12}^s \\ &\sin\beta\cos\beta = S\, a_{13}^s = \tilde{a}_{13}^s \\ &\sin^2\Theta + T_y(\beta) + \cos^2\gamma + d_{22} = S\, a_{22}^s = \tilde{a}_{22}^s \\ &\sin\gamma\cos\gamma = S\, a_{23}^s = \tilde{a}_{23}^s \\ &T_z(\Theta) + \sin^2\beta + \sin^2\gamma + d_{33} = S\, a_{33}^s = \tilde{a}_{33}^s \end{aligned} \tag{3.203}$$

Da die Beträge der Elemente $\tilde{a}_{12}^{s}$, $\tilde{a}_{13}^{s}$ und $\tilde{a}_{23}^{s}$ nach 3.203 höchstens $\frac{1}{2}$ sein dürfen, ist eine Skalierung mit dem Skalierungsfaktor S gemäß

$$S \le \frac{1}{2 \cdot \mathit{Betrag\ des\ betragsgrößten\ Elementes\ in\ } \underline{A}_s} \tag{3.204}$$

notwendig. Somit gilt

$$\underline{\tilde{A}}_s = S\ \underline{A}_s \tag{3.205}$$

Dabei ist berücksichtigt, dass das betragsgrößte Element in einer orthogonalen Matrix höchstens 1 ist.

Ebenso muss man den schiefsymmetrischen Teil skalieren.

$$\underline{\tilde{A}}_a = S\ \underline{A}_a \tag{3.206}$$

$\underline{\tilde{A}}_a$ wird zerlegt in

$$\underline{\tilde{A}}_a = \underline{D}_\alpha + \underline{D}_\delta + \underline{D}_\phi \tag{3.207}$$

mit den Matrizen

$$\underline{D}_\alpha = \begin{pmatrix} 0 & -\sin\alpha & 0 \\ \sin\alpha & 0 & 0 \\ 0 & 0 & 0 \end{pmatrix} \tag{3.208}$$

$$\underline{D}_\delta = \begin{pmatrix} 0 & 0 & -\sin\delta \\ 0 & 0 & 0 \\ \sin\delta & 0 & 0 \end{pmatrix} \tag{3.209}$$

$$\underline{D}_\phi = \begin{pmatrix} 0 & 0 & 0 \\ 0 & 0 & -\sin\phi \\ 0 & \sin\phi & 0 \end{pmatrix} \tag{3.210}$$

Bekannt ist

$$\underline{\tilde{A}}_a = \begin{pmatrix} 0 & \tilde{a}_{12}^{a} & \tilde{a}_{13}^{a} \\ -\tilde{a}_{12}^{a} & 0 & \tilde{a}_{23}^{a} \\ -\tilde{a}_{13}^{a} & -\tilde{a}_{23} & 0 \end{pmatrix} \tag{3.211}$$

Damit folgt

$$
\begin{aligned}
-\sin\alpha &= \tilde{a}_{12}^{a} \\
-\sin\delta &= \tilde{a}_{13}^{a} \\
-\sin\phi &= \tilde{a}_{23}^{a}
\end{aligned}
\tag{3.212}
$$

Realisierbar sind jedoch nur Rotatormatrizen der Form

$$
\underline{B}_{\alpha} = \begin{pmatrix} \cos\alpha & -\sin\alpha & 0 \\ \sin\alpha & \cos\alpha & 0 \\ 0 & 0 & T_z(\alpha) \end{pmatrix}
\tag{3.213}
$$

$$
\underline{B}_{\delta} = \begin{pmatrix} \cos\delta & 0 & -\sin\delta \\ 0 & T_y(\delta) & 0 \\ \sin\delta & 0 & \cos\delta \end{pmatrix}
\tag{3.214}
$$

$$
\underline{B}_{\phi} = \begin{pmatrix} T_x(\phi) & 0 & 0 \\ 0 & \cos\phi & -\sin\phi \\ 0 & \sin\phi & \cos\phi \end{pmatrix}
\tag{3.215}
$$

Daher wird die Diagonalmatrix $\underline{D}$ zerlegt in zwei Diagonalmatrizen $\underline{D}_s$ und $\underline{D}_a$:

$$
\underline{D} = \underline{D}_s + \underline{D}_a
\tag{3.216}
$$

mit

$$
\begin{aligned}
d_{11} &= d_{11}^{s} + d_{11}^{a} \\
d_{22} &= d_{22}^{s} + d_{22}^{a} \\
d_{33} &= d_{33}^{s} + d_{33}^{a}
\end{aligned}
\tag{3.217}
$$

$\underline{D}_a$ bildet man aus den Hauptdiagonalelementen von $\underline{B}_{\alpha}, \underline{B}_{\delta}$ und $\underline{B}_{\phi}$:

$$
\begin{aligned}
d_{11}^{a} &= \cos\alpha + \cos\delta + T_x(\phi) \\
d_{22}^{a} &= \cos\alpha + T_y(\delta) + \cos\phi \\
d_{33}^{a} &= T_z(\alpha) + \cos\delta + \cos\phi
\end{aligned}
\tag{3.218}
$$

Somit erhalten Sie für $\underline{D}_s$:

$$d_{11}^s = \tilde{a}_{11}^s - d_{11}^a - cos^2\,\Theta - cos^2\,\beta - T_x(\gamma)$$

$$d_{22}^s = \tilde{a}_{22}^s - d_{22}^a - sin^2\,\Theta - T_y(\beta) - cos^2\,\gamma \tag{3.219}$$

$$d_{33}^s = \tilde{a}_{33}^s - d_{33}^a - T_z(\Theta) - sin^2\,\beta - sin^2\,\gamma$$

Für die x, y, z-Komponentenübertragungsfunktionen gilt:

$$T_x(\gamma) = \frac{sin\,\gamma\;cos\,\gamma}{\chi'_{in\,x}\;sin\,\varphi_x} + sin^2\,\gamma$$

$$T_y(\beta) = \frac{sin\,\beta\;cos\,\beta}{\chi'_{in\,y}\;sin\,\varphi_y} + sin^2\,\beta$$

$$T_z(\Theta) = \frac{sin\,\Theta\;cos\,\Theta}{\chi'_{in\,z}\;cos\,\varphi_z} + sin^2\,\Theta$$

$$T_x(\phi) = \frac{sin\,\phi}{\chi'_{in\,x}\;sin\,\varphi_x} + cos\,\phi$$

$$T_y(\delta) = \frac{sin\,\delta}{\chi'_{in\,y}\;sin\,\varphi_y} + cos\,\delta \tag{3.220}$$

$$T_z(\alpha) = \frac{sin\,\alpha}{\chi'_{in\,z}\;cos\,\varphi_z} + cos\,\alpha$$

Die Diagonalmatrix $\underline{D}_s$ lässt sich durch Parallelschaltung von x, y, z-Polarisatoren in Reihenschaltung mit laufzeiterzeugenden und dämpfenden Lichtwellenleitern oder Verstärkern gemäß

$$\underline{D}_s = d_{11}^s \underbrace{\begin{pmatrix}1&0&0\\0&0&0\\0&0&0\end{pmatrix}}_{x-Polarisator} + d_{22}^s \underbrace{\begin{pmatrix}0&0&0\\0&1&0\\0&0&0\end{pmatrix}}_{y-Polarisator} + d_{33}^s \underbrace{\begin{pmatrix}0&0&0\\0&0&0\\0&0&1\end{pmatrix}}_{z-Polarisator} \tag{3.221}$$

(Pfeile unter d_{11}^s, d_{22}^s, d_{33}^s:) laufzeiterzeugende und dämpfende Lichtwellenleiter oder Verstärker

realisieren. Der x-Polarisator entspricht dabei dem H_0-Polarisator. Aus dem H_0-Polarisator können mit entsprechenden Koordinatentransformationen, realisiert durch Spiegel, y- und z-Polarisator wie folgt abgeleitet werden:

- y-Polarisator

$$\underbrace{\begin{pmatrix} 0 & 1 & 0 \\ 1 & 0 & 0 \\ 0 & 0 & -1 \end{pmatrix}}_{Spiegel} \underbrace{\begin{pmatrix} 1 & 0 & 0 \\ 0 & 0 & 0 \\ 0 & 0 & 0 \end{pmatrix}}_{H_0-Polarisator} \underbrace{\begin{pmatrix} 0 & 1 & 0 \\ 1 & 0 & 0 \\ 0 & 0 & -1 \end{pmatrix}}_{Spiegel} = \underbrace{\begin{pmatrix} 0 & 0 & 0 \\ 0 & 1 & 0 \\ 0 & 0 & 0 \end{pmatrix}}_{y-Polarisator} \tag{3.222}$$

- z-Polarisator

$$\underbrace{\begin{pmatrix} 0 & 0 & 1 \\ 0 & -1 & 0 \\ 1 & 0 & 0 \end{pmatrix}}_{Spiegel} \underbrace{\begin{pmatrix} 1 & 0 & 0 \\ 0 & 0 & 0 \\ 0 & 0 & 0 \end{pmatrix}}_{'H_0-Polarisator} \underbrace{\begin{pmatrix} 0 & 0 & 1 \\ 0 & -1 & 0 \\ 1 & 0 & 0 \end{pmatrix}}_{Spiegel} = \underbrace{\begin{pmatrix} 0 & 0 & 0 \\ 0 & 0 & 0 \\ 0 & 0 & 1 \end{pmatrix}}_{z-Polarisator} \tag{3.223}$$

Auf diese Art und Weise ergibt sich das Netzwerk zur Realisierung einer orthogonalen Transformationsmatrix nach Bild 3-3. $\underline{L}_x$, $\underline{L}_y$, $\underline{L}_z$ kennzeichnen darin die erweiterten Jones-Matrizen von x, y, z-Polarisator. Zum Ausgleich der Skalierung

$$S = \frac{1}{\sqrt{9}} = \frac{1}{3}$$

ist am Ausgang ein faseroptischer Verstärker mit der Leistungsverstärkung G = 9 angeordnet. Die Zerlegung der orthogonalen Transformationsmatrix $\underline{A}$ nach Bild 3-3 soll als orthogonale RT-Zerlegung bezeichnet werden. Sie ist für eine vorgegebene Eingangspolarisation $\chi'_{in\,z}$ und dem bekannten Winkel der schrägen Anregung φ_z nach dem angegebenen Verfahren berechenbar.

Im Unterabschnitt 3.6.1.2 ist ein Beispiel zur orthogonalen RT-Zerlegung angegeben. Dabei wurde eine größere Genauigkeit in den beschreibenden Matrizen zugrunde gelegt als zurzeit realisierbar ist.

Die erforderlichen Winkel sind jedoch praxisrelevant bezüglich des jeweils angegebenen Gradmaßes.

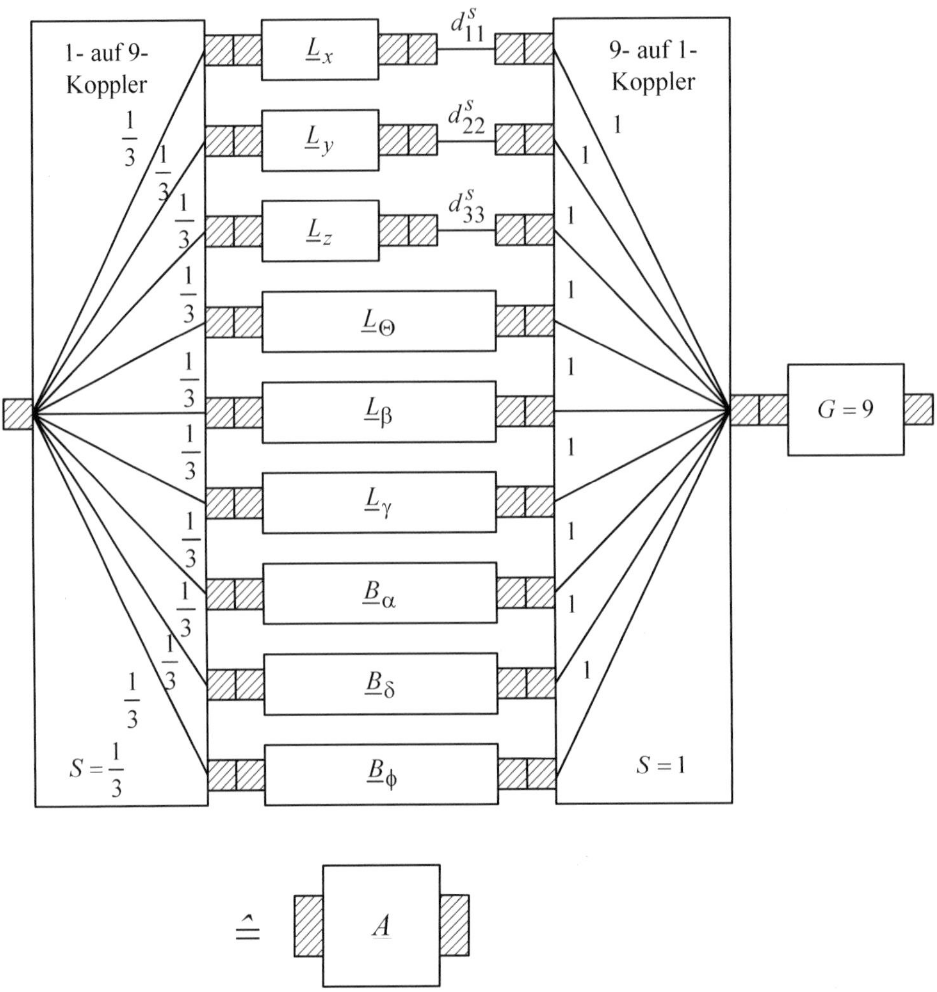

Bild 3-3 RT-Zerlegung einer orthogonalen Transformationsmatrix $\underline{A}$

3.6.1.2 Beispiel zur orthogonalen RT-Zerlegung

Für die orthogonale Matrix

$$\underline{A} = \frac{1}{\sqrt{6}} \begin{pmatrix} \sqrt{2} & 1 & \sqrt{3} \\ \sqrt{2} & -2 & 0 \\ \sqrt{2} & 1 & -\sqrt{3} \end{pmatrix} \tag{3.224}$$

führt man die RT-Zerlegung wie folgt durch:

1. Bildung von $\underline{A}'$:

$$\underline{A}' = \frac{1}{\sqrt{6}} \begin{pmatrix} \sqrt{2} & \sqrt{2} & \sqrt{2} \\ 1 & -2 & 1 \\ \sqrt{3} & 0 & -\sqrt{3} \end{pmatrix} \tag{3.225}$$

2. Bildung des symmetrischen Teils von $\underline{A}$:

$$\underline{A}_s = \frac{\underline{A} + \underline{A}'}{2}$$

$$\underline{A}_s = \begin{pmatrix} 0{,}5774 & 0{,}4928 & 0{,}6422 \\ 0{,}4928 & -0{,}8165 & 0{,}2041 \\ 0{,}6422 & 0{,}2041 & -0{,}7071 \end{pmatrix} \tag{3.226}$$

3. Skalierung des symmetrischen Teils $\underline{A}_s$:

$$\underline{\widetilde{A}}_s = S\, \underline{A}_s = \frac{1}{3} \underline{A}_s$$

$$\underline{\widetilde{A}}_s = \begin{pmatrix} 0{,}1925 & 0{,}1643 & 0{,}2141 \\ 0{,}1643 & -0{,}2722 & 0{,}0680 \\ 0{,}2141 & 0{,}0680 & -0{,}2357 \end{pmatrix} \tag{3.227}$$

4. Bildung des schiefsymmetrischen Teils von $\underline{A}$:

$$\underline{A}_a = \frac{\underline{A} - \underline{A}'}{2}$$

$$\underline{A}_a = \begin{pmatrix} 0 & -0{,}0846 & 0{,}0649 \\ 0{,}0846 & 0 & -0{,}2041 \\ -0{,}0649 & 0{,}2041 & 0 \end{pmatrix} \tag{3.228}$$

5. Skalierung des schiefsymmetrischen Teils $\underline{A}_a$:

$$\underline{\widetilde{A}}_a = S\, \underline{A}_a = \frac{1}{3} \underline{A}_a$$

$$\underline{\widetilde{A}}_a = \begin{pmatrix} 0 & -0{,}0282 & 0{,}0216 \\ 0{,}0282 & 0 & -0{,}0680 \\ -0{,}0216 & 0{,}0680 & 0 \end{pmatrix} \tag{3.229}$$

6. Ermittlung von Θ, β und γ :

$$\Theta = \frac{1}{2}\, arc\, sin \left(2\, \widetilde{a}_{12}^{s}\right) = \frac{1}{2}\, arc\, sin\,(0{,}3286) = 0{,}1674 \mathrel{\hat{=}} 9{,}6^{\circ} \tag{3.230}$$

$$\beta = \frac{1}{2}\, arc\, sin \left(2\, \widetilde{a}_{13}^{s}\right) = \frac{1}{2}\, arc\, sin\,(0{,}4282) = 0{,}2212 \mathrel{\hat{=}} 12{,}7^{\circ} \tag{3.231}$$

$$\gamma = \frac{1}{2}\,arc\,sin\left(2\,\tilde{a}_{23}^{s}\right) = \frac{1}{2}\,arc\,sin\,(0{,}1360) = 0{,}0682 \mathrel{\hat{=}} 3{,}9^{o} \tag{3.232}$$

7. Bestimmung von φ_x und φ_y:

$$\text{Vorgabe:} \quad \varphi_z = 0{,}0873 \mathrel{\hat{=}} 5^{o} \tag{3.233}$$

$$\rightarrow \quad \varphi_x = \frac{\pi}{2} + \varphi_z = 1{,}6580 \mathrel{\hat{=}} 95^{o} \tag{3.234}$$

$$\rightarrow \quad \varphi_y = \frac{\pi}{2} + \varphi_z = 1{,}6580 \mathrel{\hat{=}} 95^{o} \tag{3.235}$$

8. Berechnung von $\chi'_{in\,x}$ und $\chi'_{in\,y}$:

$$\text{Vorgabe:} \quad \chi'_{in\,z} \rightarrow \infty \rightarrow D_{x'} \rightarrow 0 \tag{3.236}$$

$$\chi'_{in\,x} = \frac{D_z\,(z, x=0)}{D_y\,(z, x=0)\,sin\,\varphi_x} \rightarrow \infty \tag{3.237}$$

$$\chi'_{in\,x}\,sin\,\varphi_x \rightarrow \infty \text{ wegen } D_y \rightarrow 0 \tag{3.238}$$

$$\chi'_{in\,y} = \frac{D_z\,(z, y=0)}{D_x\,(z, y=0)\,sin\,\varphi_y} \rightarrow \infty \tag{3.239}$$

$$\chi'_{in\,y}\,sin\,\varphi_y \rightarrow \infty \text{ wegen } D_x \rightarrow 0 \tag{3.240}$$

9. Berechnung von $T_z(\Theta)$, $T_y(\beta)$ und $T_x(\gamma)$:

$$T_z(\Theta) = \frac{sin\,\Theta\,cos\,\Theta}{\chi'_{in\,z}\,cos\,\varphi_z} + sin^2\,\Theta = sin^2\,\Theta = sin^2\,(0{,}1674) = 0{,}0278 \tag{3.241}$$

$$T_y(\beta) = \frac{sin\,\beta\,cos\,\beta}{\chi'_{in\,y}\,sin\,\varphi_y} + sin^2\,\beta = sin^2\,\beta = sin^2\,(0{,}2212) = 0{,}0481 \tag{3.242}$$

$$T_x(\gamma) = \frac{sin\,\gamma\,cos\,\gamma}{\chi'_{in\,x}\,sin\,\varphi_x} + sin^2\,\gamma = sin^2\,\gamma = sin^2\,(0{,}0682) = 0{,}0046 \tag{3.243}$$

10. Angabe von $\underline{L}_\Theta$, $\underline{L}_\beta$ und $\underline{L}_\gamma$:

$$\underline{L}_\Theta = \begin{pmatrix} cos^2\,\Theta & sin\Theta\,cos\Theta & 0 \\ sin\Theta\,cos\Theta & sin^2\,\Theta & 0 \\ 0 & 0 & T_z(\Theta) \end{pmatrix} = \begin{pmatrix} 0{,}9722 & 0{,}1643 & 0 \\ 0{,}1643 & 0{,}0278 & 0 \\ 0 & 0 & 0{,}0278 \end{pmatrix} \tag{3.244}$$

$$\underline{L}_\beta = \begin{pmatrix} cos^2\,\beta & 0 & sin\beta\,cos\beta \\ 0 & T_y(\beta) & 0 \\ sin\beta\,cos\beta & 0 & sin^2\,\beta \end{pmatrix} = \begin{pmatrix} 0{,}9519 & 0 & 0{,}2141 \\ 0 & 0{,}0481 & 0 \\ 0{,}2141 & 0 & 0{,}0481 \end{pmatrix} \tag{3.245}$$

$$\underline{L}_\gamma = \begin{pmatrix} T_x(\gamma) & 0 & 0 \\ 0 & cos^2\gamma & sin\gamma\; cos\gamma \\ 0 & sin\gamma\; cos\gamma & sin^2\gamma \end{pmatrix} = \begin{pmatrix} 0{,}0046 & 0 & 0 \\ 0 & 0{,}9954 & 0{,}0680 \\ 0 & 0{,}0680 & 0{,}0046 \end{pmatrix} \tag{3.246}$$

11. Berechnung von α, δ und ϕ:

$$\alpha = arc\;sin\left(-\tilde{a}^a_{12}\right) = arc\;sin\,(0{,}0282) = 0{,}0282 \mathrel{\hat{=}} 1{,}6^o \tag{3.247}$$

$$\delta = arc\;sin\left(-\tilde{a}^a_{13}\right) = arc\;sin\,(-0{,}0216) = -0{,}0216 \mathrel{\hat{=}} -1{,}2^o \tag{3.248}$$

$$\phi = arc\;sin\left(-\tilde{a}^a_{23}\right) = arc\;sin\,(0{,}0680) = 0{,}0681 \mathrel{\hat{=}} 3{,}9^o \tag{3.249}$$

12. Ermittlung von $T_z(\alpha)$, $T_y(\delta)$ und $T_x(\phi)$:

$$T_z(\alpha) = \frac{sin\;\alpha}{\chi'_{in\,z}\;cos\,\varphi_z} + cos\;\alpha = cos\;\alpha = cos\,(0{,}0282) = 0{,}9996 \tag{3.250}$$

$$T_y(\delta) = \frac{sin\;\delta}{\chi'_{in\,y}\;sin\,\varphi_y} + cos\;\delta = cos\;\delta = cos\,(-0{,}0216) = 0{,}9998 \tag{3.251}$$

$$T_x(\phi) = \frac{sin\;\phi}{\chi'_{in\,x}\;sin\,\varphi_x} + cos\;\phi = cos\;\phi = cos\,(0{,}0681) = 0{,}9977 \tag{3.252}$$

13. Angabe von $\underline{B}_\alpha$, $\underline{B}_\delta$ und $\underline{B}_\phi$:

$$\underline{B}_\alpha = \begin{pmatrix} cos\;\alpha & -sin\;\alpha & 0 \\ sin\,\alpha & cos\,\alpha & 0 \\ 0 & 0 & T_z(\alpha) \end{pmatrix} = \begin{pmatrix} 0{,}9996 & -0{,}0282 & 0 \\ 0{,}0282 & 0{,}9996 & 0 \\ 0 & 0 & 0{,}9996 \end{pmatrix} \tag{3.253}$$

$$\underline{B}_\delta = \begin{pmatrix} cos\;\delta & 0 & -sin\;\delta \\ 0 & T_y(\delta) & 0 \\ sin\;\delta & 0 & cos\;\delta \end{pmatrix} = \begin{pmatrix} 0{,}9998 & 0 & 0{,}0216 \\ 0 & 0{,}9998 & 0 \\ -0{,}0216 & 0 & 0{,}9998 \end{pmatrix} \tag{3.254}$$

$$\underline{B}_\phi = \begin{pmatrix} T_x(\phi) & 0 & 0 \\ 0 & cos\;\phi & -sin\;\phi \\ 0 & sin\;\phi & cos\;\phi \end{pmatrix} = \begin{pmatrix} 0{,}9977 & 0 & 0 \\ 0 & 0{,}9977 & -0{,}0680 \\ 0 & 0{,}0680 & 0{,}9977 \end{pmatrix} \tag{3.255}$$

14. Ermittlung von d^a_{11}, d^a_{22} und d^a_{33}:

$$d^a_{11} = cos\;\alpha + cos\;\delta + T_x(\phi) = 0{,}9996 + 0{,}9998 + 0{,}9977 = 2{,}9971 \tag{3.256}$$

$$d^a_{22} = cos\;\alpha + T_y(\delta) + cos\;\phi = 0{,}9996 + 0{,}9998 + 0{,}9977 = 2{,}9971 \tag{3.257}$$

$$d^a_{33} = T_z(\alpha) + cos\;\delta + cos\;\phi = 0{,}9996 + 0{,}9998 + 0{,}9977 = 2{,}9971 \tag{3.258}$$

15. Ermittlung von d_{11}^s, d_{22}^s und d_{33}^s:

$$\begin{aligned} d_{11}^s &= \tilde{a}_{11}^s - d_{11}^a - cos^2\,\Theta - cos^2\,\beta - T_x(\gamma) \\ &= 0{,}1925 - 2{,}9971 - 0{,}9722 - 0{,}9519 - 0{,}0046 \\ &= -4{,}7333 \end{aligned} \tag{3.259}$$

$$\begin{aligned} d_{22}^s &= \tilde{a}_{22}^s - d_{22}^a - sin^2\,\Theta - T_y(\beta) - cos^2\,\gamma \\ &= -0{,}2722 - 2{,}9971 - 0{,}0278 - 0{,}0481 - 0{,}9954 \\ &= -4{,}3406 \end{aligned} \tag{3.260}$$

$$\begin{aligned} d_{33}^s &= \tilde{a}_{33}^s - d_{33}^a - T_z(\Theta) - sin^2\,\beta - sin^2\,\gamma \\ &= 0{,}2357 - 2{,}9971 - 0{,}0278 - 0{,}0481 - 0{,}0046 \\ &= -3{,}3133 \end{aligned} \tag{3.261}$$

16. Berechnung der Steuerströme für die Faraday-Rotatoren:

Es gilt:

$$\alpha = V\ N\ M\ I_\alpha$$

Vorgaben:

Verdet-Konstante: $V = 1{,}5 \cdot 10^{-4}\ {}^\circ\!/_A$

Windungszahl des LWL: N = 500

Windungszahl des elektrischen Leiters: M = 500

→ Steuerströme I_α, I_δ und I_ϕ:

$$I_\alpha = \frac{\alpha}{V\ N\ M} = \frac{1{,}6^\circ}{1{,}5 \cdot 10^{-4}\ {}^\circ\!/_A \cdot 25 \cdot 10^4} = 42{,}67\ mA \tag{3.262}$$

$$I_\delta = \frac{\delta}{V\ N\ M} = \frac{-1{,}2^\circ}{1{,}5 \cdot 10^{-4}\ {}^\circ\!/_A \cdot 25 \cdot 10^4} = -32\ mA \tag{3.263}$$

$$I_\phi = \frac{\phi}{V\ N\ M} = \frac{3{,}9^\circ}{1{,}5 \cdot 10^{-4}\ {}^\circ\!/_A \cdot 25 \cdot 10^4} = 104\ mA \tag{3.264}$$

17. Berechnung der Laufzeiten τ in den faseroptischen Verstärkern gemäß 15.:

Es gilt:

$$\omega_0\,\tau = (2m+1)\quad \pi = \frac{2\pi}{\lambda_o}\,n_1\,L$$

Vorgaben:

Mittenfrequenz: $\omega_0 = 4\,\pi \cdot 10^{14}\ s^{-1}$

Wellenlänge: $\lambda_0 = 1{,}5\ \mu m$

m: $m = 20 \cdot 10^6$

Kernbrechzahl: $n_1 = 1{,}5$

→ Länge der aktiven Faser:

$$L = \left(m + \frac{1}{2} \right) \frac{\lambda_0}{n_1} = \left(20 \cdot 10^6 + \frac{1}{2} \right) \frac{1{,}5\ \mu m}{1{,}5}$$

$$\underline{\underline{L \approx 20\ m}}$$

→ Laufzeiten:

$$\tau = \tau_{11} = \tau_{22} = \tau_{33} = \frac{(2m+1)\,\pi}{\omega_0} = \frac{\left(40 \cdot 10^6 + 1\right)\pi}{4\,\pi \cdot 10^{14}\, s^{-1}} \tag{3.265}$$

$$\underline{\underline{\tau \approx 100\ ns}}$$

18. Berechnung der Leistungsverstärkungen der faseroptischen Verstärker gemäß 15.:

$$G_{11} = (4{,}7333)^2 = 22{,}4 \tag{3.266}$$

$$G_{22} = (4{,}3406)^2 = 18{,}84 \tag{3.267}$$

$$G_{33} = (3{,}3133)^2 = 10{,}98 \tag{3.268}$$

Damit liegt das optische Netzwerk zur Realisierung der Transformationsmatrix 3.224 nach Bild 3-3 vor.

3.6.2 Unitäre Transformationsmatrix

3.6.2.1 Unitäre RT-Zerlegung

Zur Ermittlung der unitären RT-Zerlegung geht man von einer vorgegebenen unitären Transformationsmatrix $\underline{B}$ aus und bildet die Matrizen

$$\underline{B}_1 = \frac{\underline{B} + \underline{B}'^*}{2} = \underline{B}_{1s} + j\,\underline{B}_{1a} \tag{3.269}$$

$$\underline{B}_2 = \frac{\underline{B} - \underline{B}'^*}{2} = \underline{B}_{2a} + j\,\underline{B}_{2s} \tag{3.270}$$

In 3.269 ist $\underline{B}_{1s}$ eine reelle symmetrische und $\underline{B}_{1a}$ eine reelle schiefsymmetrische Matrix. In 3.270 stellt $\underline{B}_{2a}$ eine reelle schiefsymmetrische und $\underline{B}_{2s}$ eine reelle symmetrische Matrix dar.

Damit folgt die Zerlegung von $\underline{B}$ in der Form

$$\underline{B} = \underline{B}_1 + \underline{B}_2 = \underline{B}_{1s} + \underline{B}_{2a} + j\left(\underline{B}_{1a} + \underline{B}_{2s}\right) \tag{3.271}$$

Wegen der Unitaritätsbedingung für $\underline{B}$ sind die Elemente von $\underline{B}_{1s}$, $\underline{B}_{1a}$ und $\underline{B}_{2s}$ betragsmäßig höchstens gleich 1. Damit kann auf die Summen $\underline{B}_{1s} + \underline{B}_{2a}$ sowie $\underline{B}_{1a} + \underline{B}_{2s}$ jeweils getrennt das Verfahren zur orthogonalen RT-Zerlegung angewandt werden.

Das optische Netzwerk zur Realisierung der unitären RT-Zerlegung ist in Bild 3-4 dargestellt. Es besteht aus einem optischen Koppler als 3 dB-Koppler auf der Eingangsseite, wobei die relevanten Signalübertragungen durch Pfeile im Signalflussgraphen und die Angabe der jeweiligen Übertragungsfunktion $\frac{1}{\sqrt{2}}$ oder $j\frac{1}{\sqrt{2}}$ gekennzeichnet sind. Links unten am 3 dB-Koppler sitzt ein reflexionsfreier Abschluss. An den Ausgangstoren des optischen Kopplers sind die Netzwerke zur orthogonalen RT-Zerlegung von $\underline{B}_{1s} + \underline{B}_{2a}$ und $\underline{B}_{1a} + \underline{B}_{2s}$ entsprechend Bild 3-3 angeschlossen. Mit Hilfe eines 2- auf 1-Kopplers erfolgt ausgangsseitig die Zusammenführung, d. h. Überlagerung der Signale aus den Blöcken $\underline{B}_1 + \underline{B}_{2a}$ und $\underline{B}_{1a} + \underline{B}_{2s}$, bewertet mit Übertragungsfunktionen vom Wert 1. Zum Ausgleich der Leistungsaufteilung von jeweils $\frac{1}{2}$ auf die Ausgangstore des 3 dB-Kopplers wird ausgangsseitig ein faseroptischer Verstärker mit der Leistungsverstärkung G = 2 benötigt.

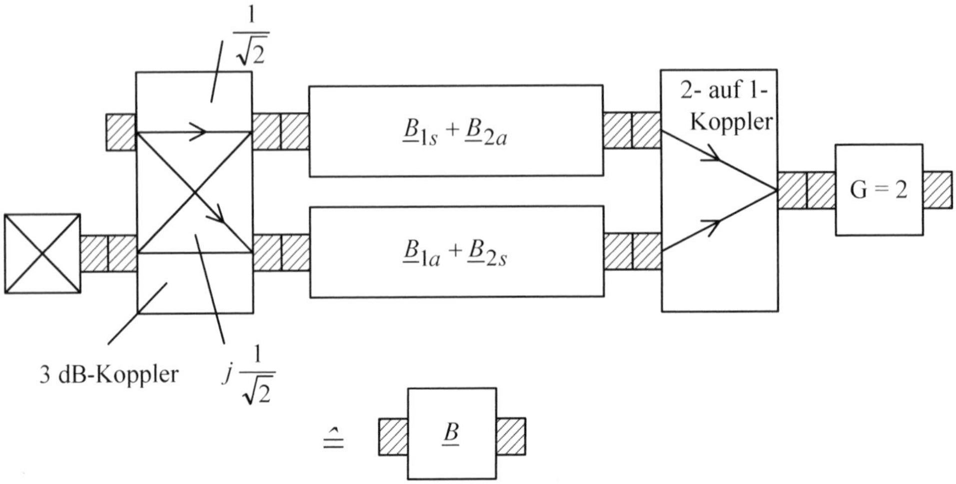

Bild 3-4 RT-Zerlegung einer unitären Transformationsmatrix $\underline{B}$

3.6.2.2 Beispiel zur unitären RT-Zerlegung

Gegeben sei die unitäre Transformationsmatrix

$$\underline{B} = \frac{1}{\sqrt{3}} \begin{pmatrix} 1 & 1 & 1 \\ j & \frac{-\sqrt{3}-j}{2} & \frac{\sqrt{3}-j}{2} \\ -1 & \frac{1+j\sqrt{3}}{2} & \frac{1-j\sqrt{3}}{2} \end{pmatrix} \tag{3.272}$$

Daraus folgt für

$$\underline{B}_1 = \frac{\underline{B} + \underline{B}'^*}{2}$$

$$= \frac{1}{2\sqrt{3}} \left[\begin{pmatrix} 1 & 1 & 1 \\ j & \frac{-\sqrt{3}-j}{2} & \frac{\sqrt{3}-j}{2} \\ -1 & \frac{1+j\sqrt{3}}{2} & \frac{1-j\sqrt{3}}{2} \end{pmatrix} + \begin{pmatrix} 1 & -j & -1 \\ 1 & \frac{-\sqrt{3}+j}{2} & \frac{1-j\sqrt{3}}{2} \\ 1 & \frac{\sqrt{3}+j}{2} & \frac{1+j\sqrt{3}}{2} \end{pmatrix} \right] \tag{3.273}$$

$$= \frac{1}{2\sqrt{3}} \begin{pmatrix} 2 & 1-j & 0 \\ 1+j & -\sqrt{3} & \frac{1+\sqrt{3}-j\left(1+\sqrt{3}\right)}{2} \\ 0 & \frac{1+\sqrt{3}+j\left(1+\sqrt{3}\right)}{2} & 1 \end{pmatrix}.$$

Somit sind

$$\underline{B}_{1s} = \frac{1}{2\sqrt{3}} \begin{pmatrix} 2 & 1 & 0 \\ 1 & -\sqrt{3} & \frac{1+\sqrt{3}}{2} \\ 0 & \frac{1+\sqrt{3}}{2} & 1 \end{pmatrix} \tag{3.274}$$

und

$$\underline{B}_{1a} = \frac{1}{2\sqrt{3}} \begin{pmatrix} 0 & -1 & 0 \\ 1 & 0 & \frac{-\left(1+\sqrt{3}\right)}{2} \\ 0 & \frac{1+\sqrt{3}}{2} & 0 \end{pmatrix} \tag{3.275}$$

Für $\underline{B}_2$ gilt:

$$\underline{B}_2 = \frac{\underline{B} - \underline{B}'^{*}}{2}$$

$$= \frac{1}{2\sqrt{3}} \left[\begin{pmatrix} 1 & 1 & 1 \\ j & \frac{-\sqrt{3}-j}{2} & \frac{\sqrt{3}-j}{2} \\ -1 & \frac{1+j\sqrt{3}}{2} & \frac{1-j\sqrt{3}}{2} \end{pmatrix} - \begin{pmatrix} 1 & -j & -1 \\ 1 & \frac{-\sqrt{3}+j}{2} & \frac{1-j\sqrt{3}}{2} \\ 1 & \frac{\sqrt{3}+j}{2} & \frac{1+j\sqrt{3}}{2} \end{pmatrix} \right] \tag{3.276}$$

$$= \frac{1}{2\sqrt{3}} \begin{pmatrix} 0 & 1+j & 2 \\ -1+j & -j & \frac{\sqrt{3}-1+j\left(\sqrt{3}-1\right)}{2} \\ -2 & \frac{1-\sqrt{3}+j\left(\sqrt{3}-1\right)}{2} & -j\sqrt{3} \end{pmatrix}.$$

Daraus folgen

$$\underline{B}_{2s} = \frac{1}{2\sqrt{3}} \begin{pmatrix} 0 & 1 & 0 \\ 1 & -1 & \frac{\sqrt{3}-1}{2} \\ 0 & \frac{\sqrt{3}-1}{2} & -\sqrt{3} \end{pmatrix} \tag{3.277}$$

und

$$\underline{B}_{2a} = \frac{1}{2\sqrt{3}} \begin{pmatrix} 0 & 1 & 2 \\ -1 & 0 & \frac{\sqrt{3}-1}{2} \\ -2 & \frac{-\left(\sqrt{3}-1\right)}{2} & 0 \end{pmatrix} \tag{3.278}$$

Somit liegen die für die orthogonale RT-Zerlegung benötigten Matrizen $\underline{B}_{1s}$, $\underline{B}_{1a}$, $\underline{B}_{2s}$ und $\underline{B}_{2a}$ nach 3.274, 3.275 und 3.277, 3.278 vor. Die orthogonale RT-Zerlegung von $\underline{B}_{1s} + \underline{B}_{2a}$ und $\underline{B}_{1a} + \underline{B}_{2s}$ wird dem Leser überlassen.

3.7 Erweiterte Fourier-Matrizen

3.7.1 Ableitung der erweiterten Fourier-Matrix

Optische Modulatoren. Die Modulationsoperation linearer optischer Modulatoren beschreibt man gemäß [3.1] durch den Ein- und Ausgangs-Jones-Vektor und eine zeitabhängige Matrizenfunktion $\underline{V}_{erw}(t)$. Dabei enthalten die Jones-Vektoren als elektrische Feldstärken alle drei

Komponenten in einem kartesischen Koordinatensystem, so dass $\underline{V}_{erw}(t)$ eine 3 x 3-Matrix darstellt. Es gilt, bezogen auf die Zeitabhängigkeit:

$$\boxed{\vec{E}_{out}(t) = \underline{V}_{erw}(t) \cdot \vec{E}_{in}(t)} \tag{3.279}$$

Erweiterte Jones-Matrix. Die erweiterte Jones-Matrix $\underline{J}_{erw}(t_2, t_1)$ im Zeitbereich findet man unter Berücksichtigung der Ausblendeigenschaft des Dirac-Impulses $\delta(t)$ und 3.279 aus dem Integral

$$\vec{E}_{out}(t_2) = \int_{-\infty}^{\infty} \underline{V}_{erw}(t_2)\,\delta(t_2 - t_1)\,\vec{E}_{in}(t_1)\,dt_1 \tag{3.280}$$

$$\rightarrow \boxed{\underline{J}_{erw}(t_2, t_1) = \underline{V}_{erw}(t_2)\,\delta(t_2 - t_1)} \tag{3.281}$$

Erweiterte Fourier-Matrizen. Für die Darstellung der Eigenschaften linearer optischer Modulatoren im Frequenzbereich setzen wir $\underline{V}_{erw}(t_2)$ als periodische Matrizenfunktion voraus. Damit ergeben sich folgende Fourier-Matrizenkoeffizienten, die als erweiterte Fourier-Matrizen $\underline{j}_n^{erw}$ bezeichnet werden sollen:

$$\boxed{\underline{j}_n^{erw} = \frac{1}{T}\int_0^T \underline{V}_{erw}(t_2)\,exp(-j\,n\,\omega_m t_2)\,dt_2} \tag{3.282}$$

Die Größe $\omega_m = \dfrac{2\pi}{T}$ ist die konstante Grundkreisfrequenz und T die Periodendauer der periodischen Matrizenfunktion $\underline{V}_{erw}(t_2)$.

Übertragungsgleichung im Frequenzbereich. Für lineare zeitperiodische optische Modulatoren gilt nach [3.1] die Übertragungsgleichung im Frequenzbereich:

$$\boxed{\vec{E}_{out}(j\omega) = \sum_{n=-\infty}^{\infty} \underline{j}_n^{erw}\;\vec{E}_{in}\left[j\,(\omega - n\,\omega_m)\right]} \tag{3.283}$$

Fourier-Reihe. Mit den erweiterten Fourier-Matrizen nach 3.282 ergibt sich die Fourier-Reihe für die erweiterte Jones-Matrix im Zeitbereich:

$$\underline{J}_{erw}(t_2, t_1) = \underbrace{\sum_{n=-\infty}^{\infty} \underline{j}_n^{erw}\,exp(j\,n\,\omega_m t_2)}_{=\underline{V}_{erw}(t_2)}\,\delta(t_2 - t_1) \tag{3.284}$$

3.7.2 Beispiele

3.7.2.1 Amplitudenmodulator

Periodische Matrizenfunktion. Der Amplitudenmodulator lässt sich im Sinne einer worst case-Betrachtung z. B. durch die periodische Matrizenfunktion

$$\underline{V}_{erw}(t) = \frac{\underline{V}_o}{2}\left[1 + cos\left(\omega_m t\right)\right] \tag{3.285}$$

beschreiben. Darin ist $\underline{V}_o$ eine konstante Matrix, die bei alleiniger Modulation des E_o-Modes die Gestalt

$$\underline{V}_o = \begin{pmatrix} 0 & 0 & 0 \\ 0 & 1 & 0 \\ 0 & 0 & 1 \end{pmatrix} \tag{3.286}$$

hat.

Erweiterte Fourier-Matrizen. Die erweiterten Fourier-Matrizen $\underline{j}_n^{erw}$ erhalten Sie aus 3.282.

$$\underline{V}_{erw}(t_2) = \frac{\underline{V}_o}{2}\left\{1 + \frac{exp\left(j\,\omega_m t_2\right) + exp\left(-j\,\omega_m t_2\right)}{2}\right\}$$

$$\begin{aligned}\underline{j}_n^{erw} &= \frac{\underline{V}_o}{2T}\int_0^T exp\left(-j\,n\,\omega_m\,t_2\right)dt_2 \\ &+ \frac{\underline{V}_o}{4T}\int_o^T exp\left[-j\left(n-1\right)\omega_m\,t_2\right]dt_2 \\ &+ \frac{\underline{V}_o}{4T}\int_0^T exp\left[-j\left(n+1\right)\omega_m\,t_2\right]dt_2\end{aligned}$$

$$\underline{j}_n^{erw} = \frac{\underline{V}_o}{2}\left[\delta_{n,0} + \frac{1}{2}\left(\delta_{-n,1} + \delta_{n,1}\right)\right] \tag{3.287}$$

$\delta_{n,k}$ ist das Kroneckersymbol mit

$$\delta_{n,k} = \begin{cases} 1 & n = k \\ 0 & n \neq k \end{cases} \tag{3.288}$$

Übertragungsgleichung im Frequenzbereich. Aus 3.283 ergibt sich

$$\begin{aligned}\vec{E}_{out}(j\,\omega) &= \frac{\underline{V}_o}{4}\,\vec{E}_{in}\left[j\left(\omega + \omega_m\right)\right] + \frac{\underline{V}_o}{2}\,\vec{E}_{in}(j\,\omega) \\ &+ \frac{\underline{V}_o}{4}\,\vec{E}_{in}\left[j\left(\omega - \omega_m\right)\right].\end{aligned} \tag{3.289}$$

Das Spektrum des Jones-Vektors am Ausgang des Amplitudenmodulators setzt sich für die anregende monochromatische Laserdiode aus drei Spektrallinien, herrührend vom Jones-Vektor am Eingang und dessen Verschiebungen um $\pm\omega_m$ zusammen. Das gilt sowohl für die y-Komponente als auch für die z-Komponente des E_o-Modes, wenn 3.286 berücksichtigt wird. Die x-Komponente ist Null.

3.7.2.2 Phasenmodulator

Periodische Matrizenfunktion. Ein Phasenmodulator wird durch die periodische Matrizenfunktion

$$\underline{V}_{erw}(t) = \underline{V}_o \; exp\left[j\,\gamma\, sin\left(\omega_m\, t\right)\right] \tag{3.290}$$

charackterisiert. Darin ist γ eine reelle Konstante, die den Modulationsindex bezeichnet.

Erweiterte Fourier-Matrizen. Die erweiterten Fourier-Matrizen des Phasenmodulators berechnet man mit

$$\underline{j}_n^{erw} = \frac{\underline{V}_o}{T} \int_0^T exp\left\{-j\left[n\,\omega_m\, t_2 - \gamma\, sin\left(\omega_m\, t_2\right)\right]\right\} dt_2 \tag{3.291}$$

Im Integral 3.291 führen wir folgende Substitution durch:

$$\begin{aligned} \Theta &= \omega_m\, t_2 \quad , \quad \Theta_o = 2\,\pi \\ d\,\Theta &= \omega_m\, dt_2 \quad , \quad \Theta_u = 0\,. \end{aligned} \tag{3.292}$$

Einsetzen von 3.292 in 3.291 ergibt

$$\underline{j}_n^{erw} = \underline{V}_o \frac{1}{2\,\pi} \int_0^{2\,\pi} exp\left[-\,j\,n\,\Theta + j\,\gamma\, sin\,\Theta\right] d\,\Theta \tag{3.293}$$

Das Integral in 3.293 kennzeichnet die Integraldarstellung der Bessel-Funktionen $J_n(\gamma)$:

$$J_n(\gamma))\frac{1}{2\,\pi} \int_0^{2\,\pi} exp\left[-\,j\,n\,\Theta + j\,\gamma\, sin\,\Theta\right] d\,\Theta \tag{3.294}$$

Damit erhalten Sie für die erweiterten Fouriermatrizen

$$\underline{j}_n^{erw} = \underline{V}_o\, J_n(\gamma) \tag{3.295}$$

Aus 3.295 folgt, dass das Spektrum des Phasenmodulators wegen der Eigenschaften der Bessel-Funktionen theoretisch unendlich viele nichtverschwindende Spektrallinien enthalten. Praktisch gesehen, berücksichtigt man wegen des Abklingverhaltens des Spektrums zu höheren Frequenzen hin eine endliche Anzahl von Spektrallinien bei entsprechend kalkulierbaren Fehlern.

Übertragungsgleichung im Frequenzbereich. Die Übertragungsgleichung für den Phasenmodulator lautet

$$\vec{E}_{out}(j\,\omega) = \underline{V}_o \sum_{n=-\infty}^{\infty} J_n(\gamma)\, \vec{E}_{in}\left[j\left(\omega - n\,\omega_m\right)\right] \tag{3.296}$$

3.8 *z*-Komponenten-Fourier-Koeffizienten

3.8.1 Ableitung der *z*-Komponenten-Fourier-Koeffizienten

3.8.1.1 Diagonale periodische Matrizenfunktion

Periodische Matrizenfunktion. Zur Ableitung der *z*-Komponenten-Fourier-Koeffizienten (*z*-KFK) setzen wir hier eine diagonale periodische Matrizenfunktion voraus und stellen wie auch schon im Unterabschnit 3.7 die Wirkung der ein- und ausgangsseitigen dielektrischen Grenzschichten bei gleichem vor- und nachgeschaltetem Dielektrikum $\varepsilon_1 = \varepsilon_3$ nicht explizit dar.

Für die diagonale periodische Matrizenfunktion schreiben wir:

$$\underline{V}^d_{erw}(t) = \begin{pmatrix} v^d_{11}(t) & 0 & 0 \\ 0 & v^d_{22}(t) & 0 \\ 0 & 0 & v^d_{33}(t) \end{pmatrix} \tag{3.297}$$

***z*-Komponenten-Fourier-Koeffizienten.** Zunächst ergibt sich aus 3.279 und 3.297 der folgende Zusammenhang für die elektrischen Feldstärken am Ein- und Ausgang des Modulators bezüglich der *z*-Komponenten:

$$E^d_{zout}(t) = v^d_{33}(t)\, E^d_{zin}(t) \tag{3.298}$$

Durch Multiplikation mit der Dielektrizitätskonstanten $\varepsilon_1 = \varepsilon_3$ erhalten Sie:

$$\varepsilon_3\, E^d_{zout}(t) = v^d_{33}(t)\, \varepsilon_1\, E^d_{zin}(t)$$

$$\rightarrow \boxed{D^d_{zout}(t) = v^d_{33}(t)\, D^d_{zin}(t)} \tag{3.299}$$

Gleichung 3.299 beschreibt die Modulation der *z*-Komponente der elektrischen Verschiebungsflussdichte $D^d_{zout}(t)$.

In Analogie zu 3.280 erhalten Sie aus

$$\boxed{D^d_{zout}(t_2) = \int_{-\infty}^{\infty} v^d_{33}(t_2)\, \delta(t_2 - t_1)\, D^d_{zin}(t_1)\, dt_1} \tag{3.300}$$

die so bezeichnete *z*-Komponenten-Impulsfunktion (*z*-KIF):

$$\boxed{T^d_z(t_2, t_1) = v^d_{33}(t_2)\, \delta(t_2 - t_1)} \tag{3.301}$$

Spezialisiert aus 3.282, gilt für die *z*-KFK:

$$\boxed{j^d_{zn} = \frac{1}{T} \int_0^T v^d_{33}(t_2)\, exp(-jn\omega_m\, t_2)\, dt_2} \tag{3.302}$$

Übertragungsgleichung im Frequenzbereich. Die Übertragungsgleichung im Frequenzbereich lautet für die z-Komponenten der elektrischen Verschiebungsflussdichte:

$$D_{zout}^{d}(j\omega) = \sum_{n=-\infty}^{\infty} j_{zn}^{d}\; D_{zin}^{d}\left[j\left(\omega - n\omega_m\right)\right] \tag{3.303}$$

mit j_{zn}^{d} nach 3.302.

3.8.1.2 *Nichtdiagonale periodische Matrizenfunktion*

Periodische Matrizenfunktion. Zur Ableitung der z-KFK wird hier die periodische Matrizenfunktion nach 3.304 vorausgesetzt.

$$\underline{V}_{erw}(t) = \begin{pmatrix} v_{11}(t) & v_{12}(t) & 0 \\ v_{21}(t) & v_{22}(t) & 0 \\ 0 & 0 & v_{33}(t) \end{pmatrix} \tag{3.304}$$

$$\underline{V}(t) = \begin{pmatrix} v_{11}(t) & v_{12}(t) \\ v_{21}(t) & v_{22}(t) \end{pmatrix} \tag{3.305}$$

Die z-KIF lautet dann:

$$T_z(t_2, t_1) = v_{33}(t_2)\,\delta\,(t_2 - t_1) \tag{3.306}$$

Für die Jones-Matrix im Zeitbereich gilt

$$\underline{J}\,(t_2, t_1) = \underline{V}(t_2)\,\delta\,(t_2 - t_1) \tag{3.307}$$

In 3.307 fand 3.305 Berücksichtigung.

z-Komponenten-Fourier-Koeffizienten. Zunächst bildet man mit 3.305 die Fourier-Matrizen der periodischen Matrizenfunktion $\underline{V}(t_2)$:

$$\underline{j}_n = \frac{1}{T}\int_0^T \underline{V}(t_2)\, exp\left(-jn\,\omega_m t_2\right) dt_2 = \begin{pmatrix} j_n^{11} & j_n^{12} \\ j_n^{21} & j_n^{22} \end{pmatrix} \tag{3.308}$$

Die Übertragungsgleichungen im Frequenzbereich lauten:

$$\begin{pmatrix} D_{xout}(j\omega) \\ D_{yout}(j\omega) \end{pmatrix} = \sum_{n=-\infty}^{\infty} \begin{pmatrix} j_n^{11} & j_n^{12} \\ j_n^{21} & j_n^{22} \end{pmatrix} \begin{pmatrix} D_{xin}\left[j\left(\omega - n\omega_m\right)\right] \\ D_{yin}\left[j\left(\omega - n\omega_m\right)\right] \end{pmatrix} \tag{3.309}$$

$$D_{zout}(j\omega) = \sum_{n=-\infty}^{\infty} j_{zn}\; D_{zin}\left[j\left(\omega - n\omega_m\right)\right] \tag{3.310}$$

Mit 3.309 und 3.310 gilt der gleiche Formalismus für die z-KFK wie für die z-KÜF nach Unterabschnitt 3.5.2.3, allerdings für jedes ganzzahlige n. Damit erhalten Sie die z-KFK in der Form

$$j_{zn} = \frac{j_n^{21}}{\chi'_{inn}\cos\varphi_n} + j_n^{22} \tag{3.311}$$

mit

$$\boxed{\chi'_{inn} \cos \varphi_n = \frac{D_{yin}\left[j\left(\omega - n\omega_m\right)\right]}{D_{xin}\left[j\left(\omega - n\omega_m\right)\right]}} \tag{3.312}$$

Fourier-Reihen. Die Fourier-Reihe für die Jones-Matrix im Zeitbereich ist:

$$\boxed{\underline{J}\left(t_2, t_1\right) = \sum_{n=-\infty}^{\infty} \underline{j}_n \, exp\left(jn\omega_m t_2\right) \delta\left(t_2 - t_1\right)} \tag{3.313}$$

Für die Fourier-Reihe der z-KIF ergibt sich:

$$\begin{aligned} T_z\left(t_2, t_1\right) &= \sum_{n=-\infty}^{\infty} j_{zn} \, exp\left(jn\omega_m t_2\right) \delta\left(t_2 - t_1\right) \\ &= \underbrace{\sum_{n=-\infty}^{\infty} \left(\frac{j_n^{21}}{\chi'_{inn} \cos \varphi_n} + j_n^{22}\right) exp\left(jn\omega_m t_2\right)}_{v_{33}\left(t_2\right)} \delta\left(t_2 - t_1\right) \end{aligned} \tag{3.314}$$

Damit gilt für das Element $v_{33}\left(t_2\right)$ von $\underline{V}_{erw}(t)$ nach 3.304 die Fourier-Reihenentwicklung

$$\boxed{v_{33}\left(t_2\right) = \sum_{n=-\infty}^{\infty} \left(\frac{j_n^{21}}{\chi'_{inn} \cos \varphi_n} + j_n^{22}\right) exp\left(jn\omega_m t_2\right)} \tag{3.315}$$

3.8.2 Beispiele

3.8.2.1 Amplitudenmodulator

Bezüglich der z-Komponente der elektrischen Verschiebungsflussdichte untersuchen wir den Amplitudenmodulator nach Unterabschnitt 3.7.2.1.

Mit

$$\underline{V}_o = \begin{pmatrix} 0 & 0 & 0 \\ 0 & 1 & 0 \\ 0 & 0 & 1 \end{pmatrix}$$

ergeben sich aus 3.197 die z-KFK

$$j_{zn} = \frac{1}{2} \delta_{n,o} + \frac{1}{4}\left(\delta_{-n,1} + \delta_{n,1}\right) \tag{3.316}$$

Die z-KIF des Amplitudenmodulators lautet

$$T_z\left(t_2, t_1\right) = v_{33}^d\left(t_2\right) \delta\left(t_2 - t_1\right)$$

mit

$$v_{33}^{d}(t_2)=\sum_{n=-\infty}^{\infty} j_{zn}\, exp\left(jn\,\omega_m\, t_2\right)$$
$$=\frac{1}{2}+\frac{1}{4}\left[exp\left(j\omega_m\, t_2+exp\left(-j\omega_m\, t_2\right)\right)\right]$$
$$=\frac{1}{2}\left[1+cos\;\omega_m\, t_2\right]$$

$$\rightarrow\quad T_z(t_2,t_1)=\frac{\delta\left(t_2-t_1\right)}{2}\left[1+cos\left(\omega_m\, t_2\right)\right] \tag{3.317}$$

Als Übertragungsgleichung im Frequenzbereich gilt:

$$D_{zout}(j\,\omega)=\frac{1}{4}D_{zin}\left[j\left(\omega+\omega_m\right)\right]+\frac{1}{2}D_{zin}\left[j\,\omega\right]+\frac{1}{4}D_{zin}\left[j\left(\omega-\omega_m\right)\right] \tag{3.318}$$

Die Übertragungsgleichung im Zeitbereich lautet

$$D_{zout}(t)=\frac{D_{zin}(t)}{2}\left[1+cos\left(\omega_m t\right)\right] \tag{3.319}$$

3.8.2.2 Phasenmodulator

Für $\underline{V}_o=\begin{pmatrix}0&0&0\\0&1&0\\0&0&1\end{pmatrix}$ untersuchen wir den Phasenmodulator nach Unterabschnitt 3.7.2.2 bezüglich der z-Komponenten der elektrischen Verschiebungsflussdichte.

Die z-KFK lauten mit 3.295:

$$j_{zn}=J_n(\gamma) \tag{3.320}$$

Die z-KIF des Phasenmodulators ist:

$$T_z(t_2,t_1)=v_{33}^{d}(t_2)\,\delta\left(t_2-t_1\right)$$

$$v_{33}^{d}(t_2)=\sum_{n=-\infty}^{\infty} j_{zn}\, exp\left(jn\,\omega_m\, t_2\right)$$
$$=\sum_{n=-\infty}^{\infty} J_n(\gamma)\, exp\left(jn\,\omega_m\, t_2\right)$$
$$=exp\left[j\gamma\; sin\left(\omega_m\, t_2\right)\right]$$

$$\rightarrow\quad T_z(t_2,t_1)=\delta\left(t_2-t_1\right)exp\left[j\gamma\, sin\left(\omega_m\, t_2\right)\right] \tag{3.321}$$

Als Übertragungsgleichung im Frequenzbereich erhalten Sie:

$$D_{zout}(j\,\omega)=\sum_{n=-\infty}^{\infty} J_n(\gamma)\, D_{zin}\left[j\left(\omega-n\,\omega_m\right)\right] \tag{3.322}$$

Als Übertragungsgleichung im Zeitbereich gilt:

$$D_{zout}(t) = exp\left[j\,\gamma\,sin\left(\omega_m t\right)\right] D_{zin}(t) \tag{3.323}$$

3.9 Aufgaben

A 3.1 Leiten Sie aus den Wellengleichungen 3.4 die Differenzialgleichungen für die Jones-Matrix-Elemente $J_{11}^d(z)$, $J_{22}^d(z)$ und $J_{33}^d(z)$ ab.

A 3.2 Ermitteln Sie für eine isotrope $\frac{\lambda}{4}$-Platte mit der erweiterten Jones-Matrix

$$\underline{J}_{erw}^R(L) = \begin{pmatrix} 1 & 0 & 0 \\ 0 & j & 0 \\ 0 & 0 & j \end{pmatrix} \tag{A 3.1}$$

die Dimensionierungsbedingungen unter Berücksichtigung der Modenanregungsbedingungen nach Tabelle 3-1.

A 3.3 Transformieren Sie den symmetrischen Dielektrizitätstensor

$$\underline{\varepsilon} = \frac{\varepsilon_o}{4} \begin{pmatrix} 9 & 1 & 1 \\ 1 & 9 & 1 \\ 1 & 1 & 9 \end{pmatrix} \tag{A 3.2}$$

auf Diagonalform [3.2].

A 3.4 Transformieren Sie den hermiteschen Dielektrizitätstensor

$$\underline{\varepsilon} = \frac{\varepsilon_o}{4} \begin{pmatrix} 9 & 1+j & 1+j \\ 1-j & 9 & 1+j \\ 1-j & 1-j & 9 \end{pmatrix} \tag{A 3.3}$$

auf Diagonalform [3.2].

A 3.5 Bekannt sei die diagonale erweiterte Jones-Matrix für einen anisotropen LWL in der Form

$$\underline{J}_{erw}^d = \begin{pmatrix} J_{11}^d & 0 & 0 \\ 0 & J_{22}^d & 0 \\ 0 & 0 & J_{33}^d \end{pmatrix} \tag{A 3.4}$$

mit den Hauptdiagonalelementen nach Tabelle 3-2. Der anisotrope LWL besitze den hermiteschen Dielektrizitätstensor $\underline{\varepsilon}$ nach 3.79. Unter Nutzung der Ergebnisse von Aufgabe A3.4 ist die erweiterte Jones-Matrix $\underline{J}_{erw}$ für diesen LWL anzugeben.

A 3.6 Beweisen Sie, dass bei unitärem $\underline{J}_{erw}^{d}$ und unitärer Transformationsmatrix $\underline{B}$ auch $\underline{J}_{erw}$ unitär ist, wenn ein hermitescher Dielektrizitätstensor $\underline{\varepsilon}$ zugrunde liegt.

A 3.7 Transformieren Sie den komplexen Dielektrizitätstensor

$$\underline{\varepsilon} = \frac{\varepsilon_o}{4} \begin{pmatrix} 9 - j\,0{,}1 & 1 - j\,0{,}1 & 1 - j\,0{,}1 \\ 1 - j\,0{,}1 & 9 - j\,0{,}1 & 1 - j\,0{,}1 \\ 1 - j\,0{,}1 & 1 - j\,0{,}1 & 9 - j\,0{,}1 \end{pmatrix} \tag{A 3.5}$$

auf die näherungsweise Diagonalform.

3.10 Lösungen zu den Aufgaben

L 3.1

$$\frac{\partial^2 E_x(y,z)}{\partial y^2} + \frac{\partial^2 E_x(y,z)}{\partial z^2} + \frac{\omega^2}{c^2} n_x^2 \, E_x(y,z) = 0 \tag{L 3.1}$$

$$E_x(y,z) = J_{11}^d(z)\, E_x(y,0) \tag{L 3.2}$$

$$\rightarrow \; J_{11}^d(z) \frac{\partial^2 E_x(y,0)}{\partial y^2} + \frac{\partial^2 J_{11}^d(z)}{\partial z^2} E_x(y,0) + \frac{\omega^2}{c^2} n_x^2 \, J_{11}^d(z)\, E_x(y,0) = 0 \tag{L 3.3}$$

$$\frac{\partial^2 E_x(y,0)}{\partial y^2} = -\frac{\omega^2}{c^2} n_1^2 \, sin^2\, \varphi \, E_x(y,0) \tag{L 3.4}$$

$$\rightarrow \left[\frac{\partial^2 J_{11}^d(z)}{\partial z^2} + \frac{\omega^2}{c^2} \left(n_x^2 - n_1^2 \, sin^2\, \varphi \right) J_{11}^d(z) \right] E_x(y,0) = 0 \tag{L 3.5}$$

Für beliebiges $E_x(y,0)$ muss gelten:

$$\frac{\partial^2 J_{11}^d(z)}{\partial z^2} + \frac{\omega^2}{c^2} \left(n_x^2 - n_1^2 \, sin^2\, \varphi \right) J_{11}^d(z) = 0 \tag{L 3.6}$$

$$\frac{n_y^2}{n_z^2} \frac{\partial^2 E_y(y,z)}{\partial y^2} + \frac{\partial^2 E_y(y,z)}{\partial z^2} + \frac{\omega^2}{c^2} n_y^2 \, E_y(y,z) = 0 \tag{L 3.7}$$

$$E_y(y,z) = J_{22}^d(z)\, E_y(y,0) \tag{L 3.8}$$

$$\frac{n_y^2}{n_z^2} J_{22}^d(z) \frac{\partial^2 E_y(y,0)}{\partial y^2} + \frac{\partial^2 J_{22}^d(z)}{\partial z^2} E_y(y,0) + \frac{\omega^2}{c^2} n_y^2 J_{22}^d(z) E_y(y,0) = 0 \tag{L 3.9}$$

$$\frac{\partial^2 E_y(y,0)}{\partial y^2} = -\frac{\omega^2}{c^2} n_1^2 \sin^2 \varphi \, E_y(y,0) \tag{L 3.10}$$

$$\rightarrow \left[\frac{\partial^2 J_{22}^d(z)}{\partial z^2} + \frac{\omega^2}{c^2} n_y^2 \left[1 - \left(\frac{n_1}{n_z}\right)^2 \sin^2 \varphi\right] J_{22}^d(z)\right] E_y(y,0) = 0 \tag{L 3.11}$$

Für beliebiges $E_y(y,0)$ folgt

$$\frac{\partial^2 J_{22}^d(z)}{\partial z^2} + \frac{\omega^2}{c^2} n_y^2 \left[1 - \left(\frac{n_1}{n_z}\right)^2 \sin^2 \varphi\right] J_{22}^d(z) = 0 \tag{L 3.12}$$

$$\frac{\partial^2 E_z(y,z)}{\partial y^2} + \frac{n_z^2}{n_y^2} \frac{\partial^2 E_z(y,z)}{\partial z^2} + \frac{\omega^2}{c^2} n_z^2 \, E_z(y,z) = 0 \tag{L 3.13}$$

$$E_z(y,z) = J_{33}^d(z) \, E_z(y,0) \tag{L 3.14}$$

$$\rightarrow \; J_{33}^d(z) \frac{\partial^2 E_z(y,0)}{\partial y^2} + \frac{n_z^2}{n_y^2} \frac{\partial^2 J_{33}^d(z)}{\partial z^2} E_z(y,0) + \frac{\omega^2}{c^2} n_z^2 \, J_{33}^d(z) \, E_z(y,0) = 0 \tag{L 3.15}$$

$$\frac{\partial^2 E_z(y,0)}{\partial y^2} = -\frac{\omega^2}{c^2} n_1^2 \sin^2 \varphi \, E_z(y,0) \tag{L 3.16}$$

$$\rightarrow \left[\frac{\partial^2 J_{33}^d(z)}{\partial z^2} + \frac{\omega^2}{c^2} n_y^2 \left[1 - \left(\frac{n_1}{n_z}\right)^2 \sin^2 \varphi\right] J_{33}^d(z)\right] E_z(y,0) = 0 \tag{L 3.17}$$

Für beliebiges $E_z(y,0)$ gilt:

$$\frac{\partial^2 J_{33}^d(z)}{\partial z^2} + \frac{\omega^2}{c^2} n_y^2 \left[1 - \left(\frac{n_1}{n_z}\right)^2 \sin^2 \varphi\right] J_{33}^d(z) = 0 \tag{L 3.18}$$

L 3.2

Isotrope $\frac{\lambda}{4}$-Platte:

$$n_1 = n_x = n_y = n_z = n_3$$
$$n_2 = n_{x2} = n_{y2} = n_{z2} \tag{L 3.19}$$

$$J_{11}^R(L) = 1: \qquad \frac{\omega_x}{c} n_1 \cos\varphi_x L = m_x 2\pi; \qquad m_x = 1, 2, 3, \cdots$$
$$J_{22}^R(L) = J_{33}^R(L) = j: \qquad \frac{\omega_y}{c} n_1 \cos\varphi_y L = (2m_y + 1)\frac{\pi}{2}; \qquad m_y = 1, 3, 5, \cdots \tag{L 3.20}$$

$$\omega_x = \frac{\pi c}{4\rho_K \sqrt{\dfrac{n_1^2 - n_2^2}{2}}}$$
$$\omega_y = \frac{\pi c}{4\rho_K n_1^2 \sqrt{\dfrac{n_1^2 - n_2^2}{n_1^4 + n_2^4}}} \tag{L 3.21}$$

$$\cos\varphi_x = \frac{1}{n_1}\sqrt{\frac{n_1^2 + n_2^2}{2}}$$
$$\cos\varphi_y = \sqrt{\frac{n_1^2 n_2^2 + n_2^4}{n_1^4 + n_2^4}} \tag{L 3.22}$$

L 3.21 und L 3.22 eingesetzt in L 3.20:

$$\rightarrow \quad \sqrt{\frac{n_1^2 + n_2^2}{n_1^2 - n_2^2}}\, L = m_x\, 8\rho_K$$
$$\sqrt{\frac{n_1^2 + n_2^2}{n_1^2 - n_2^2}}\, L = (4m_y + 2)\frac{n_1}{n_2}\rho_K \tag{L 3.23}$$

Aus L 3.23 folgt:

$$\frac{n_1}{n_2} = \frac{8m_x}{4m_y + 2} \tag{L 3.24}$$

Beachten Sie: $n_1 > n_2 \quad \rightarrow \quad 8m_x > 4m_y + 2$!

L 3.24 eingesetzt in L 3.23:

$$\rightarrow \quad \frac{L}{\rho_K} = 8m_x \sqrt{\frac{64m_x^2 - (4m_y + 2)^2}{64m_x^2 + (4m_y + 2)^2}} \tag{L 3.25}$$

Differenzbildung der Gleichungen L 3.21 und Einsetzen von L 3.24 ergibt, aufgelöst nach ρ_K :

$$\rho_K = \frac{\pi c}{4 n_1 (\omega_x - \omega_y)} \left[\frac{\sqrt{128}\, m_x}{\sqrt{64\, m_x^2 - (4\, m_y + 2)^2}} - \sqrt{\frac{4096\, m_x^4 + (4\, m_y + 2)^4}{4096\, m_x^4 - 64\, m_x^2 (4\, m_y + 2)^2}} \right] \quad \text{(L 3.26)}$$

Einsetzen von L 3.24 in L 3.22 ergibt:

$$\cos\varphi_x = \frac{1}{\sqrt{128}\, m_x} \sqrt{64\, m_x^2 + (4\, m_y + 2)^2} \quad \text{(L 3.27)}$$

$$\cos\varphi_y = \sqrt{\frac{64\, m_x^2 (4\, m_y + 2)^2 + (4\, m_y + 2)^4}{4096\, m_x^4 + (4\, m_y + 2)^4}}$$

Bei der $\frac{\lambda}{4}$-Platte mit

$$\underline{J}_{erw}^{R}(L) = \begin{pmatrix} 1 & 0 & 0 \\ 0 & -j & 0 \\ 0 & 0 & -j \end{pmatrix} \quad \text{(L 3.28)}$$

ist $m_y = 1, 3, 5, \cdots$ durch $m_y = 0, 2, 4, \cdots$ zu ersetzen.

L 3.3

Die charakteristische Gleichung für einen symmetrischen Dielektrizitätstensor lautet:

$$\begin{aligned} &\lambda^3 - (\varepsilon_{xx} + \varepsilon_{yy} + \varepsilon_{zz})\lambda^2 \\ &+ (\varepsilon_{xx}\varepsilon_{yy} + \varepsilon_{xx}\varepsilon_{zz} + \varepsilon_{yy}\varepsilon_{zz} - \varepsilon_{xy}^2 - \varepsilon_{xz}^2 - \varepsilon_{yz}^2)\lambda \\ &- \varepsilon_{xx}\varepsilon_{yy}\varepsilon_{zz} - 2\, \varepsilon_{xy}\varepsilon_{xz}\varepsilon_{yz} + \varepsilon_{xx}\varepsilon_{yz}^2 + \varepsilon_{yy}\varepsilon_{xz}^2 + \varepsilon_{zz}\varepsilon_{xy}^2 = 0 \end{aligned}$$

Speziell für den Dielektrizitätstensor nach A 3.2 folgt:

$$\lambda^3 - 6{,}75\, \varepsilon_o\, \lambda^2 + 15\, \varepsilon_o^2\, \lambda - 11\, \varepsilon_o^3 = 0$$

Daraus erhält man die Eigenwerte:

$$\lambda_1 = 2{,}75\, \varepsilon_o\,, \quad \lambda_2 = \lambda_3 = 2\, \varepsilon_o\,. \quad \text{(L 3.29)}$$

Die Hauptbrechzahlen sind für ein uniaxiales Medium

$$n_x = 1{,}658\,, \quad n_y = n_z = 1{,}414 \quad \text{(L 3.30)}$$

mit

$$\lambda_1 = \varepsilon_x = n_x^2\, \varepsilon_o\,, \quad \lambda_2 = \lambda_3 = \varepsilon_y = \varepsilon_z = n_y^2\, \varepsilon_o = n_z^2\, \varepsilon_o$$

Die Eigenvektoren ergeben sich aus:

$\lambda_1 = 2{,}75\ \varepsilon_o$:

$$\begin{pmatrix} -2 & 1 & 1 \\ 1 & -2 & 1 \\ 1 & 1 & -2 \end{pmatrix} \begin{pmatrix} x_1 \\ y_1 \\ z_1 \end{pmatrix} = \begin{pmatrix} 0 \\ 0 \\ 0 \end{pmatrix} \to \vec{a}_1 = \begin{pmatrix} x_1 \\ x_1 \\ x_1 \end{pmatrix} \tag{L 3.31}$$

$\lambda_2 = \lambda_3 = 2\ \varepsilon_o$:

$$\begin{pmatrix} 1 & 1 & 1 \\ 1 & 1 & 1 \\ 1 & 1 & 1 \end{pmatrix} \begin{pmatrix} x_{2,3} \\ y_{2,3} \\ z_{2,3} \end{pmatrix} = \begin{pmatrix} 0 \\ 0 \\ 0 \end{pmatrix} \to \vec{a}_{2,3} = \begin{pmatrix} x_{2,3} \\ y_{2,3} \\ -\left(x_{2,3} + y_{2,3}\right) \end{pmatrix}$$

Die Orthogonalisierung ergibt:

$$\vec{a}'_1 \cdot \vec{a}_2 = 0 = x_1 \left[x_2 + y_2 - (x_2 + y_2)\right] \text{ (wahr)}$$

$$\vec{a}'_1 \cdot \vec{a}_3 = 0 = x_1 \left[x_3 + y_3 - (x_3 + y_3)\right] \text{ (wahr)}$$

$$\begin{aligned} \vec{a}'_2 \cdot \vec{a}_3 = 0 &= x_2\ x_3 + (x_2 + y_2)(x_3 + y_3) + y_2\ y_3 \\ &= 2\ x_2\ x_3 + 2\ y_2\ y_3 + x_2\ y_3 + x_3\ y_2 \end{aligned}$$

$x_1 = x_2 = x_3 = 1$:

$$y_2 = -\frac{2 + y_3}{1 + 2\ y_3}$$

$$y_3 = 0 \ \to \ y_2 = -2$$

$$\vec{a}_1 = \begin{pmatrix} 1 \\ 1 \\ 1 \end{pmatrix}, \quad \vec{a}_2 = \begin{pmatrix} 1 \\ -2 \\ 1 \end{pmatrix}, \vec{a}_3 = \begin{pmatrix} 1 \\ 0 \\ -1 \end{pmatrix} \tag{L 3.32}$$

Die orthonormalen Eigenvektoren sind:

$$\vec{n}_1 = \frac{\sqrt{3}}{3} \begin{pmatrix} 1 \\ 1 \\ 1 \end{pmatrix}, \quad \vec{n}_2 = \frac{\sqrt{6}}{6} \begin{pmatrix} 1 \\ -2 \\ 1 \end{pmatrix}, \quad \vec{n}_3 = \frac{\sqrt{2}}{2} \begin{pmatrix} 1 \\ 0 \\ -1 \end{pmatrix} \tag{L 3.34}$$

Aus L 3.34 folgt die orthogonale Transformationsmatrix:

$$\underline{A} = \left(\vec{n}_1\ \vec{n}_2\ \vec{n}_3\right) = \frac{\sqrt{6}}{6} \begin{pmatrix} \sqrt{2} & 1 & \sqrt{3} \\ \sqrt{2} & -2 & 0 \\ \sqrt{2} & 1 & -\sqrt{3} \end{pmatrix} \tag{L 3.35}$$

$$\underline{A}^{-1} = \underline{A}' = \begin{pmatrix} \vec{n}'_1 \\ \vec{n}'_2 \\ \vec{n}'_3 \end{pmatrix} = \frac{\sqrt{6}}{6} \begin{pmatrix} \sqrt{2} & \sqrt{2} & \sqrt{2} \\ 1 & -2 & 1 \\ \sqrt{3} & 0 & -\sqrt{3} \end{pmatrix}$$

Probe: $\underline{\varepsilon}_d = \underline{A}' \, \underline{\varepsilon} \, \underline{A}$

$$\underline{\varepsilon}_d = \frac{\varepsilon_o}{24} \begin{pmatrix} \sqrt{2} & \sqrt{2} & \sqrt{2} \\ 1 & -2 & 1 \\ \sqrt{3} & 0 & -\sqrt{3} \end{pmatrix} \begin{pmatrix} 9 & 1 & 1 \\ 1 & 9 & 1 \\ 1 & 1 & 9 \end{pmatrix} \begin{pmatrix} \sqrt{2} & 1 & \sqrt{3} \\ \sqrt{2} & -2 & 0 \\ \sqrt{2} & 1 & -\sqrt{3} \end{pmatrix}$$

$$= \frac{\varepsilon_o}{24} \begin{pmatrix} 11\sqrt{2} & 11\sqrt{2} & 11\sqrt{2} \\ 8 & -16 & 8 \\ 8\sqrt{3} & 0 & -8\sqrt{3} \end{pmatrix} \begin{pmatrix} \sqrt{2} & 1 & \sqrt{3} \\ \sqrt{2} & -2 & 0 \\ \sqrt{2} & 1 & -\sqrt{3} \end{pmatrix}$$

$$= \frac{\varepsilon_o}{24} \begin{pmatrix} 66 & 0 & 0 \\ 0 & 48 & 0 \\ 0 & 0 & 48 \end{pmatrix} = \varepsilon_o \begin{pmatrix} 2{,}75 & 0 & 0 \\ 0 & 2 & 0 \\ 0 & 0 & 2 \end{pmatrix}.$$

L 3.4

Eigenwerte: Ohne Vorfaktor $\varepsilon_o / 4$:

$$\lambda_1 = 7, \quad \lambda_2 = 10 - \sqrt{3}, \quad \lambda_3 = 10 + \sqrt{3} \tag{L 3.36}$$

Es handelt sich um ein biaxiales Medium.

Eigenvektoren:

$\lambda_1 = 7$:

$$\begin{pmatrix} 2 & 1+j & 1+j \\ 1-j & 2 & 1+j \\ 1-j & 1-j & 2 \end{pmatrix} \begin{pmatrix} x_1 \\ y_2 \\ z_3 \end{pmatrix} = \begin{pmatrix} 0 \\ 0 \\ 0 \end{pmatrix} \quad \rightarrow \quad \vec{b}_1 = \begin{pmatrix} 1 \\ j \\ -1 \end{pmatrix} \tag{L 3.37}$$

$\lambda_2 = 10 - \sqrt{3}$:

$$\begin{pmatrix} -1+\sqrt{3} & 1+j & 1+j \\ 1-j & -1+\sqrt{3} & 1+j \\ 1-j & 1-j & -1+\sqrt{3} \end{pmatrix} \begin{pmatrix} x_2 \\ y_2 \\ z_2 \end{pmatrix} = \begin{pmatrix} 0 \\ 0 \\ 0 \end{pmatrix} \quad \rightarrow \quad \vec{b}_2 = \begin{pmatrix} 1 \\ \dfrac{-\sqrt{3}-j}{2} \\ \dfrac{1+j\sqrt{3}}{2} \end{pmatrix} \tag{L 3.38}$$

$\lambda_3 = 10 + \sqrt{3}$:

$$\begin{pmatrix} -1-\sqrt{3} & 1+j & 1+j \\ 1-j & -1-\sqrt{3} & 1+j \\ 1-j & 1-j & -1-\sqrt{3} \end{pmatrix} \begin{pmatrix} x_3 \\ y_3 \\ z_3 \end{pmatrix} = \begin{pmatrix} 0 \\ 0 \\ 0 \end{pmatrix} \rightarrow \vec{b}_3 = \begin{pmatrix} 1 \\ \frac{\sqrt{3}-j}{2} \\ \frac{1-j\sqrt{3}}{2} \end{pmatrix} \quad \text{(L 3.39)}$$

Unitarisierung der Eigenvektoren:

$$\vec{n}_1 = \frac{1}{\sqrt{3}} \begin{pmatrix} 1 \\ j \\ -1 \end{pmatrix}; \quad \vec{n}_2 = \frac{1}{\sqrt{3}} \begin{pmatrix} 1 \\ \frac{-\sqrt{3}-j}{2} \\ \frac{1+j\sqrt{3}}{2} \end{pmatrix}, \quad \vec{n}_3 = \frac{1}{\sqrt{3}} \begin{pmatrix} 1 \\ \frac{\sqrt{3}-j}{2} \\ \frac{1-j\sqrt{3}}{2} \end{pmatrix} \quad \text{(L 3.40)}$$

Unitäre Transformationsmatrix:

$$\underline{B} = \frac{1}{\sqrt{3}} \begin{pmatrix} 1 & 1 & 1 \\ j & \frac{-\sqrt{3}-j}{2} & \frac{\sqrt{3}-j}{2} \\ -1 & \frac{1+j\sqrt{3}}{2} & \frac{1-j\sqrt{3}}{2} \end{pmatrix}, \quad \text{(L 3.41)}$$

$$\underline{B}^{-1} = \underline{B}^{'*} = \frac{1}{\sqrt{3}} \begin{pmatrix} 1 & -j & -1 \\ 1 & \frac{-\sqrt{3}+j}{2} & \frac{1-j\sqrt{3}}{2} \\ 1 & \frac{\sqrt{3}+j}{2} & \frac{1+j\sqrt{3}}{2} \end{pmatrix} \quad \text{(L 3.42)}$$

Diagonaler Tensor:

$$\underline{\varepsilon}_d = \underline{B}^{'*} \, \underline{\varepsilon} \, \underline{B} = \frac{\varepsilon_o}{4} \begin{pmatrix} \lambda_1 & 0 & 0 \\ 0 & \lambda_2 & 0 \\ 0 & 0 & \lambda_3 \end{pmatrix} \quad \text{(L 3.43)}$$

$$\underline{\varepsilon}_d = \varepsilon_o \begin{pmatrix} n_x^2 & 0 & 0 \\ 0 & n_y^2 & 0 \\ 0 & 0 & n_z^2 \end{pmatrix}$$

mit den Hauptbrechzahlen

$$n_x = 1{,}3229\,, \quad n_y = 1{,}4377\,, \quad n_z = 1{,}7126$$

L 3.5

Mit L 3.41 und L 3.42 sowie Gleichung A 3.4 folgt aus

$$\underline{J}_{erw} = \underline{B}\, \underline{J}^{d}_{erw}\, \underline{B}^{\prime *} \tag{L 3.44}$$

die erweiterte Jones-Matrix

$$\underline{J}_{erw} = \begin{pmatrix} J_{11} & J_{12} & J_{13} \\ J_{21} & J_{22} & J_{23} \\ J_{31} & J_{32} & J_{33} \end{pmatrix}, \tag{L 3.45}$$

wobei

$$\begin{aligned}
J_{11} &= J_{22} = J_{33} = \frac{1}{3}\left(J^d_{11} + J^d_{22} + J^d_{33}\right) \\
J_{12} &= \frac{1}{3}\left(-j\,J^d_{11} - \frac{\sqrt{3}-j}{2}\,J^d_{22} + \frac{\sqrt{3}+j}{2}\,J^d_{33}\right) \\
J_{13} &= \frac{1}{3}\left(-J^d_{11} + \frac{1-j\sqrt{3}}{2}\,J^d_{22} + \frac{1+j\sqrt{3}}{2}\,J^d_{33}\right) \\
J_{21} &= \frac{1}{3}\left(j\,J^d_{11} - \frac{\sqrt{3}+j}{2}\,J^d_{22} + \frac{\sqrt{3}-j}{2}\,J^d_{33}\right) \\
J_{23} &= \frac{1}{3}\left(-j\,J^d_{11} - \frac{\sqrt{3}-j}{2}\,J^d_{22} + \frac{\sqrt{3}+j}{2}\,J^d_{33}\right) \\
J_{31} &= \frac{1}{3}\left(-J^d_{11} + \frac{1+j\sqrt{3}}{2}\,J^d_{22} + \frac{1-j\sqrt{3}}{2}\,J^d_{33}\right) \\
J_{32} &= \frac{1}{3}\left(j\,J^d_{11} - \frac{\sqrt{3}+j}{2}\,J^d_{22} + \frac{\sqrt{3}-j}{2}\,J^d_{33}\right)
\end{aligned} \tag{L 3.46}$$

gilt.

Diskussion:

1. Ist $\underline{J}^d_{erw}$ unitär, so ist wegen $\underline{B}$ unitär für einen hermiteschen Dielektrizitätstensor $\underline{\varepsilon}$ auch $\underline{J}_{erw}$ unitär. Den Beweis dieser Aussage enthält Aufgabe A 3.6.
2. Sind die Hauptdiagonalelemente J^d_{11}, J^d_{22}, J^d_{33} gleich, dann besitzt $\underline{J}_{erw}$ Diagonalform, wovon man sich durch Berechnung von L 3.46 überzeugen mag.

L 3.6

Es soll gelten:

$$\underline{J}_{erw}^{d'*} = \underline{J}_{erw}^{d-1} \tag{L 3.47}$$

$$\underline{B} = \underline{B}^{'*-1}\,, \quad \underline{B}^{'*} = \underline{B}^{-1} \tag{L 3.48}$$

Dann folgt mit dem Ansatz

$$\underline{J}_{erw} = \underline{B}\,\underline{J}_{erw}^{d}\,\underline{B}^{'*} \tag{L 3.49}$$

über

$$\underline{J}_{erw}^{-1} = \underline{B}^{'*-1}\,\underline{J}_{erw}^{d-1}\,\underline{B}^{-1} \tag{L 3.50}$$

auch

$$\underline{J}_{erw}^{-1} = \underline{B}\,\underline{J}_{erw}^{d'*}\,\underline{B}^{'*} = \left(\underline{B}\,\underline{J}_{erw}^{d}\,\underline{B}^{'*}\right)^{'*} = \underline{J}_{erw}^{'*} \tag{L 3.51}$$

L 3.7

Da der Realteil von $\underline{\varepsilon}$ identisch ist mit Gleichung A 3.2, gilt für die Eigenwerte nach L 3.29:

$$\varepsilon_x' = 2{,}75\,\varepsilon_o\,, \quad \varepsilon_y' = \varepsilon_z' = 2\,\varepsilon_o \tag{L 3.52}$$

Die Transformationsmatrix $\underline{A}$ lautet dann gemäß L 3.35:

$$\underline{A} = \frac{1}{\sqrt{6}}\begin{pmatrix} \sqrt{2} & 1 & \sqrt{3} \\ \sqrt{2} & -2 & 0 \\ \sqrt{2} & 1 & -\sqrt{3} \end{pmatrix} \tag{L 3.53}$$

Für die zu $\underline{A}$ transponierte Matrix $\underline{A}'$ gilt:

$$\underline{A}' = \frac{1}{\sqrt{6}}\begin{pmatrix} \sqrt{2} & \sqrt{2} & \sqrt{2} \\ 1 & -2 & 1 \\ \sqrt{3} & 0 & -\sqrt{3} \end{pmatrix} \tag{L 3.54}$$

Der Imaginärteil von $\underline{\varepsilon}$ ist

$$\underline{\varepsilon}'' = 0{,}025\,\varepsilon_o\begin{pmatrix} 1 & 1 & 1 \\ 1 & 1 & 1 \\ 1 & 1 & 1 \end{pmatrix} \tag{L 3.55}$$

Mit L 3.53, L 3.54 und L 3.55 folgt:

$$\Delta\,\varepsilon_x = \vec{n}_1^{\,\prime}\,\underline{\varepsilon}^{\,\prime\prime}\,\vec{n}_1 = \frac{0{,}025}{3}\,\varepsilon_o\,\begin{pmatrix}1 & 1 & 1\end{pmatrix}\begin{pmatrix}1 & 1 & 1\\ 1 & 1 & 1\\ 1 & 1 & 1\end{pmatrix}\begin{pmatrix}1\\ 1\\ 1\end{pmatrix}$$

$$\underline{\underline{\Delta\,\varepsilon_x = 0{,}075\,\varepsilon_o}} \qquad \text{(L 3.56)}$$

$$\Delta\,\varepsilon_y = \vec{n}_2^{\,\prime}\,\underline{\varepsilon}^{\,\prime\prime}\,\vec{n}_2 = \frac{0{,}025}{6}\,\varepsilon_o\,\begin{pmatrix}1 & -2 & 1\end{pmatrix}\begin{pmatrix}1 & 1 & 1\\ 1 & 1 & 1\\ 1 & 1 & 1\end{pmatrix}\begin{pmatrix}1\\ -2\\ 1\end{pmatrix}$$

$$\underline{\underline{\Delta\,\varepsilon_y = 0}} \qquad \text{(L 3.57)}$$

$$\Delta\,\varepsilon_z = \vec{n}_3^{\,\prime}\,\underline{\varepsilon}^{\,\prime\prime}\,\vec{n}_3 = \frac{0{,}025}{2}\,\varepsilon_o\,\begin{pmatrix}1 & 0 & -1\end{pmatrix}\begin{pmatrix}1 & 1 & 1\\ 1 & 1 & 1\\ 1 & 1 & 1\end{pmatrix}\begin{pmatrix}1\\ 0\\ -1\end{pmatrix}$$

$$\underline{\underline{\Delta\,\varepsilon_z = 0}} \qquad \text{(L 3.58)}$$

Damit lautet die näherungsweise Diagonalform

$$\underline{\varepsilon}_d = \varepsilon_o\begin{pmatrix}2{,}75 - j\,0{,}075 & 0 & 0\\ 0 & 2 & 0\\ 0 & 0 & 2\end{pmatrix} \qquad \text{(L 3.59)}$$

3.11 Literatur

[3.1] Thiele, R.: Optische Nachrichtensysteme und Sensornetzwerke. Vieweg Verlag Braunschweig, Wiesbaden 2002

[3.2] Hay, S.: Transformation von Dielektrizitätstensoren auf Diagonalform. Studienarbeit im 6. Semester, Staatliche Studienakademie Bautzen, 2004

[3.3] Huard, S.: Polarization of Light. John Wiley & Sons, Paris 1997

4 Erweiterter Kohärenzmatrizen-Kalkül

4.1 Definition der erweiterten Kohärenzmatrix

Kohärenzmatrix im Zeitbereich. Zur Verallgemeinerung der Ausführungen in [4.1] erfassen wir die statistischen Eigenschaften des Vektors der elektrischen Verschiebungsflussdichte $\vec{D}(t)$ in allen drei Feldkomponenten durch die folgende Definition der erweiterten Kohärenzmatrix $\underline{G}_{erw}(t_1, t_2)$ im Zeitbereich:

$$\boxed{\underline{G}_{erw}(t_1, t_2) = \left\langle \vec{D}(t_1)\, \vec{D}'^*(t_2) \right\rangle}. \tag{4.1}$$

Dabei verstehen wir unter dem rechten Ausdruck den Erwartungswert von $\vec{D}(t_1)\, \vec{D}'^*(t_2)$.

Man erkennt aus

$$\underline{G}'^*_{erw}(t, t) = \left\langle \vec{D}(t)\, \vec{D}'^*(t) \right\rangle = \underline{G}_{erw}(t, t), \tag{4.2}$$

dass $\underline{G}_{erw}(t, t)$ hermitesch ist.

Frequenzdarstellung der Kohärenzmatrix. Die Frequenzdarstellung der erweiterten Kohärenzmatrix wird durch 4.3 definiert.

$$\boxed{\begin{aligned} \underline{G}_{erw}(\omega_1, \omega_2) &= \int_{-\infty}^{\infty} \int_{-\infty}^{\infty} \underline{G}_{erw}(t_1, t_2)\, exp\left[-j\left(\omega_1 t_1 - \omega_2 t_2\right)\right] dt_1\, dt_2 \\ &= \left\langle \vec{D}(j\omega_1)\, \vec{D}'^*(j\omega_2) \right\rangle \end{aligned}} \tag{4.3}$$

Im Falle eines stationären Prozesses hängt $\underline{G}_{erw}(t_1, t_2)$ nur von der Differenz der Zeitpunkte, also von $t_1 - t_2$ ab. Dann folgt aus 4.3:

$$\begin{aligned} \underline{G}_{erw}(\omega_1, \omega_2) &= \int_{-\infty}^{\infty} \int_{-\infty}^{\infty} \underline{R}_{erw}(\tau_1)\, exp\left\{-j\left[\omega_1 \tau_1 + (\omega_1 - \omega_2)\tau_2\right]\right\} d\tau_1\, d\tau_2 \\ &= 2\pi\, \underline{R}_{erw}(\omega_1)\, \delta(\omega_1 - \omega_2) \end{aligned} \tag{4.4}$$

mit $\tau_1 = t_1 - t_2$ und $\tau_2 = t_2$.

Außerdem wurde

$$\boxed{\underline{R}_{erw}(\tau_1) = \underline{G}_{erw}(t_1 - t_2)} \tag{4.5}$$

gesetzt.

Stationarität und Ergodizität. Bei stationären und ergodischen Prozessen kann der Erwartungswert $\left\langle \vec{D}(t_1)\, \vec{D}'^*(t_2) \right\rangle$ der Zufallsgröße $\vec{D}$ durch den zugehörigen Zeitmittelwert einer Realisierungsfunktion, ebenfalls mit $\vec{D}$ bezeichnet, ersetzt werden.

Es gilt

$$\underbrace{\left\langle \vec{D}(t_1)\,\vec{D}'^{*}(t_2)\right\rangle}_{Erwartungswert} = \underbrace{\lim_{T\to\infty} \frac{1}{2T} \int_{-T}^{T} \vec{D}(t_1)\,\vec{D}'^{*}(t_2)\,dt_1}_{Zeitmittelwert} \tag{4.6}$$

Wegen der vorauszusetzenden Stationarität und Ergodizität des Zufallsprozesses folgt mit $\tau_1 = t_1 - t_2$:

$$\boxed{\underline{R}_{erw}(\tau_1) = \left\langle \vec{D}(t_1)\,\vec{D}'^{*}(t_1-\tau_1)\right\rangle = \lim_{T\to\infty} \frac{1}{2T} \int_{-T}^{T} \vec{D}(t_1)\,\vec{D}'^{*}(t_1-\tau_1)\,dt_1} \tag{4.7}$$

Die erweiterte Kohärenzmatrix $\underline{R}_{erw}(\tau_1)$ eines stationären und ergodischen Prozesses hat die Eigenschaft

$$\underline{R}'^{*}_{erw}(\tau_1) = \underline{R}_{erw}(-\tau_1) \tag{4.8}$$

Beweis:

$$\underline{R}'^{*}_{erw}(\tau_1) = \lim_{T\to\infty} \frac{1}{2T} \int_{-T}^{T} \vec{D}(t_1-\tau_1)\,\vec{D}'^{*}(t_1)\,dt_1$$

Substitution: $u_1 = t_1 - \tau_1,\ du_1 = dt_1$

Die Substitution der Integrationsgrenzen kann wegen $T \to \infty$ entfallen.

$$\to \underline{R}'^{*}_{erw}(\tau_1) = \lim_{T\to\infty} \frac{1}{2T} \int_{-T}^{T} \vec{D}(u_1)\,\vec{D}'^{*}(u_1+\tau_1)\,du_1 = \underline{R}_{erw}(-\tau_1)$$

Aus Vorstehendem folgt, dass die erweiterten Kohärenzmatrizen im Zeit- und Frequenzbereich bei stationären ergodischen Prozessen wechselseitige Fourier-Transformierte im Sinne des Wiener-Chintchin-Theorems sind:

$$\begin{aligned} \underline{R}_{erw}(\omega) &= \int_{-\infty}^{\infty} \underline{R}_{erw}(\tau)\,exp\,(-j\,\omega\,\tau)\,d\tau \\ \underline{R}_{erw}(\tau) &= \frac{1}{2\pi} \int_{-\infty}^{\infty} \underline{R}_{erw}(\omega)\,exp\,(j\,\omega\,\tau)\,d\omega\,. \end{aligned} \tag{4.9}$$

Dabei wurden τ_1 und ω_1 durch τ und ω ersetzt.

4.2 Erwartungswert der Intensität

Intensität. Wir kommen nun zur Definition der Intensität eines optischen Signals mit Hilfe der elektrischen Verschiebungsflussdichte. Zunächst schreibt man für den Vektor

$$\vec{D}'(t) = \left(D_x(t), D_y(t), D_z(t)\right) \tag{4.10}$$

Die Intensität $I(t)$ eines optischen Signals wird nach 4.11 definiert.

$$\boxed{I(t) = \vec{D}'^{*}(t)\,\vec{D}(t)} \tag{4.11}$$

Mit 4.10 folgt

$$\begin{aligned} I(t) &= D_x(t)\,D_x^{*}(t) + D_y(t)\,D_y^{*}(t) + D_z(t)\,D_z^{*}(t) \\ &= |D_x(t)|^2 + |D_y(t)|^2 + |D_z(t)|^2 . \end{aligned} \tag{4.12}$$

Erwartungswert der Intensität. Der Erwartungswert der Intensität wird definiert durch

$$\boxed{\langle I(t)\rangle = \left\langle \vec{D}'^{*}(t)\,\vec{D}(t)\right\rangle} \tag{4.13}$$

Mit 4.12 erhalten Sie

$$\langle I(t)\rangle = \left\langle |D_x(t)|^2\right\rangle + \left\langle |D_y(t)|^2\right\rangle + \left\langle |D_z(t)|^2\right\rangle \tag{4.14}$$

Gleichwertig ist die Definition

$$\boxed{\langle I(t)\rangle = sp\left[\underline{G}_{erw}(t,t)\right]} \tag{4.15}$$

Dabei bezeichnet sp die Spur von $\underline{G}_{erw}(t,t)$ als Summe ihrer Hauptdiagonalelemente in Übereinstimmung mit 4.14.

Im stationären ergodischen Fall folgt aus 4.5 und 4.15 mit $\tau = 0$:

$$\boxed{\langle I\rangle = sp\left[\underline{R}_{erw}(\tau = 0)\right]} \tag{4.16}$$

d. h. der Erwartungswert der Intensität $\langle I\rangle$ ist dann zeitunabhängig.

4.3 Leistungsspektrum und Intensität

Für stationäre ergodische Prozesse definieren wir das Leistungsspektrum $S(\omega)$ in der Form

$$\boxed{S(\omega) = sp\left[\underline{R}_{erw}(\omega)\right]} \tag{4.17}$$

Über das Wiener-Chintchin-Theorem 4.9 folgt

$$S(\omega) = \int_{-\infty}^{\infty} sp\left[\underline{R}_{erw}(\tau)\right] exp(-j\,\omega\,\tau)\,d\tau \tag{4.18}$$

Mit 4.16, 4.17 und 4.9 ergibt sich der Zusammenhang

$$\boxed{\langle I\rangle = \frac{1}{2\pi}\int_{-\infty}^{\infty} sp\left[\underline{R}_{erw}(\omega)\right] d\omega = \frac{1}{2\pi}\int_{-\infty}^{\infty} S(\omega)\,d\omega} \tag{4.19}$$

zwischen dem Erwartungswert der Intensität $\langle I\rangle$ und dem Leistungsspektrum $S(\omega)$.

4.4 Erwartungswert der Ausgangsintensität eines linearen zeitinvarianten optischen Systems

Zur Berechnung des Erwartungswertes der Ausgangsintensität $\langle I_{out} \rangle$ setzen wir eine stationäre ergodische optische Quelle mit gegebener erweiterter Kohärenzmatrix $\underline{R}_{in}^{erw}(\omega)$ voraus, die ein lineares zeitinvariantes optisches System mit der 3x3-Transfermatrix $\underline{T}_{erw}(j\omega)$ anregt.

Die erweiterte Kohärenzmatrix auf der Ausgangsseite eines linearen zeitinvarianten optischen Systems ist definiert durch

$$\underline{G}_{out}^{erw}(\omega_1, \omega_2) = \left\langle \vec{D}_{out}(j\omega_1)\, \vec{D}_{out}^{\prime *}(j\omega_2) \right\rangle \tag{4.20}$$

Mit der Übertragungsgleichung des linearen zeitinvarianten optischen Systems

$$\vec{D}_{out}(j\omega) = \underline{T}_{erw}(j\omega)\, \vec{D}_{in}(j\omega) \tag{4.21}$$

ergibt sich aus 4.20:

$$\underline{G}_{out}^{erw}(\omega_1, \omega_2) = \underline{T}_{erw}(j\omega_1) \left\langle \vec{D}_{in}(j\omega_1)\, \vec{D}_{in}^{\prime *}(j\omega_2) \right\rangle \underline{T}_{erw}^{\prime *}(j\omega_2) \tag{4.22}$$

Unter Verwendung der erweiterten Kohärenzmatrix auf der Eingangsseite, definiert durch

$$\underline{G}_{in}^{erw}(\omega_1, \omega_2) = \left\langle \vec{D}_{in}(j\omega_1)\, \vec{D}_{in}^{\prime *}(j\omega_2) \right\rangle , \tag{4.23}$$

wird aus 4.22:

$$\boxed{\underline{G}_{out}^{erw}(\omega_1, \omega_2) = \underline{T}_{erw}(j\omega_1)\, \underline{G}_{in}^{erw}(\omega_1, \omega_2)\, \underline{T}_{erw}^{\prime *}(j\omega_2)} \tag{4.24}$$

Für stationäre ergodische Prozesse gilt mit 4.4:

$$\underline{G}_{in}^{erw}(\omega_1, \omega_2) = 2\pi\, \underline{R}_{in}^{erw}(\omega_1)\, \delta(\omega_1 - \omega_2) \tag{4.25a}$$

$$\underline{G}_{out}^{erw}(\omega_1, \omega_2) = 2\pi\, \underline{R}_{out}^{erw}(\omega_1)\, \delta(\omega_1 - \omega_2) \tag{4.25b}$$

Durch Einsetzen von 4.25a und 4.25b in 4.24 erhalten Sie die verallgemeinerte Wiener-Lee-Beziehung im Frequenzbereich:

$$\boxed{\underline{R}_{out}^{erw}(\omega) = \underline{T}_{erw}(j\omega)\, \underline{R}_{in}^{erw}(\omega)\, \underline{T}_{erw}^{\prime *}(j\omega)} \tag{4.26}$$

Über 4.19 ermittelt man mit 4.26 den Erwartungswert der Ausgangsintensität

$$\boxed{\begin{aligned} \langle I_{out} \rangle &= \frac{1}{2\pi} \int_{-\infty}^{\infty} S_{out}(\omega)\, d\omega \\ \langle I_{out} \rangle &= \frac{1}{2\pi} \int_{-\infty}^{\infty} sp\left[\underline{R}_{out}^{erw}(\omega)\right] d\omega \\ \langle I_{out} \rangle &= \frac{1}{2\pi} \int_{-\infty}^{\infty} sp\left[\underline{T}_{erw}(j\omega)\, \underline{R}_{in}^{erw}(\omega)\, \underline{T}_{erw}^{\prime *}(j\omega)\right] d\omega . \end{aligned}} \tag{4.27}$$

4.5 *z*-Komponenten-Kohärenzfunktion

4.5.1 Diagonale erweiterte Kohärenzmatrix

Diagonale Kohärenzmatrix. Sind die Erwartungswerte sämtlicher Produkte zweier unterschiedlicher Feldkomponenten von $\vec{D}$ gleich Null, dann besitzt die erweiterte Kohärenzmatrix entsprechend 4.28 Diagonalform.

$$\begin{aligned} \underline{G}_{erw}^{d}(t_1,t_2) &= \begin{pmatrix} \left\langle D_x^d(t_1)\,D_x^{*d}(t_2)\right\rangle & 0 & 0 \\ 0 & \left\langle D_y^d(t_1)\,D_y^{*d}(t_2)\right\rangle & 0 \\ 0 & 0 & \left\langle D_z^d(t_1)\,D_z^{*d}(t_2)\right\rangle \end{pmatrix} \\ &= \begin{pmatrix} G_x^d(t_1,t_2) & 0 & 0 \\ 0 & G_y^d(t_1,t_2) & 0 \\ 0 & 0 & G_z^d(t_1,t_2) \end{pmatrix} \end{aligned} \quad (4.28)$$

Eine solche Quelle wird auch als separierbare optische Quelle bezeichnet [4.3]. Aus Beispiel 2.8 in [4.1] erkennt man, dass die Diagonalform von der Polarisation der Lichtwelle einer das optische System anregenden Laserdiode abhängig ist.

***z*-Komponenten-Kohärenzfunktion im Zeitbereich.** Aus 4.28 entnimmt man die so bezeichnete *z*-Komponenten-Kohärenzfunktion (*z*-KKF) $G_z^d(t_1,t_2)$:

$$\boxed{G_z^d(t_1,t_2) = \left\langle D_z^d(t_1)\,D_z^{*d}(t_2)\right\rangle} \quad (4.29)$$

Sie besitzt die Eigenschaft

$$G_z^{*d}(t,t) = \left\langle D_z^{*d}(t)\,D_z^d(t)\right\rangle = G_z^d(t,t) \quad (4.30)$$

Frequenzdarstellung *z*-Komponenten-Kohärenzfunktion. In Analogie zu 4.3 ergibt sich die Frequenzdarstellung der *z*-KKF:

$$\boxed{\begin{aligned} G_z^d(\omega_1,\omega_2) &= \int_{-\infty}^{\infty}\int_{-\infty}^{\infty} G_z^d(t_1,t_2)\,exp\left[-j\left(\omega_1 t_1 - \omega_2 t_2\right)\right] dt_1\, dt_2 \\ &= \left\langle D_z^d(j\omega_1)\,D_z^{*d}(j\omega_2)\right\rangle. \end{aligned}} \quad (4.31)$$

Für stationäre Prozesse gilt

$$\begin{aligned} G_z^d(\omega_1,\omega_2) &= \int_{-\infty}^{\infty}\int_{-\infty}^{\infty} R_z^d(\tau_1)\,exp\left\{-j\left[\omega_1\tau_1 + (\omega_1-\omega_2)\,\tau_2\right]\right\} d\tau_1\, d\tau_2 \\ &= 2\pi\, R_z^d(\omega_1)\,\delta(\omega_1-\omega_2) \end{aligned} \quad (4.32)$$

mit $\tau_1 = t_1 - t_2$ und $\tau_2 = t_2$.

Außerdem wurde

$$\boxed{R_z^d(\tau_1) = G_z^d(t_1 - t_2)} \tag{4.33}$$

gesetzt.

Stationarität und Ergodizität. In Analogie zu 4.6 gilt bei stationären ergodischen Prozessen für die z-KKF:

$$\underbrace{\left\langle D_z^d(t_1)\, D_z^{*d}(t_2)\right\rangle}_{Erwartungswert} = \underbrace{\lim_{T\to\infty} \frac{1}{2T} \int_{-T}^{T} D_z^d(t_1)\, D_z^{*d}(t_2)\, dt_1}_{Zeitmittelwert} \tag{4.34}$$

Mit $\tau_1 = t_1 - t_2$ folgt

$$\boxed{R_z^d(\tau_1) = \left\langle D_z^d(t_1)\, D_z^{*d}(t_1 - \tau_1)\right\rangle = \lim_{T\to\infty} \frac{1}{2T} \int_{-T}^{T} D_z^d(t_1)\, D_z^{*d}(t_1 - \tau_1)\, dt_1} \tag{4.35}$$

Die z-KKF besitzt die Eigenschaft

$$\boxed{R_z^{*d}(\tau_1) = R_z^d(-\tau_1)} \tag{4.36}$$

Im Falle von Stationarität und Ergodizität folgt aus 4.9 die Gültigkeit des Wiener-Chintchin-Theorems für die z-KKF. Sehen Sie dazu 4.37 und 4.38.

$$R_z^d(\omega) = \int_{-\infty}^{\infty} R_z^d(\tau)\, exp(-j\omega\tau)\, d\tau \tag{4.37}$$

$$R_z^d(\tau) = \frac{1}{2\pi} \int_{-\infty}^{\infty} R_z^d(\omega)\, exp(j\omega\tau)\, d\omega \tag{4.38}$$

z-Komponenten-Intensität. Die Intensität der z-Komponente ist gegeben durch

$$\boxed{I_z^d(t) = D_z^d(t)\, D_z^{*d}(t) = \left|D_z^d(t)\right|^2} \tag{4.39}$$

Der Zusammenhang 4.39 wird an späterer Stelle, ebenso wie 4.40, benötigt.

Erwartungswert der z-Komponenten-Intensität. Den Erwartungswert der z-Komponenten-Intensität berechnet man aus

$$\boxed{\left\langle I_z^d(t)\right\rangle = \left\langle \left|D_z^d(t)\right|^2 \right\rangle = G_z^d(t, t)} \tag{4.40}$$

Im stationären ergodischen Fall ist der Erwartungswert der z-Komponenten-Intensität nach 4.41 zeitunabhängig mit $\tau = 0$.

$$\boxed{\left\langle I_z^d \right\rangle = R_z^d(\tau = 0)} \tag{4.41}$$

Gleichung 4.41 folgt aus 4.33 und 4.40.

z-Komponenten-Leistungsspektrum. Für stationäre ergodische Prozesse ist das Leistungsspektrum für die z-Komponente der elektrischen Verschiebungsflussdichte definiert in der Form

$$\boxed{S_z^d(\omega) = R_z^d(\omega)} \tag{4.42}$$

Das heißt, das Leistungsspektrum der z-Komponente stimmt formal mit der z-KKF im Frequenzbereich überein.

Daher gilt folgender Zusammenhang mit dem Erwartungswert der z-Komponenten-Intensität:

$$\boxed{\left\langle I_z^d \right\rangle = \frac{1}{2\pi} \int_{-\infty}^{\infty} S_z^d(\omega)\, d\omega = \frac{1}{2\pi} \int_{-\infty}^{\infty} R_z^d(\omega)\, d\omega} \tag{4.43}$$

Erwartungswert der z-Komponenten-Intensität am Ausgang eines linearen zeitinvarianten optischen Systems. Zur Berechnung der z-Komponenten-Ausgangsintensität bezüglich ihres Erwartungswertes $\left\langle I_{zout} \right\rangle$ setzen wir eine stationäre ergodische optische Quelle mit dem Leistungsspektrum für die z-Komponente $R_{zin}^d(\omega)$ voraus, die ein lineares zeitinvariantes optisches System mit der z-KÜF $T_z^d(j\omega)$ anregt. Des Weiteren nehmen wir die Diagonalform der Jones-Matrix $\underline{J}(j\omega) = \underline{J}^d(j\omega)$ an. Wegen der Diagonalform der erweiterten Kohärenzmatrix $\underline{G}_{erw}^d(t_1, t_2)$ nach 4.28 folgt:

$$G_{zout}^d(\omega_1, \omega_2) = \left\langle D_{zout}^d(j\omega_1)\, D_{zout}^{*d}(j\omega_2) \right\rangle,$$

$$D_{zout}^d(j\omega) = T_z^d(j\omega)\, D_{zin}^d(j\omega)$$

$$\rightarrow\ G_{zout}^d(\omega_1, \omega_2) = T_z^d(j\omega_1) \left\langle D_{zin}^d(j\omega_1)\, D_{zin}^{*d}(j\omega_2) \right\rangle T_z^{*d}(j\omega_2),$$

$$G_{zin}^d(\omega_1, \omega_2) = \left\langle D_{zin}^d(j\omega_1)\, D_{zin}^{*d}(j\omega_2) \right\rangle$$

$$\rightarrow\ \boxed{G_{zout}^d(\omega_1, \omega_2) = T_z^d(j\omega_1)\, G_{zin}^d(\omega_1, \omega_2)\, T_z^{*d}(j\omega_2)}$$

$$G_{zin}^d(\omega_1, \omega_2) = 2\pi\, R_{zin}^d(\omega_1)\, \delta(\omega_1 - \omega_2),$$

$$G_{zout}^d(\omega_1, \omega_2) = 2\pi\, R_{zout}^d(\omega_1)\, \delta(\omega_1 - \omega_2)$$

Somit erhalten Sie 4.44 als Wiener-Lee-Beziehung im Frequenzbereich [4.2]:

$$\boxed{R_{zout}^d(\omega) = \left| T_z^d(j\omega) \right|^2 R_{zin}^d(\omega)} \tag{4.44}$$

Der Erwartungswert der z-Komponenten-Ausgangsintensität ist definiert in der Form

$$\boxed{\left\langle I_{zout}^d \right\rangle = \frac{1}{2\pi} \int_{-\infty}^{\infty} R_{zout}^d(\omega)\, d\omega} \tag{4.45}$$

und ergibt mit 4.44:

$$\boxed{\left\langle I_{zout}^{d}\right\rangle = \frac{1}{2\pi}\int_{-\infty}^{\infty}\left|T_z^d(j\omega)\right|^2\, R_{zin}^{d}(\omega)\, d\omega} \tag{4.46}$$

Dabei ist $\left|T_z^d(j\omega)\right|^2$, z. B. für einen anisotropen LWL nach Tabelle 3.2 und Hauptachsenform eines symmetrischen Dielektrizitätstensors gleich

$$\left|T_z^d(j\omega)\right|^2 = \left|T_{zT}^{ia}\, T_{zT}^{ai}\right|^2, \tag{4.47}$$

wobei für die Transmissionsfaktoren T_{zT}^{ia}, T_{zT}^{ai} von ein- und ausgangsseitiger Grenzschicht 2.128 und 2.169 gelten.

4.5.2 Nichtdiagonale erweiterte Kohärenzmatrix

Nichtdiagonale Kohärenzmatrix. Wir nehmen nun an, dass die erweiterte Kohärenzmatrix die Form

$$\underline{G}_{erw}(t_1, t_2) = \begin{pmatrix} G_{11}(t_1, t_2) & G_{12}(t_1, t_2) & 0 \\ G_{21}(t_1, t_2) & G_{22}(t_1, t_2) & 0 \\ 0 & 0 & 0 \end{pmatrix} \tag{4.48}$$

hat.

Nichtdiagonale Jones-Matrix. Die Jones-Matrix eines zugrunde liegenden linearen zeitinvarianten optischen Systems habe Nichtdiagonalform nach 4.49.

$$\underline{J}(j\omega) = \begin{pmatrix} J_{11}(j\omega) & J_{12}(j\omega) \\ J_{21}(j\omega) & J_{22}(j\omega) \end{pmatrix} \tag{4.49}$$

z-Komponenten-Übertragungsfunktion. Für die z-KÜF gilt dann mit der Jones-Matrix 4.49 die Gestalt

$$T_z(j\omega) = \frac{J_{21}(j\omega)}{\chi'_{in}\, cos\,\varphi} + J_{22}(j\omega) \tag{4.50}$$

z-Komponenten-Kohärenzfunktion. Es soll ein allgemeiner Zusammenhang zwischen der Kohärenzmatrix auf der Ausgangsseite

$$\underline{G}_{out}(\omega_1, \omega_2) = \begin{pmatrix} G_{out}^{11}(\omega_1, \omega_2) & G_{out}^{12}(\omega_1, \omega_2) \\ G_{out}^{21}(\omega_1, \omega_2) & G_{out}^{22}(\omega_1, \omega_2) \end{pmatrix} \tag{4.51}$$

als nichtdiagonaler Teil von $\underline{G}_{out}^{erw}(\omega_1, \omega_2)$ und der z-KKF $G_{zout}(\omega_1, \omega_2)$ abgeleitet werden. Dazu gehen wir von der Definitionsgleichung für $\underline{G}_{out}(\omega_1, \omega_2)$ im Frequenzbereich aus.

Sie lautet

$$\underline{G}_{out}(\omega_1,\omega_2)=\left\langle\begin{pmatrix}D_{xout}(j\,\omega_1)\\ D_{yout}(j\,\omega_1)\end{pmatrix}\left(D^*_{xout}(j\,\omega_2),\,D^*_{yout}(j\,\omega_2)\right)\right\rangle \tag{4.52}$$

Die rechte Seite von 4.52 lässt sich mit Hilfe der Ausgangspolarisation χ'_{out} und dem Winkel φ der schrägen Anregung bei vorausgesetzten gleichen Dielektrizitätskonstanten $\varepsilon_1=\varepsilon_3$ auf der Eingangs- und Ausgangsseite des linearen zeitinvarianten optischen Systems darstellen.

Es gilt

$$\begin{pmatrix}D_{xout}(j\,\omega)\\ D_{yout}(j\,\omega)\end{pmatrix}=\begin{pmatrix}\dfrac{1}{\chi'_{out}\,sin\,\varphi}\\ cot\,\varphi\end{pmatrix}D_{zout}(j\,\omega) \tag{4.53}$$

Damit erhalten Sie die folgende Form für $\underline{G}_{out}(\omega_1,\omega_2)$:

$$\begin{aligned}\underline{G}_{out}(\omega_1,\omega_2)&=\begin{pmatrix}\dfrac{1}{\chi'_{out}\,sin\,\varphi}\\ cot\,\varphi\end{pmatrix}\underbrace{\left\langle D_{zout}(j\,\omega_1)\,D^*_{zout}(j\,\omega_2)\right\rangle}_{=G_{zout}(\omega_1,\,\omega_2)}\left(\frac{1}{\chi'^*_{out}\,sin\,\varphi},\,cot\,\varphi\right)\\ &=\begin{pmatrix}\dfrac{1}{\chi'_{out}\,sin\,\varphi}\\ cot\,\varphi\end{pmatrix}G_{zout}(\omega_1,\omega_2)\left(\frac{1}{\chi'^*_{out}\,sin\,\varphi},\,cot\,\varphi\right).\end{aligned} \tag{4.54}$$

Der Vergleich für das Element $G^{22}_{out}(\omega_1,\omega_2)$ nach 4.51 mit 4.54 liefert:

$$G^{22}_{out}(\omega_1,\omega_2)=G_{zout}(\omega_1,\omega_2)\,cot^2\,\varphi$$

bzw.

$$\boxed{G_{zout}(\omega_1,\omega_2)=G^{22}_{out}(\omega_1,\omega_2)\,tan^2\,\varphi} \tag{4.55}$$

Die z-KKF $G_{zout}(\omega_1,\omega_2)$ ist also durch das Element $G^{22}_{out}(\omega_1,\omega_2)$ aus $\underline{G}_{out}(\omega_1,\omega_2)$ und den Winkel φ der schrägen Anregung vollständig bestimmt.

Gleichung 4.55 stimmt formal mit

$$G_{zout}(\omega_1,\omega_2)=T_z(j\,\omega_1)\,G_{zin}(\omega_1,\omega_2)\,T^*_z(j\,\omega_2) \tag{4.56}$$

überein, wenn $T_z(j\,\omega)$ nach 4.50 Verwendung findet. Das zeigt man wie folgt:

$$\begin{pmatrix}D_{xin}(j\,\omega)\\ D_{yin}(j\,\omega)\end{pmatrix}=\begin{pmatrix}\dfrac{1}{\chi'_{in}\,sin\,\varphi}\\ cot\,\varphi\end{pmatrix}D_{zin}(j\,\omega), \tag{4.57}$$

$$\underline{G}_{out}(\omega_1,\omega_2)=\begin{pmatrix} J_{11}(j\omega_1) & J_{12}(j\omega_1)\\ J_{21}(j\omega_1) & J_{22}(j\omega_1)\end{pmatrix}\cdot$$

$$\cdot\left\langle\begin{pmatrix} D_{xin}(j\omega_1)\\ D_{yin}(j\omega_1)\end{pmatrix}\left(D^*_{xin}(j\omega_2), D^*_{yin}(j\omega_2)\right)\right\rangle\cdot\begin{pmatrix} J^*_{11}(j\omega_2) & J^*_{21}(j\omega_2)\\ J^*_{12}(j\omega_2) & J^*_{22}(j\omega_2)\end{pmatrix} \tag{4.58}$$

Einsetzen von 4.57 in 4.58 liefert

$$\underline{G}_{out}(\omega_1,\omega_2)=\begin{pmatrix} J_{11}(j\omega_1) & J_{12}(j\omega_1)\\ J_{21}(j\omega_1) & J_{22}(j\omega_1)\end{pmatrix}\begin{pmatrix} \dfrac{1}{\chi'_{in}\, sin\,\varphi}\\ cot\,\varphi\end{pmatrix}$$

$$\cdot\underbrace{\left\langle D_{zin}(j\omega_1)\, D^*_{zin}(j\omega_2)\right\rangle}_{=G_{zin}(\omega_1,\omega_2)}\cdot\left(\frac{1}{\chi'^*_{in}\, sin\,\varphi}, cot\,\varphi\right) \tag{4.59}$$

$$\cdot\begin{pmatrix} J^*_{11}(j\omega_2) & J^*_{21}(j\omega_2)\\ J^*_{12}(j\omega_2) & J^*_{22}(j\omega_2)\end{pmatrix}.$$

Für das Element $G^{22}_{out}(\omega_1,\omega_2)$ erhält man aus 4.59 und 4.51:

$$G^{22}_{out}(\omega_1,\omega_2)=\left[\frac{J_{21}(j\omega_1)}{\chi'_{in}\, cos\,\varphi}+J_{22}(j\omega_1)\right]\cdot$$

$$\cdot G_{zin}(\omega_1,\omega_2)\, cot^2\,\varphi\left[\frac{J^*_{21}(j\omega_2)}{\chi'^*_{in}\, cos\,\varphi}+J^*_{22}(j\omega_2)\right] \tag{4.60}$$

$$=T_z(j\omega_1)\, G_{zin}(\omega_1,\omega_2) cot^2\,\varphi\, T^*_z(j\omega_2).$$

Mit 4.56 wird daraus

$$G^{22}_{out}(\omega_1,\omega_2)=G_{zout}(\omega_1,\omega_2)\, cot^2\,\varphi$$

bzw.

$$G_{zout}(\omega_1,\omega_2)=G^{22}_{out}(\omega_1,\omega_2) tan^2\,\varphi \tag{4.61}$$

Bei stationären ergodischen Prozessen gilt mit

$$G^{22}_{out}(\omega_1,\omega_2)=2\pi\, R^{22}_{out}(\omega_1)\,\delta(\omega_1-\omega_2)$$

und

$$G_{zout}(\omega_1,\omega_2)=2\pi\, R_{zout}(\omega_1)\,\delta(\omega_1-\omega_2)$$

der Zusammenhang

$$\boxed{R_{zout}(\omega_1)=R^{22}_{out}(\omega) tan^2\,\varphi} \tag{4.62}$$

Dabei findet man $R_{out}^{22}(\omega)$ in der Kohärenzmatrix $\underline{R}_{out}(\omega)$ für stationäre ergodische Prozesse nach 4.63 wieder.

$$\underline{R}_{out}(\omega) = \begin{bmatrix} R_{out}^{11}(\omega) & R_{out}^{12}(\omega) \\ R_{out}^{21}(\omega) & R_{out}^{22}(\omega) \end{bmatrix} \tag{4.63}$$

$\underline{R}_{out}(\omega)$ ergibt sich aus der verallgemeinerten Wiener-Lee-Beziehung im Frequenzbereich

$$\underline{R}_{out}(\omega) = \underline{J}(j\,\omega)\,\underline{R}_{in}(\omega)\,\underline{J}'^{*}(j\omega) \tag{4.64}$$

mit der Jones-Matrix $\underline{J}(j\omega)$ nach 4.49.

Für $\underline{R}_{in}(\omega)$ gilt dabei die Definition

$$\underline{R}_{in}(\omega) = \left\langle \begin{pmatrix} D_{xin}(j\,\omega) \\ D_{yin}(j\,\omega) \end{pmatrix} \left(D_{xin}^{*}(j\,\omega),\ D_{yin}^{*}(j\,\omega) \right) \right\rangle \tag{4.65}$$

Mit 4.57 ergibt sich aus 4.65:

$$\begin{aligned} \underline{R}_{in}(\omega) &= \begin{pmatrix} \dfrac{1}{\chi'_{in}\, sin\,\varphi} \\ cot\,\varphi \end{pmatrix} \underbrace{\left\langle D_{zin}(j\,\omega)\, D_{zin}^{*}(j\,\omega) \right\rangle}_{=R_{zin}(\omega)} \cdot \left(\frac{1}{\chi_{in}'^{*}\, sin\,\varphi},\ cot\,\varphi \right) \\ &= \begin{pmatrix} \dfrac{1}{\chi'_{in}\, sin\,\varphi} \\ cot\,\varphi \end{pmatrix} R_{zin}(\omega) \left(\frac{1}{\chi'_{in}\, sin\,\varphi},\ cot\,\varphi \right) \end{aligned} \tag{4.66}$$

Die Kohärenzmatrix $\underline{R}_{in}(\omega)$ auf der Eingangsseite eines linearen zeitinvarianten optischen Systems lässt sich also darstellen mit Hilfe der Eingangsspolarisation χ'_{in}, dem Winkel φ der schrägen Anregung und durch die eingangsseitige *z*-KKF $R_{zin}(\omega)$ im Frequenzbereich.

Es bleibt zu bemerken, dass alle Ausführungen im Abschnitt 4 eine konstante Polarisation voraussetzen.

4.6 Transformation der erweiterten Kohärenzmatrix

4.6.1 Transformation auf Diagonalform

4.6.1.1 Erweiterte Kohärenzmatrix bei Laserphasenrauschen

Laserphasenrauschen. Als Beispiel eines stationären ergodischen Zufallsprozesses betrachten wir im Abschnitt 4.6 das Laserphasenrauschen. Die Kohärenzfunktion $G(t_1, t_2)$ und das Leistungsspektrum dieses Zufallsprozesses sind bezüglich ihrer Herleitung Gegenstand der Aufgabe A 4.1.

Im Anhang A4 findet sich eine näherungsweise Beschreibung der Statistik des Laserrauschens.

In Aufgabe A 4.2 werden sowohl die jeweilige Kohärenzmatrix als auch der Erwartungswert der Ausgangsintensität bei paralleler Anregung berechnet. Aufgabe A 4.3 hat die Ermittlung der z-Komponenten-Kohärenzfunktionen und der z-Komponenten-Ausgangsintensität bei schräger Anregung zum Inhalt.

Dazu wurden spezielle Formen der Kohärenzmatrizen vorausgesetzt, die wir nun berechnen.

Erweiterte Kohärenzmatrix. Die eingangsseitige erweiterte Kohärenzmatrix im Zeitbereich lautet bei schräger Anregung

$$\underline{G}_{in}^{erw}(t_1, t_2) = \left\langle \begin{pmatrix} D_{xin}(t_1) \\ D_{yin}(t_1) \\ D_{zin}(t_1) \end{pmatrix} \left(D_{xin}^*(t_2), D_{yin}^*(t_2), D_{zin}^*(t_2) \right) \right\rangle \tag{4.67}$$

mit

$$\begin{aligned} D_{xin}(t) &= \hat{D}_o |e_{x'}| \, exp\left[j\left(\omega_o t - \Phi(t) - \psi_{x'}\right)\right] \\ D_{yin}(t) &= \hat{D}_o |e_{y'}| \cos\varphi \, exp\left[j\left(\omega_o t - \Phi(t) - \psi_{y'}\right)\right] \\ D_{zin}(t) &= \hat{D}_o |e_{y'}| \sin\varphi \, exp\left[j\left(\omega_o t - \Phi(t) - \psi_{y'}\right)\right] \end{aligned} \tag{4.68}$$

Unter Berücksichtigung der Lösung L 4.1 von Aufgabe A 4.1 erhalten wir mit den Abkürzungen

$$\begin{aligned} &\tau = t_1 - t_2, \quad \Delta\Phi = \Phi(t_1) - \Phi(t_2) \\ &|e_x| = |e_{x'}|, \quad |e_y| = |e_{y'}| \cos\varphi \\ &\psi = \psi' = \psi_{y'} - \psi_{x'} = \psi_y - \psi_x \end{aligned} \tag{4.69}$$

durch Einsetzen von 4.68 in 4.67 die folgende Form der erweiterten Kohärenzmatrix $\underline{G}_{in}^{erw}(t_1, t_2) = \underline{R}_{in}^{erw}(\tau)$.

$$\underline{R}_{in}^{erw}(\tau) = \hat{D}_o^2 \, exp\left[j\omega_o\tau - \frac{\Delta\omega|\tau|}{2} \right] \cdot \underbrace{\begin{pmatrix} |e_x|^2 & |e_x||e_y| \, exp(j\psi) & |e_x||e_y| \tan\varphi \, exp(j\psi) \\ |e_x||e_y| \, exp(-j\psi) & |e_y|^2 & |e_y|^2 \tan\varphi \\ |e_x||e_y| \tan\varphi \, exp(-j\psi) & |e_y|^2 \tan\varphi & |e_y|^2 \tan^2\varphi \end{pmatrix}}_{=\underline{R}_{in0}^{erw}} \tag{4.70}$$

Für 4.70 wurde eine konstante Polarisation und ein konstanter Winkel φ der schrägen Anregung vorausgesetzt.

Bei paralleler Anregung ergibt sich aus 4.70 mit $\varphi = 0$ der i. A. nichtverschwindende Teil

$$\underline{R}_{in0} = \begin{pmatrix} |e_x|^2 & |e_x|\,|e_y|\,exp\,(j\psi) \\ |e_x|\,|e_y|\,exp\,(-j\psi) & |e_y|^2 \end{pmatrix} \tag{4.71}$$

in Übereinstimmung mit Gleichung L 4.5. Damit kann die parallele Anregung als Spezialfall der schrägen Anregung aufgefasst werden. Bei den folgenden Transformationen bleibt der Vorfaktor in 4.70 abgesehen von einer eventuellen Fourier-Transformation erhalten, so dass die Betrachtung von $\underline{R}_{in0}^{erw}$ bzw. $\underline{R}_{in0}$ genügt.

Bei vertikaler Polarisation mit $|e_y| = 0$ und $|e_x| = 1$ erhalten Sie aus 4.70:

$$\underline{R}_{in0}^{erw} = \begin{pmatrix} 1 & 0 & 0 \\ 0 & 0 & 0 \\ 0 & 0 & 0 \end{pmatrix} \tag{4.72}$$

Die Diagonalform der erweiterten Kohärenzmatrix wird zwar damit erreicht, es verschwindet jedoch die z-Komponente von $\vec{D}_{in}$ und auch die y-Komponente. Für die später zu diskutierenden Anwendungen der Theorie der schrägen Anregung wird gerade die z-Komponente und für die Übertragung von $\vec{D}_{in}$ auch die y-Komponente nach dem gewählten Koordinatensystem im Bild 2-6 benötigt.

Bei horizontaler Polarisation ergibt sich aus 4.70 mit $|e_{y'}| = 1$, $|e_y| = cos\,\varphi$ und $|e_x| = 0$:

$$\underline{R}_{in0}^{erw} = \begin{pmatrix} 0 & 0 & 0 \\ 0 & cos^2\,\varphi & cos\,\varphi\,sin\,\varphi \\ 0 & cos\,\varphi\,sin\,\varphi & sin^2\,\varphi \end{pmatrix} \tag{4.73}$$

Gemäß 4.73 bleiben Anteile für die Produkte zwischen y- und z-Komponente von $\vec{D}_{in}$ übrig. 4.73 ist genauso wie 4.70 für die Übertragung mit y- und z-Komponente von $\vec{D}_{in}$ brauchbar. Es tritt jedoch keine einfache Diagonalform von $\underline{R}_{in0}^{erw}$ auf, die für eine nichtgekoppelte Beschreibung der Übertragung von y- und z-Komponente sinnvoll wäre. Damit besteht die Aufgabe in der Diagonalisierung von 4.70 bzw. 4.73.

4.6.1.2 Diagonalisierung der erweiterten Kohärenzmatrix

Eigenwerte. Zur Diagonalisierung von

$$\underline{R}_{in0}^{erw} = \begin{pmatrix} |e_x|^2 & |e_x||e_y| exp(j\psi) & |e_x||e_y| tan\varphi\, exp(j\psi) \\ |e_x||e_y| exp(-j\psi) & |e_y|^2 & |e_y|^2 tan\varphi \\ |e_x||e_y| tan\varphi\, exp(-j\psi) & |e_y|^2 tan\varphi & |e_y|^2 tan^2\varphi \end{pmatrix} = \begin{pmatrix} R_{11} & R_{12} & R_{13} \\ R_{12}^* & R_{22} & R_{23} \\ R_{13}^* & R_{23}^* & R_{33} \end{pmatrix} \tag{4.74}$$

ist die Berechnung der Eigenwerte λ aus

$$det\left(\underline{R}_{in0}^{erw} - \lambda\, \underline{E}\right) = 0 \tag{4.75}$$

erforderlich. 4.75 ergibt für die hermitesche Matrix $\underline{R}_{in0}^{erw}$:

$$\lambda^3 + a_2\,\lambda^2 + a_1\,\lambda + a_o = 0 \tag{4.76}$$

Die Koeffizienten der charakterischen Gleichung 4.76 sind dabei gegeben durch

$$\begin{aligned} -a_2 &= R_{11} + R_{22} + R_{33} \\ &= |e_x|^2 + |e_y|^2 + |e_y|^2\, tan^2\varphi \\ &= |e_{x'}|^2 + |e_{y'}|^2 cos^2\varphi + |e_{y'}|^2 sin^2\varphi \\ \underline{\underline{-a_2}} &= |e_{x'}|^2 + |e_{y'}|^2 = \underline{\underline{1}}\,, \\ a_1 &= R_{11}R_{22} + R_{11}R_{33} + R_{22}R_{33} - |R_{12}|^2 - |R_{13}|^2 - |R_{23}|^2 \\ &= |e_x|^2|e_y|^2 + |e_x|^2|e_y|^2 tan^2\varphi + |e_y|^4 tan^2\varphi \\ &\quad - |e_x|^2|e_y|^2 - |e_x|^2|e_y|^2 tan^2\varphi - |e_y|^4 tan^2\varphi \\ \underline{\underline{a_1}} &= \underline{\underline{0}} \\ a_0 &= |R_{23}|^2 R_{11} + |R_{13}|^2 R_{22} + |R_{12}|^2 R_{33} \\ &\quad - R_{11}\, R_{22}\, R_{33} - R_{13}\, R_{12}^*\, R_{23}^* - R_{12}\, R_{23}\, R_{13}^* \\ &= det\, \underline{R}_{in0}^{erw} \\ &= 3|e_x|^2|e_y|^4 tan^2\varphi - 3|e_x|^2|e_y|^4 tan^2\varphi \\ \underline{\underline{a_0}} &= \underline{\underline{0}}\,. \end{aligned} \tag{4.77}$$

Damit erhalten Sie als charakteristische Gleichung

$$\lambda^3 - \lambda^2 = (\lambda - 1)\lambda^2 = 0 \tag{4.78}$$

mit den Eigenwerten

$$\boxed{\lambda_1 = 0\,, \quad \lambda_2 = 0\,, \quad \lambda_3 = 1} \tag{4.79}$$

als Lösungen.

Eigenvektoren. Für $\lambda_{1,2} = 0$ gilt mit

$$Rang\ \underline{R}_{in0}^{erw} = 1 \tag{4.80}$$

und der Polarisationsvariablen

$$\chi_{in} = \frac{|e_y|}{|e_x|} exp\,(-j\psi) \tag{4.81}$$

folgende Bestimmungsgleichung für die zugehörigen Eigenvektoren $\vec{b}_1$ und $\vec{b}_2$:

$$\left(|e_x|^2, |e_x||e_y|\, exp\,(j\psi), |e_x||e_y| tan\varphi\, exp\,(j\psi)\right)\begin{pmatrix} x_{1,2} \\ y_{1,2} \\ z_{1,2} \end{pmatrix} = 0\ ,$$

$$\rightarrow \quad \left(1, \overset{*}{\chi}_{in}, \overset{*}{\chi}_{in}\, tan\varphi\right)\begin{pmatrix} x_{1,2} \\ y_{1,2} \\ z_{1,2} \end{pmatrix} = 0 \tag{4.82}$$

Die Lösung von 4.82 lautet:

$$\rightarrow \quad \vec{b}_1 = \begin{pmatrix} -\overset{*}{\chi}_{in}(y_1 + z_1\, tan\varphi) \\ y_1 \\ z_1 \end{pmatrix}; \quad \vec{b}_2 = \begin{pmatrix} -\overset{*}{\chi}_{in}(y_2 + z_2\, tan\varphi) \\ y_2 \\ z_2 \end{pmatrix} \tag{4.83}$$

Für $\lambda_3 = 1$ ergibt sich mit

$$Rang\left(\underline{R}_{in0}^{erw} - \underline{E}\right) = 2 \tag{4.84}$$

aus

$$\begin{pmatrix} -1 & \dfrac{cos^2\varphi}{\chi_{in}} & \dfrac{sin^2\varphi}{\chi_{in}} \\ 0 & -sin^2\varphi & cos\varphi\, sin\varphi \end{pmatrix}\begin{pmatrix} x_3 \\ y_3 \\ z_3 \end{pmatrix} = \begin{pmatrix} 0 \\ 0 \end{pmatrix} \tag{4.85}$$

der Eigenvektor $\vec{b}_3$ nach 4.86.

$$\vec{b}_3 = y_3 \begin{pmatrix} \frac{1}{\chi_{in}} \\ 1 \\ \tan\varphi \end{pmatrix} \tag{4.86}$$

Unitarisierung der Eigenvektoren. Die Unitarisierung in der Form

$$\begin{aligned} \vec{b}_1^{\prime *}\, \vec{b}_1 = \vec{b}_2^{\prime *}\, \vec{b}_2 = \vec{b}_3^{\prime *}\, \vec{b}_3 = 1 \\ \vec{b}_1^{\prime *}\, \vec{b}_2 = \vec{b}_1^{\prime *}\, \vec{b}_3 = \vec{b}_2^{\prime *}\, \vec{b}_3 = 0 \end{aligned} \tag{4.87}$$

führt auf die unitäre Transformationsmatrix

$$\underline{B}_{in} = \left(\vec{n}_1, \vec{n}_2, \vec{n}_3\right)$$

bzw. auf

$$\underline{B}_{in}^{\prime *} = \begin{pmatrix} \vec{n}_1^{\prime *} \\ \vec{n}_2^{\prime *} \\ \vec{n}_3^{\prime *} \end{pmatrix} \tag{4.88}$$

mit den unitären Eigenvektoren

$$\boxed{\begin{aligned} \vec{n}_1 &= \frac{1}{\sqrt{1+|\chi_{in}|^2}} \begin{pmatrix} -\chi_{in}^* \\ 1 \\ 0 \end{pmatrix} \\ \vec{n}_2 &= \frac{1}{\sqrt{\left[1+|\chi_{in}|^2\right]\left[1+|\chi_{in}|^2\left(1+\tan^2\varphi\right)\right]}} \begin{pmatrix} -\chi_{in}^* \tan\varphi \\ -|\chi_{in}|^2 \tan\varphi \\ 1+|\chi_{in}|^2 \end{pmatrix} \\ \vec{n}_3 &= \frac{|\chi_{in}|}{\sqrt{1+|\chi_{in}|^2\left(1+\tan^2\varphi\right)}} \begin{pmatrix} \frac{1}{\chi_{in}} \\ 1 \\ \tan\varphi \end{pmatrix}. \end{aligned}} \tag{4.89}$$

Diagonalform der erweiterten Kohärenzmatrix. Die Diagonalform der erweiterten Kohärenzmatrix erhalten Sie aus

$$\boxed{\underline{R}_{in}^{derw}(\tau) = \underline{B}_{in}^{\prime *}\, \underline{R}_{in}^{erw}(\tau)\, \underline{B}_{in}} \tag{4.90}$$

bzw. nach Fourier-Transformation von 4.90 in der Form

$$\boxed{\underline{R}_{in}^{derw}(\omega) = \underline{B}_{in}^{'*}\ \underline{R}_{in}^{erw}(\omega)\ \underline{B}_{in}} \tag{4.91}$$

Damit gilt

$$\underline{R}_{in}^{derw}(\tau) = \hat{D}_o^2\ exp\left[\ j\,\omega_o\tau - \frac{\Delta\,\omega|\,\tau|}{2}\right]\begin{pmatrix} 0 & 0 & 0 \\ 0 & 0 & 0 \\ 0 & 0 & 1 \end{pmatrix} \tag{4.92}$$

und

$$\underline{R}_{in}^{derw}(\omega) = \frac{4}{\Delta\,\omega}\cdot\frac{D_o}{1+\left(\dfrac{\omega-\omega_o}{\Delta\,\omega/2}\right)^2}\begin{pmatrix} 0 & 0 & 0 \\ 0 & 0 & 0 \\ 0 & 0 & 1 \end{pmatrix} \tag{4.93}$$

Spezialfall der Transformationsmatrix. Die unitären Eigenvektoren 4.89 werden nun für den Fall einer horizontalen Eingangspolarisation mit $\chi_{in} \to -\infty$ nach 4.81 spezialisiert.

Es gilt dann

$$\vec{n}_1 = \begin{pmatrix} 1 \\ 0 \\ 0 \end{pmatrix},\quad \vec{n}_2 = \begin{pmatrix} 0 \\ -\sin\varphi \\ \cos\varphi \end{pmatrix},\quad \vec{n}_3 = \begin{pmatrix} 0 \\ \cos\varphi \\ \sin\varphi \end{pmatrix} \tag{4.94}$$

Für die Transformationsmatrix $\underline{B}_{in}$ ergibt sich mit 4.94 u.a. Orthogonalität und Symmetrie:

$$\underline{B}_{in} = \begin{pmatrix} 1 & 0 & 0 \\ 0 & -\sin\varphi & \cos\varphi \\ 0 & \cos\varphi & \sin\varphi \end{pmatrix} = \underline{B}_{in}^{'} \tag{4.95}$$

Zwischen dem diagonalisiertem Verschiebungsflussdichte-Vektor $\vec{D}_{in}^{d}(j\omega)$ und dem ursprünglichem Vektor $\vec{D}_{in}(j\omega)$ gilt die Beziehung

$$\vec{D}_{in}^{d}(j\omega) = \underline{B}_{in}^{'}\ \vec{D}_{in}(j\omega) \tag{4.96}$$

Mit

$$\vec{D}_{in}^{'d}(j\omega) = \left(D_{xin}^{d}(j\omega),\ D_{yin}^{d}(j\omega),\ D_{zin}^{d}(j\omega)\right) \tag{4.97}$$

und

$$\vec{D}_{in}^{'}(j\omega) = \left(0,\ D_{yin}(j\omega),\ D_{zin}(j\omega)\right) \tag{4.98}$$

folgt bei horizontaler Eingangspolarisation aus 4.95 und 4.96 unter Verwendung von

$$D_{yin}(j\omega) = D_{zin}(j\omega)\cot\varphi \tag{4.99}$$

der Zusammenhang

$$\begin{pmatrix} D^d_{xin}(j\omega) \\ D^d_{yin}(j\omega) \\ D^d_{zin}(j\omega) \end{pmatrix} = \begin{pmatrix} 0 \\ 0 \\ \dfrac{D_{zin}(j\omega)}{sin\,\varphi} \end{pmatrix}, \tag{4.100}$$

d. h. die einzige verbleibende Komponente $D^d_{zin}(j\omega)$ ist gemäß

$$D_{zin}(j\omega) = D^d_{zin}(j\omega)\, sin\,\varphi \tag{4.101}$$

schräg zu $D_{zin}(j\omega)$ angeordnet. Setzt man 4.101 in 4.99 ein, so folgt weiterhin

$$D_{yin}(j\omega) = D^d_{zin}(j\omega)\, cos\,\varphi \tag{4.102}$$

Damit stimmt $D^d_{zin}(j\omega)$ formal mit $D_{y'in}(j\omega)$ der anregenden Laserdiode überein.

Hat man nur den eben dargestellten Spezialfall der Transformationsmatrix $\underline{B}_{in}$ im Blickfeld, so ist die Realisierung der Transformation der erweiterten Kohärenzmatrix auf Diagonalform schon durch schräge Anregung des optischen Netzwerkes unter dem Winkel φ gegeben. Die Systemberechnung erfolgt dann mit

$$R_{zin}(\tau) = \hat{D}_o^2\, exp\left[j\,\omega_o \tau - \frac{\Delta\,\omega|\tau|}{2} \right] sin^2\,\varphi \tag{4.103}$$

bzw.

$$R_{zin}(\omega) = \frac{4}{\Delta\,\omega} \cdot \frac{\hat{D}_o^2\, sin^2\,\varphi}{1 + \left(\dfrac{\omega - \omega_o}{\Delta\,\omega / 2} \right)^2} \tag{4.104}$$

als Eingangssignal. Die Gleichungen 4.103 und 4.104 stimmen für $\left| e_y \right|^2 = cos^2\,\varphi$ formal mit den Gleichungen L 4.14 und L 4.15 überein.

4.6.1.3 Realisierung der Transformation auf Diagonalform

Nichtdiagonalform. Ausgangspunkt zu allgemeingültigen Realisierungen der Transformation auf Diagonalform ist die Nichtdiagonalform der verallgemeinerten Wiener-Lee-Beziehung im Frequenzbereich 4.26:

$$\underline{R}^{erw}_{out}(\omega) = \underline{T}_{erw}(j\omega)\, \underline{R}^{erw}_{in}(\omega)\, \underline{T}'^{*}_{erw}(j\omega)$$

Dafür gilt Bild 4-1.

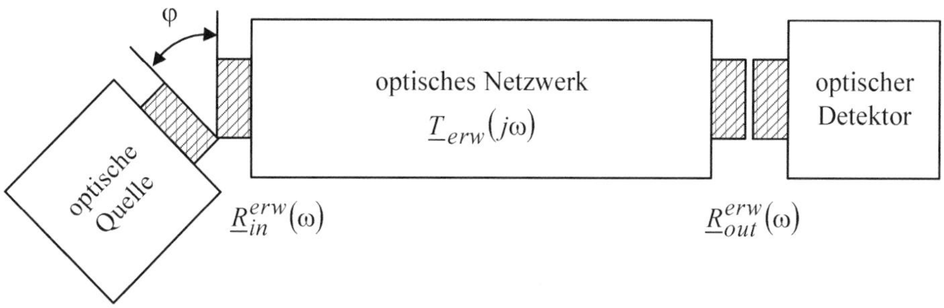

Bild 4-1 Zur Nichtdiagonalform der verallgemeinerten Wiener-Lee-Beziehung im Frequenzbereich

Eingangsseitige Diagonalisierung der erweiterten Kohärenzmatrix. Wir wollen nun die vollständige Diagonalform der verallgemeinerten Wiener-Lee-Beziehung 4.26 im Frequenzbereich angeben. Bild 4-2 zeigt dazu das gegenüber Bild 4-1 modifizierte optische Netzwerk durch Einfügen von Transformationsnetzwerken zur Realisierung der Diagonalform von $\underline{T}_{erw}(j\omega)$ und $\underline{R}_{in}^{erw}(\omega)$.

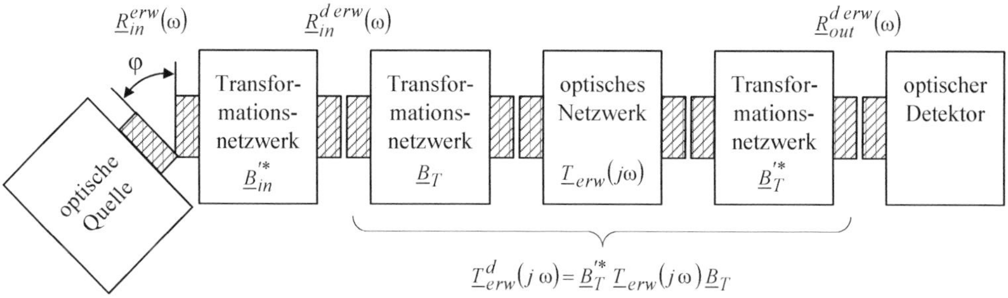

Bild 4-2 Zur Diagonalform der verallgemeinerten Wiener-Lee-Beziehung im Frequenzbereich mit eingangsseitiger Diagonalisierung der erweiterten Kohärenzmatrix

Aus Bild 4-2 folgt mit

$$\underline{R}_{in}^{derw}(\omega)=\underline{B}_{in}^{'*}\,\underline{R}_{in}^{erw}(\omega)\,\underline{B}_{in} \tag{4.105}$$

und

$$\underline{T}_{erw}^{d}(j\,\omega)=\underline{B}_{T}^{'*}\,\underline{T}_{erw}(j\,\omega)\,\underline{B}_{T} \tag{4.106}$$

die Diagonalform der verallgemeinerten Wiener-Lee-Beziehung im Frequenzbereich nach 4.107.

$$\boxed{\underline{R}_{out}^{derw}(\omega)=\underline{T}_{erw}^{d}(j\,\omega)\,\underline{R}_{in}^{derw}(\omega)\,\underline{T}_{erw}^{'*d}(j\omega)} \tag{4.107}$$

Dabei können die unitären Transformationsmatrizen $\underline{B}_T$ und $\underline{B}_{in}^{'*}$ zu einer neuen Matrix $\underline{\widetilde{B}}_{in}$ in der Form

$$\underline{\widetilde{B}}_{in} = \underline{B}_T \, \underline{B}_{in}^{'*} \tag{4.108}$$

zusammengefasst werden. $\underline{\widetilde{B}}_{in}$ lässt sich, genauso wie $\underline{B}_T^{'*}$, durch die schon beschriebene unitäre RT-Zerlegung realisieren. Die Matrix $\underline{\widetilde{B}}_{in}$ nach 4.108 ist unitär, den mit

$$\underline{B}_T^{-1} = \underline{B}_T^{'*}, \quad \underline{B}_{in} = \underline{B}_{in}^{'*-1}$$

gilt über

$$\underline{\widetilde{B}}_{in}^{'*} = \underline{B}_{in} \, \underline{B}_T^{'*}$$

die Aussage

$$\underline{\widetilde{B}}_{in}^{-1} = \underline{B}_{in}^{'*-1} \, \underline{B}_T^{-1} = \underline{B}_{in} \, \underline{B}_T^{'*} = \underline{\widetilde{B}}_{in}^{'*}$$

als Kriterium für unitäre Matrizen. Die Voraussetzungen für die Unitarität von $\underline{\widetilde{B}}_{in}$ sind:

- Dem optischen Netzwerk liegt ein hermitescher oder als Spezialfall symmetrischer Dielektrizitätstensor zugrunde.
- Die eingangsseitige Kohärenzmatrix ist bezüglich $\underline{R}_{in0}^{erw}$ hermitesch oder als Spezialfall symmetrisch.

Ausgangsseitige Diagonalisierung der erweiterten Kohärenzmatrix. Das gegenüber Bild 4-1 modifizierte optische Netzwerk mit ausgangsseitiger Diagonalisierung der erweiterten Kohärenzmatrix zeigt Bild 4-3.

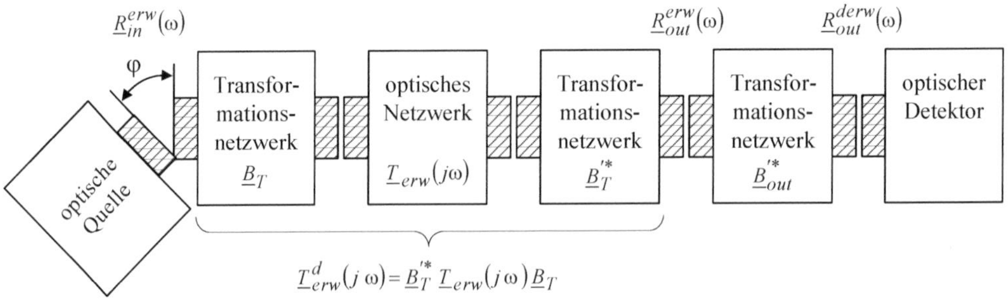

Bild 4-3 Zur Diagonalform der verallgemeinerten Wiener-Lee-Beziehung im Frequenzbereich mit ausgangsseitger Diagonalisierung der erweiterten Kohärenzmatrix

Aus Bild 4-3 folgt

$$\underline{R}_{out}^{derw}(\omega) = \underline{B}_{out}^{'*} \, \underline{R}_{out}^{erw}(\omega) \, \underline{B}_{out},$$

$$\underline{R}_{out}^{erw}(\omega) = \underline{T}_{erw}^{d}(j\omega) \, \underline{R}_{in}^{erw}(\omega) \, \underline{T}_{erw}^{'*d}(j\omega),$$

$$\rightarrow \boxed{\underline{R}_{out}^{derw}(\omega) = \underline{B}_{out}^{'*} \, \underline{T}_{erw}^{d}(j\omega) \, \underline{R}_{in}^{erw}(\omega) \, \underline{T}_{erw}^{'*d}(j\omega) \, \underline{B}_{out}} \tag{4.109}$$

Gleichung 4.107 liefert mit dem Zusammenhang 4.105:

$$\boxed{\underline{R}_{out}^{derw}(\omega) = \underline{T}_{erw}^{d}(j\omega)\,\underline{B}_{in}^{'*}\,\underline{R}_{in}^{erw}(\omega)\,\underline{B}_{in}\,\underline{T}_{erw}^{'*d}(j\omega)} \tag{4.110}$$

Der Vergleich von 4.109 mit 4.110 führt für eine beliebige erweiterte Kohärenzmatrix $\underline{R}_{in}^{erw}(\omega)$, selbstverständlich nur bei einem stationären ergodischen Prozess, auf die Bedingungen für $\underline{B}_{out}$:

$$\underline{B}_{out}^{'*}\,\underline{T}_{erw}^{d}(j\omega) = \underline{T}_{erw}^{d}(j\omega)\,\underline{B}_{in}^{'*}$$

$$\underline{T}_{erw}^{'*d}(j\omega)\,\underline{B}_{out} = \underline{B}_{in}\,\underline{T}_{erw}^{'*d}(j\omega)$$

bzw. bei $T_{erw}^{'*d}(j\omega) = \underline{T}_{erw}^{d-1}(j\omega)$ auf

$$\underline{B}_{out}^{'*} = \underline{T}_{erw}^{d}(j\omega)\,\underline{B}_{in}^{'*}\,\underline{T}_{erw}^{'*d}(j\omega) \tag{4.111}$$

$$\underline{B}_{out} = \underline{T}_{erw}^{d}(j\omega)\,\underline{B}_{in}\,\underline{T}_{erw}^{'*d}(j\omega) \tag{4.112}$$

Oft wird es einfacher sein, die Kohärenzmatrix eingangsseitig zu diagonalisieren und dann $\underline{B}_{in}$ bzw. $\underline{B}_{in}^{'*}$ mit den Diagonalmatrizen $\underline{T}_{erw}^{d}(j\omega)$ und $\underline{T}_{erw}^{'*d}(j\omega)$ zur Bestimmung von $\underline{B}_{out}$ und $\underline{B}_{out}^{'*}$ gemäß 4.111 und 4.112 zu multiplizieren.

Die Transformationsnetzwerke mit $\underline{B}_{T}^{'*}$ und $\underline{B}_{out}^{'*}$ können zu einem neuen Transformationsnetzwerk mit der Matrix

$$\underline{\widetilde{B}}_{out} = \underline{B}_{out}^{'*}\,\underline{B}_{T}^{'*} \tag{4.113}$$

zusammengefasst werden. Unter den gleichen Voraussetzungen wie bei der eingangsseitigen Diagonalisierung der erweiterten Kohärenzmatrix erfüllt die Matrix $\underline{\widetilde{B}}_{out}$ die Uniteritätsbedingung

$$\underline{\widetilde{B}}_{out} = \underline{\widetilde{B}}_{out}^{'*-1}$$

Die ausgangsseitige Diagonalisierung der erweiterten Kohärenzmatrix ist bei horizontaler Eingangspolarisation Gegenstand der Aufgabe A 4.4.

4.6.2 Transformation auf die Jones-Matrix-äquivalente Form

4.6.2.1 Spezialfall der erweiterten Kohärenzmatrix bei Laserphasenrauschen

Erweiterte Kohärenzmatrix. Im gesamten Unterabschnitt 4.6.2 wird als Eingangssignal im Frequenzbereich die erweiterte Kohärenzmatrix bei Laserphasenrauschen und horizontaler Eingangspolarisation nach 4.114 angenommen.

$$\underline{R}_{in}^{erw}(\omega) = \frac{4}{\Delta\omega} \cdot \frac{\hat{D}_o^2}{1+\left(\frac{\omega-\omega_o}{\Delta\omega/2}\right)^2} \cdot \underbrace{\begin{pmatrix} 0 & 0 & 0 \\ 0 & cos^2\varphi & cos\varphi\, sin\varphi \\ 0 & cos\varphi\, sin\varphi & sin^2\varphi \end{pmatrix}}_{=\underline{R}_{ino}^{erw}} \tag{4.114}$$

Erweiterte Jones-Matrix. Das lineare zeitinvariante optische Netzwerk mit dem Eingangssignal 4.114 beschreiben wir durch die erweiterte Jones-Matrix $\underline{J}_{erw}^{J}(j\omega)$ nach 4.115. Dabei wird $\underline{J}_{erw}^{J}(j\omega)$ bezüglich Ein- und Ausgangssignal in Termen von $\vec{D}(j\omega)$ aufgefasst:

$$\underline{J}_{erw}^{J}(j\omega) = \begin{pmatrix} J_{11}(j\omega) & J_{12}(j\omega) & 0 \\ J_{21}(j\omega) & J_{22}(j\omega) & 0 \\ 0 & 0 & T_z(j\omega) \end{pmatrix} \tag{4.115}$$

mit

$$T_z(j\omega) = \frac{J_{21}(j\omega)}{\chi_{in}^{V}} + J_{22}(j\omega) \tag{4.116}$$

für die noch zu bestimmende Eingangspolarisation χ_{in}^{V}.

Verallgemeinerte Wiener-Lee-Beziehung im Frequenzbereich. Die verallgemeinerte Wiener-Lee-Beziehung im Frequenzbereich hat mit 4.114 und 4.115 die Form

$$\underline{R}_{out}^{erw}(\omega) = \underline{J}_{erw}^{J}(j\omega)\;\; \underline{R}_{in}^{erw}(\omega)\, \underline{J}_{erw}^{'*J}(j\omega) \tag{4.117}$$

Im Unterabschnitt 4.5.2 wurde die erweiterte Kohärenzmatrix in den Formen 4.48, 4.51, 4.63 und 4.66 verwendet. Es besteht nun die Aufgabe, diese Formen der Kohärenzmatrix ausgehend von 4.114 herzustellen.

Jones-Matrix-äquivalente Form der erweiterten Kohärenzmatrix. Ausgehend von der Definition der eingangsseitigen erweiterten Kohärenzmatrix im Frequenzbereich bei stationären ergodischen Prozessen, also von

$$\underline{R}_{in}^{erw}(\omega) = \left\langle \vec{D}_{in}(j\omega)\, \vec{D}_{in}^{'*}(j\omega) \right\rangle, \tag{4.118}$$

soll durch die Transformation

$$\vec{D}_{in}(j\omega) = \underline{C}_{in}\; \vec{D}_{in}^{V}(j\omega) \tag{4.119}$$

mit der orthogonalen Transformationsmatrix $\underline{C}_{in}$ eine zur Jones-Matrix 4.115 äquivalente Form abgeleitet werden. Dabei sollen die Nullen wie in 4.48 angeordnet sein und die nichtverschwindenden Matrixelemente nur gegenüber 4.114 andere Plätze im Sinne einer Vertauschung einnehmen. Im neuen Koordinatensystem beschreiben wir die Komponenten der elektrischen Verschiebungsflussdichte mit dem Vektor $\vec{D}_{in}^{V}(j\omega)$. Setzt man $\vec{D}_{in}(j\omega)$ nach 4.119 in 4.118 ein, so ergibt sich

$$\underline{R}_{in}^{erw}(\omega) = \underline{C}_{in} \underbrace{\left\langle \vec{D}_{in}^{V}(j\omega)\, \vec{D}_{in}^{\prime *V}(j\omega) \right\rangle}_{=\underline{R}_{in}^{Verw}(\omega)} \underline{C}_{in}^{\prime}$$

$$\rightarrow \quad \underline{R}_{in}^{erw}(\omega) = \underline{C}_{in}\, \underline{R}_{in}^{Verw}(\omega)\, \underline{C}_{in}^{\prime} \tag{4.120}$$

Aufgelöst nach $\underline{R}_{in}^{Verw}(\omega)$, erhalten wir die gesuchte vertauschte eingangsseitige erweiterte Kohärenzmatrix

$$\underline{R}_{in}^{Verw}(\omega) = \underline{C}_{in}^{\prime}\, \underline{R}_{in}^{erw}(\omega)\, \underline{C}_{in}, \tag{4.121}$$

wobei für

$$\vec{D}_{in}^{V}(j\omega) = \underline{C}_{in}^{\prime}\, \vec{D}_{in}(j\omega) \tag{4.122}$$

wegen der vorausgesetzten Orthogonalität von $\underline{C}_{in}$ gilt.

Um die orthogonale Transformation 4.121 ausführen zu können, wird die Matrix $\underline{C}_{in}$ benötigt. Die Ermittlung von $\underline{C}_{in}$ ist Gegenstand des Unterabschnittes 4.6.2.2.

4.6.2.2 Ableitung der Transformationsmatrix

Die Bestimmung der orthogonalen Transformationsmatrix $\underline{C}_{in}$ erfolgt durch direkte Berechnung aus

$$\underline{C}_{in}\, \underline{R}_{in}^{Verw}(\omega) = \underline{R}_{in}^{erw}(\omega)\, \underline{C}_{in} \tag{4.123}$$

mit $\underline{R}_{in}^{erw}(\omega)$ nach 4.114 und

$$\underline{R}_{in}^{Verw}(\omega) = \frac{4}{\Delta\omega} \cdot \frac{\hat{D}_o^2}{1 + \left(\dfrac{\omega - \omega_o}{\Delta\omega/2}\right)^2} \cdot \underbrace{\begin{pmatrix} \sin^2\varphi & \cos\varphi \sin\varphi & 0 \\ \cos\varphi \sin\varphi & \cos^2\varphi & 0 \\ 0 & 0 & 0 \end{pmatrix}}_{=\underline{R}_{in0}^{Verw}} \tag{4.124}$$

Somit gilt

$$\underline{C}_{in}\, \underline{R}_{in0}^{Verw} = \underline{R}_{in0}^{erw}\, \underline{C}_{in}, \tag{4.125}$$

bzw.

$$\begin{pmatrix} C_{11} & C_{12} & C_{13} \\ C_{21} & C_{22} & C_{23} \\ C_{31} & C_{32} & C_{33} \end{pmatrix} \begin{pmatrix} sin^2\varphi & cos\varphi\, sin\varphi & 0 \\ cos\varphi\, sin\varphi & cos^2\varphi & 0 \\ 0 & 0 & 0 \end{pmatrix}$$
$$= \begin{pmatrix} 0 & 0 & 0 \\ 0 & cos^2\varphi & cos\varphi\, sin\varphi \\ 0 & cos\varphi\, sin\varphi & sin^2\varphi \end{pmatrix} \begin{pmatrix} C_{11} & C_{12} & C_{13} \\ C_{21} & C_{22} & C_{23} \\ C_{31} & C_{32} & C_{33} \end{pmatrix}. \quad (4.126)$$

Aus 4.126 erhalten Sie die Gleichungen

$$\begin{aligned}
&C_{11}\, sin^2\varphi + C_{12}\, cos\varphi\, sin\varphi = 0, \\
&C_{11}\, cos\varphi\, sin\varphi + C_{12}\, cos^2\varphi = 0, \\
&C_{23}\, cos^2\varphi + C_{33}\, cos\varphi\, sin\varphi = 0, \\
&C_{23}\, cos\varphi\, sin\varphi + C_{33}\, sin^2\varphi = 0, \\
&C_{21}\, sin^2\varphi + C_{22}\, cos\varphi\, sin\varphi = C_{21}\, cos^2\varphi + C_{31}\, cos\varphi\, sin\varphi, \\
&C_{21}\, cos\varphi\, sin\varphi + C_{22}\, cos^2\varphi = C_{22}\, cos^2\varphi + C_{32}\, cos\varphi\, sin\varphi, \\
&C_{31}\, sin^2\varphi + C_{32}\, cos\varphi\, sin\varphi = C_{21}\, cos\varphi\, sin\varphi + C_{31}\, sin^2\varphi, \\
&C_{31}\, cos\varphi\, sin\varphi + C_{32}\, cos^2\varphi = C_{22}\, cos\varphi\, sin\varphi + C_{32}\, sin^2\varphi,
\end{aligned} \quad (4.127)$$

mit den Lösungen

$$C_{11} = cos\varphi, C_{12} = -sin\varphi, C_{13} = 0 \quad (4.128)$$

$$C_{21} = \pm cos\varphi\, sin\varphi, C_{22} = \pm cos^2\varphi, C_{23} = -sin\varphi$$

$$C_{31} = \pm sin^2\varphi, C_{32} = \pm cos\varphi\, sin\varphi, C_{33} = cos\varphi\,,$$

wenn man zusätzlich noch die Orthogonalisierung der Spaltenvektoren von $\underline{C}_{in}$ durchführt.

Ein mögliche Variante der orthogonalen Matrizen $\underline{C}_{in}$ und $\underline{C}_{in}'$ ist damit gegeben durch

$$\underline{C}_{in} = \begin{pmatrix} cos\varphi & -sin\varphi & 0 \\ cos\varphi\, sin\varphi & cos^2\varphi & -sin\varphi \\ sin^2\varphi & cos\varphi\, sin\varphi & cos\varphi \end{pmatrix}, \quad (4.129)$$

$$\underline{C}_{in}^{'} = \begin{pmatrix} cos\,\varphi & cos\,\varphi\, sin\,\varphi & sin^2\,\varphi \\ -sin\,\varphi & cos^2\,\varphi & cos\,\varphi\, sin\,\varphi \\ 0 & -sin\,\varphi & cos\,\varphi \end{pmatrix} \tag{4.130}$$

$\underline{C}_{in}$ und $\underline{C}_{in}^{'}$ können durch die schon beschriebene orthogonale RT-Zerlegung realisiert werden.

Mit $\underline{C}_{in}$ und $\underline{C}_{in}^{'}$ nach 4.129 und 4.130 erhalten Sie aus 4.121:

$$\underline{R}_{in}^{Verw}(\omega) = \begin{pmatrix} \underline{R}_{in}^{V}(\omega) & \underline{0} \\ \underline{0} & 0 \end{pmatrix} \tag{4.131}$$

mit

$$\underline{R}_{in}^{V}(\omega) = \frac{4}{\Delta\omega} \cdot \frac{\hat{D}_o^2}{1+\left(\dfrac{\omega-\omega_o}{\Delta\omega/2}\right)^2} \cdot \underbrace{\begin{pmatrix} sin^2\,\varphi & cos\,\varphi\, sin\,\varphi \\ cos\,\varphi\, sin\,\varphi & cos^2\,\varphi \end{pmatrix}}_{=\underline{R}_{in0}^{V}} \tag{4.132}$$

$\underline{R}_{in}^{V}(\omega)$ nach 4.132 soll als Jones-Matrix-äquivalente Form der eingangsseitigen Kohärenzmatrix im Frequenzbereich bezeichnet werden. Dabei wurde der Index V in allen die Kohärenzmatrizen betreffenden Gleichungen des Unterabschnittes 4.5.2 weggelassen.

4.6.2.3 Realisierung der Jones-Matrix-äquivalenten Transformation

Eingangsseitige Jones-Matrix-äquivalente Transformation. Das optische System mit eingangsseitiger Jones-Matrix-äquivalenter Transformation der erweiterten Kohärenzmatrix bei horizontaler Eingangspolarisation zeigt Bild 4-4.

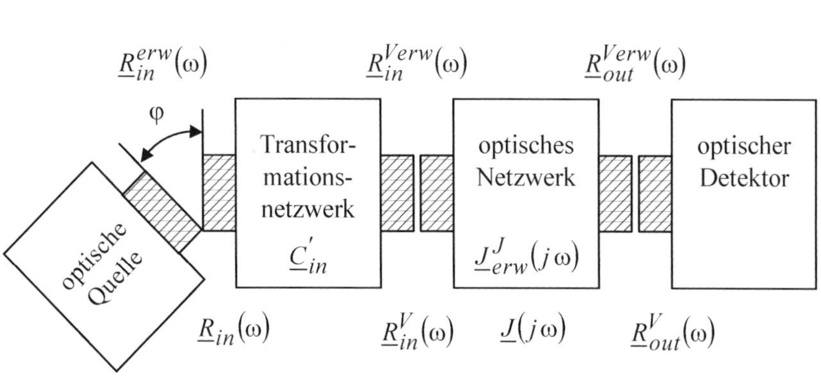

Bild 4-4 Zur eingangsseitigen Jones-Matrix-äquivalenten Transformation der erweiterten Kohärenzmatrix

Wiener-Lee-Beziehungen. Bevor wir zu den Wiener-Lee-Beziehungen für das Bild 4-4 kommen, leiten wir eine einfache Gleichung für $\vec{D}_{in}^{V}(j\omega)$ als Funktion von $D_{zin}(j\omega)$ her. Zunächst gilt am Eingang des Systems nach Bild 4-4:

$$D_{yin}(j\omega) = D_{zin}(j\omega)\, cot\,\varphi \tag{4.133}$$

und bei horizontaler Eingangspolarisation

$$\vec{D}_{in}(j\omega) = \begin{pmatrix} 0 \\ D_{yin}(j\omega) \\ D_{zin}(j\omega) \end{pmatrix} \tag{4.134}$$

Mit 4.122 und 4.130 erhalten Sie bei Berücksichtigung von 4.133 und 4.134:

$$\vec{D}_{in}^{V}(j\omega) = \begin{pmatrix} cos\,\varphi\, sin\,\varphi\, cot\,\varphi + sin^2\,\varphi \\ cos^2\,\varphi\, cot\,\varphi + cos\,\varphi\, sin\,\varphi \\ -sin\,\varphi\, cot\,\varphi + cos\,\varphi \end{pmatrix} D_{zin}(j\omega),$$

$$\vec{D}_{in}^{V}(j\omega) = \begin{pmatrix} 1 \\ cot\,\varphi \\ 0 \end{pmatrix} D_{zin}(j\omega) \tag{4.135}$$

Aus 4.135 folgt, dass die Eingangspolarisation des optischen Netzwerkes nach Bild 4-4 durch

$$\chi_{in}^{V} = \frac{D_{yin}^{V}(j\omega)}{D_{xin}^{V}(j\omega)} = cot\,\varphi \tag{4.136}$$

mit

$$\vec{D}_{in}^{V}(j\omega) = \begin{pmatrix} D_{xin}^{V}(j\omega) \\ D_{yin}^{V}(j\omega) \\ D_{zin}^{V}(j\omega) \end{pmatrix} \tag{4.137}$$

gegeben ist.

Aus

$$\begin{aligned}\underline{R}_{out}^{Verw}(\omega) &= \begin{pmatrix} \underline{J}(j\omega) & \underline{0} \\ \underline{0} & T_z(j\omega) \end{pmatrix} \begin{pmatrix} \underline{R}_{in}^{V}(\omega) & \underline{0} \\ \underline{0} & 0 \end{pmatrix} \begin{pmatrix} \underline{J}'^{*}(j\omega) & \underline{0} \\ \underline{0} & T_z^{*}(j\omega) \end{pmatrix} \\ &= \begin{pmatrix} \underline{J}(j\omega)\,\underline{R}_{in}^{V}(\omega)\,\underline{J}'^{*}(j\omega) & \underline{0} \\ \underline{0} & 0 \end{pmatrix} \\ &= \begin{pmatrix} \underline{R}_{out}^{V}(\omega) & \underline{0} \\ \underline{0} & 0 \end{pmatrix}\end{aligned} \tag{4.138}$$

folgt nun die Wiener-Lee-Beziehung

$$\boxed{\underline{R}_{out}^{V}(\omega) = \underline{J}(j\omega)\,\underline{R}_{in}^{V}(\omega)\,\underline{J}'^{*}(j\omega)} \tag{4.139}$$

Mit

$$\underline{R}_{in}^{V}(\omega) = \left\langle \begin{pmatrix} D_{xin}^{V}(j\omega) \\ D_{yin}^{V}(j\omega) \end{pmatrix} \left(D_{xin}^{*V}(j\omega), D_{yin}^{*V}(j\omega) \right) \right\rangle \tag{4.140}$$

und 4.135 ergibt sich aus 4.139:

$$\underline{R}_{out}^{V}(\omega) = \underline{J}(j\omega) \begin{pmatrix} 1 \\ cot\,\varphi \end{pmatrix} \underbrace{\left\langle D_{zin}(j\omega)\, D_{zin}^{*}(j\omega) \right\rangle}_{=R_{zin}(\omega)} \cdot (1, cot\,\varphi)\, \underline{J}'^{*}(j\omega) \tag{4.141}$$

Weiterhin folgt mit 4.115:

$$\underline{R}_{out}^{V}(\omega) = \begin{pmatrix} J_{11} + J_{12}\,cot\,\varphi \\ J_{21} + J_{22}\,cot\,\varphi \end{pmatrix} R_{zin}(\omega) \left(J_{11}^{*} + J_{12}^{*}\,cot\,\varphi,\ J_{21}^{*} + J_{22}^{*}\,cot\,\varphi \right) \tag{4.142}$$

Das Element $R_{out}^{22}(\omega)$ ist gegeben durch

$$\begin{aligned} R_{out}^{22}(\omega) &= \left| J_{21} + J_{22}\,cot\,\varphi \right|^2 R_{zin}(\omega) \\ &= \left| \frac{J_{21}}{cot\,\varphi} + J_{22} \right|^2 R_{zin}(\omega) cot^2\,\varphi \\ &= \underbrace{\underbrace{\left| \frac{J_{21}}{\chi_{in}^{V}} + J_{22} \right|^2}_{=|T_z(j\omega)|^2} R_{zin}(\omega)\, cot^2\,\varphi}_{=R_{zout}[\omega]} \end{aligned} \tag{4.143}$$

Somit gilt die Wiener-Lee-Beziehung

$$R_{zout}(\omega) = \left| T_z(j\omega) \right|^2 R_{zin}(\omega) \tag{4.144}$$

für die spezielle Eingangspolarisation $\chi_{in}^{V} = cot\,\varphi$. Außerdem wird der Zusammenhang

$$\boxed{R_{zout}(\omega) = R_{out}^{22}(\omega)\,tan^2\,\varphi} \tag{4.145}$$

aus 4.143 folgend bestätigt.

Ausgangsseitige Jones-Matrix-äquivalente Transformation. Das optische System mit ausgangsseitiger Jones-Matrix-äquivalenter Transformation der erweiterten Kohärenzmatrix bei horizontaler Eingangspolarisation zeigt Bild 4-5.

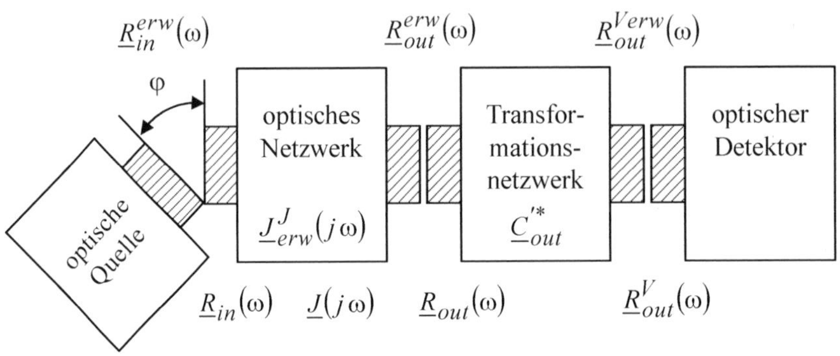

Bild 4-5 Zur ausgangsseitigen Jones-Matrix-äquivalenten Transformation der erweiterten Kohärenzmatrix

Wiener-Lee-Beziehungen. Die Wiener-Lee-Beziehungen bei ausgangsseitiger Jones-Matrix-äquivalenter Transformation der erweiterten Kohärenzmatrix erhält man aus

$$\underline{R}_{out}^{Verw}(\omega) = \underline{C}_{out}^{'*}\,\underline{R}_{out}^{erw}(\omega)\,\underline{C}_{out} \tag{4.146}$$

und

$$\underline{R}_{out}^{erw}(\omega) = \underline{J}_{erw}^{J}(j\omega)\,\underline{R}_{in}^{erw}(\omega)\,\underline{J}_{erw}^{'*J}(j\omega) \tag{4.147}$$

einerseits zu

$$\boxed{\underline{R}_{out}^{Verw}(\omega) = \underline{C}_{out}^{'*}\,\underline{J}_{erw}^{J}(j\omega)\,\underline{R}_{in}^{erw}(\omega)\,\underline{J}_{erw}^{'*J}(j\omega)\,\underline{C}_{out}} \tag{4.148}$$

und andererseits, wie aus 4.138 bekannt, in der Form

$$\boxed{\underline{R}_{out}^{Verw}(\omega) = \underline{J}_{erw}^{J}(j\omega)\,\underline{C}_{in}^{'}\,\underline{R}_{in}^{erw}(\omega)\,\underline{C}_{in}\,\underline{J}_{erw}^{'*J}(j\omega)} \tag{4.149}$$

Der Vergleich von 4.148 und 4.149 liefert bei beliebigem $\underline{R}_{in}^{erw}(\omega)$ die Beziehungen

$$\underline{C}_{out}^{'*}\,\underline{J}_{erw}^{J}(j\omega) = \underline{J}_{erw}^{J}(j\omega)\,\underline{C}_{in}^{'}$$

$$\underline{J}_{erw}^{'*J}(j\omega)\,\underline{C}_{out} = \underline{C}_{in}\,\underline{J}_{erw}^{'*J}(j\omega)$$

und nur für unitäres $\underline{J}_{erw}^{J}(j\omega)$ ist gemäß

$$\underline{C}_{out}^{'*} = \underline{J}_{erw}^{J}(j\omega)\underline{C}_{in}^{'} \underline{J}_{erw}^{'*J}(j\omega) , \tag{4.150}$$

$$\underline{C}_{out} = \underline{J}_{erw}^{J}(j\omega)\underline{C}_{in} \underline{J}_{erw}^{'*J}(j\omega) \tag{4.151}$$

die Transformationsmatrix $\underline{C}_{out}$, selbst bei orthogonalem $\underline{C}_{in}$, i. A. unitär. Dadurch tritt bei der Realisierung nach Bild 4-5 gegenüber Bild 4-4 ein erhöhter Aufwand auf.

4.7 Aufgaben

A 4.1 Die Beschreibung des Phasenrauschens $\Phi(t)$ einer Laserdiode erfolgt mit dem komplexen stochastischen Prozess

$$z(t) = exp[-j\Phi(t)] \tag{A 4.1}$$

Die Dichtefunktion $f(\Delta\Phi)$ für die Phasenrauschdifferenz $\Delta\Phi = \Phi(t_1) - \Phi(t_2)$ lautet mit $\tau = t_1 - t_2$:

$$f(\Delta\Phi) = \frac{1}{\sqrt{2\pi\Delta\omega|\tau|}} exp\left[\frac{-\Delta\Phi^2}{2\Delta\omega|\tau|}\right] \tag{A 4.2}$$

Dabei stellt $\Delta\omega$ die konstante Laserlinienbreite dar.

Bestimmen Sie:

a) die Kohärenzfunktion $G(t_1, t_2) = \langle z(t_1) z^*(t_2) \rangle$,

b) das Leistungsspektrum $S(\omega)$.

A 4.2 Gegeben sei eine Laserdiode mit dem optischen Sendesignal als Verschiebungsflussdichte in der Form

$$\vec{D}_{in}(t) = \hat{D}_o \, exp[-j\Phi(t)] exp(j\omega_o t) \begin{pmatrix} |e_x| exp(-j\psi_x) \\ |e_y| exp(-j\psi_y) \end{pmatrix}, \tag{A 4.3}$$

mit

$\hat{D}_o$ Feldamplitude

$\Phi(t)$ Laserphasenrauschen

ω_o Mittenfrequenz

$$\vec{e} = \begin{pmatrix} |e_x| exp(-j\psi_x) \\ |e_y| exp(-j\psi_y) \end{pmatrix}$$ Polarisationseinheitsvektor.

Dabei soll die Laserdiode parallel an eine LWL angeschlossen sein. Bekannt sei die Transfermatrix des LWL in der Form:

$$\underline{T}(j\omega) = \begin{pmatrix} \cos\left(\dfrac{\omega\,\tau_o}{2}\right) & -j\sin\left(\dfrac{\omega\,\tau_o}{2}\right) \\[3mm] -j\sin\left(\dfrac{\omega\,\tau_o}{2}\right) & \cos\left(\dfrac{\omega\,\tau_o}{2}\right) \end{pmatrix}$$

mit $\tau_o = const.$

Bestimmen Sie:

a) die Frequenzdarstellung der Kohärenzmatrix $\underline{R}_{in}(\omega)$ der Laserdiode,

b) die Kohärenzmatrix $\underline{R}_{out}(\omega)$ auf der Ausgangsseite des LWL,

c) die Spur $sp\lfloor\underline{R}_{out}(\omega)\rfloor$,

d) den Erwartungswert der Ausgangsintensität $\langle I_{out}\rangle$.

Es gilt: $\dfrac{4}{\Delta\omega}\displaystyle\int_{-\infty}^{\infty}\dfrac{d\omega}{1+\left(\dfrac{\omega-\omega_o}{\Delta\omega/2}\right)^2} = 2\,\pi$ (A 4.5)

A 4.3 Die y-Komponente der elektrischen Verschiebungsflussdichte einer Laserdiode, die schräg unter dem Wnkel φ auf der Eingangsseite eines LWL angeordnet ist, lautet:

$$D_{yin}(t) = \hat{D}_o\,|e_y|\,exp\!\left[-j\left(\omega_o t - \Phi(t) - \psi_y\right)\right]$$ (A 4.6)

Dabei gelten die Größenbezeichnungen wie in Aufgabe A 4.2.

Der LWL besitze die Transformationsmatrix

$$\underline{T}(j\omega) = \begin{pmatrix} exp\left[\dfrac{a_o}{2} + j\,\dfrac{\omega\tau_o}{2}\right] & 0 \\[3mm] 0 & exp\left[-\left(\dfrac{a_o}{2} + j\,\dfrac{\omega\tau_o}{2}\right)\right] \end{pmatrix}.$$ (A 4.7)

mit $a_o = const.$ und $\tau_o = const.$

a_o beschreibt die polarisationsabhängige Dämpfung und τ_o kennzeichnet die differenzielle Gruppenlaufzeit infolge Polarisationsmodendispersion.

Ermitteln Sie:

a) die z-Komponente der Verschiebungsflussdichte $D_{zin}(t)$ am Eingang des LWL,

b) die z-Komponenten-Kohärenzfunktion im Zeitbereich am Eingang, d. h. $R_{zin}(\tau)$,

c) die z-Komponenten-Kohärenzfunktion im Frequenzbereich am Eingang, d. h. $R_{zin}(\omega)$,

d) die z-Komponenten-Kohärenzfunktion im Frequenzbereich am Ausgang $R_{zout}(\omega)$, zu ermitteln aus der verallgemeinerten Wiener-Lee-Beziehung im Frequenzbereich 4.64, wobei Gleichung L 4.6 für $\underline{R}_{in}(\omega)$ gelten soll,

e) die z-Komponenten-Kohärenzfunktion im Frequenzbereich am Ausgang $\underline{R}_{zout}(\omega)$, zu ermitteln aus der Wiener-Lee-Beziehung im Frquenzbereich 4.44,

f) den Erwartungswert der z-Komponenten-Ausgangsintensität $\langle I_{zout} \rangle$.

A 4.4 Auf der Grundlage der verallgemeinerten Wiener-Lee-Beziehung im Frequenzbereich

$$\underline{R}_{out}^{erw}(\omega) = \underline{T}_{erw}^{d}(j\omega)\, \underline{R}_{in}^{erw}(\omega)\, \underline{T}_{erw}^{'*d}(j\omega) \tag{A 4.8}$$

ist mit

$$\underline{T}_{erw}^{d}(j\omega) = \begin{pmatrix} T_x(j\omega) & 0 & 0 \\ 0 & T_y(j\omega) & 0 \\ 0 & 0 & T_z(j\omega) \end{pmatrix} \tag{A 4.9}$$

und

$$\underline{R}_{in}^{erw}(\omega) = \frac{4}{\Delta\omega} \cdot \frac{\hat{D}_o^2}{1 + \left(\frac{\omega - \omega_o}{\Delta\omega / 2} \right)^2} \underline{R}_{ino}^{erw}, \tag{A 4.10}$$

$$\underline{R}_{ino}^{erw} = \begin{pmatrix} |e_x|^2 & |e_x||e_y| exp(j\psi) & |e_x||e_y| tan\varphi\, exp(j\psi) \\ |e_x||e_y| exp(-j\psi) & |e_y|^2 & |e_y|^2 tan\varphi \\ |e_x||e_y| tan\varphi\, exp(-j\psi) & |e_y|^2 tan\varphi & |e_y|^2 tan^2\varphi \end{pmatrix} \tag{A 4.11}$$

die Diagonalisierung von $\underline{R}_{out}^{erw}(\omega)$ bei horizontaler Eingangspolarisation, d. h. $|e_x| = 0$ und $|e_y| = cos\,\varphi$, durchzuführen.

Ermitteln Sie dazu:

a) $$\underline{R}_{outo}^{erw} = \underline{T}_{erw}^{d}(j\omega)\, \underline{R}_{ino}^{erw}\, \underline{T}_{erw}^{'*d}(j\omega) \tag{A 4.12}$$

in allgemeiner Form,

b) $\underline{R}_{outo}^{erw}$ für den Spezialfall

$$|e_x| = 0, |e_y| = cos\,\varphi, T_y(j\omega) = T_z(j\omega),\ \ T_z(j\omega) = exp(-\gamma_y L),$$

$$T_z^*(j\omega) = exp(\gamma_y L)$$

c) die Eigenwerte von $\underline{R}_{outo}^{erw}$ nach b)

d) die Eigenvektoren für die Eigenwerte nach c),

e) die zugehörigen unitären Eigenvektoren und die Transformationsmatrizen $\underline{B}_{out}$ sowie $\underline{B}_{out}^{'*}$,

f) $\underline{R}_{outo}^{derw}$ und $\underline{R}_{out}^{derw}(\omega)$

g) den Zusammenhang zwischen

$$R_{zout}(\omega) = \left\langle D_{zout}(j\omega)\, D_{zout}^{*}(j\omega)\right\rangle$$

und

$$R_{zout}^{d}(\omega) = \left\langle D_{zout}^{d}(j\omega)\, D_{zout}^{*d}(j\omega)\right\rangle$$

4.8 Lösungen zu den Aufgaben

L 4.1

a)

$$\begin{aligned}
G(t_1, t_2) &= \langle z(t_1)\, z^*(t_2)\rangle \\
&= \langle exp\,[-j\,\Phi(t_1)]\, exp\,[j\,\Phi(t_2)]\rangle \\
&= \langle exp\,[-j\,\Delta\Phi]\rangle \\
&= \int_{-\infty}^{\infty} exp\,[-j\,\Delta\Phi]\, f\,(\Delta\Phi)\, d\,(\Delta\Phi) \\
&= \frac{1}{\sqrt{2\,\pi\,\Delta\omega|\,\tau\,|}} \int_{-\infty}^{\infty} exp\,[-j\,\Delta\Phi]\, exp\left[\frac{-\Delta\Phi^2}{2\,\Delta\omega|\,\tau\,|}\right] d\,(\Delta\Phi)
\end{aligned}$$

$$\underline{\underline{G\,(t_1, t_2) = exp\left[-\frac{\Delta\omega|\,\tau\,|}{2}\right] = R\,(\tau)}} \qquad \text{(L 4.1)}$$

b)

$$\begin{aligned}
S(\omega) &= \int_{-\infty}^{\infty} R(\tau)\, exp\,(-j\,\omega\,\tau)\, d\tau \\
&= \int_{-\infty}^{\infty} exp\left[-\frac{\Delta\omega|\,\tau\,|}{2}\right] exp\,(-j\,\omega\,\tau)\, d\tau \\
&= \int_{-\infty}^{0} exp\left[\left(\frac{\Delta\omega}{2} - j\,\omega\right)\tau\right] d\tau \\
&\quad + \int_{0}^{\infty} exp\left[-\left(\frac{\Delta\omega}{2} + j\,\omega\right)\tau\right] d\tau
\end{aligned}$$

$$S(\omega)=\frac{4}{\Delta\omega}\cdot\frac{1}{1+\left(\frac{\omega}{\Delta\omega/2}\right)^2} \tag{L 4.2}$$

L 4.2

a)

$$\underline{G}_{in}(t_1,t_2)=\left\langle \vec{D}_{in}(t_1)\,\vec{D}_{in}^{\prime *}(t_2)\right\rangle=\hat{D}_o^2\,exp(j\,\omega_o\,\tau)\langle exp\,[-j\,\Delta\Phi]\rangle\cdot$$

$$\begin{pmatrix} |e_x|^2 & |e_x||e_y|exp\,[-j(\psi_x-\psi_y)] \\ |e_x||e_y|exp\,[j(\psi_x-\psi_y)] & |e_y|^2 \end{pmatrix}, \tag{L 4.3}$$

$$\langle exp\,[-j\,\Delta\Phi]\rangle=exp\left[-\frac{\Delta\omega|\tau|}{2}\right] \tag{L 4.4}$$

$$\underline{R}_{in}(\tau)=\underline{G}_{in}(t_1,t_2)=\underline{G}_{in}(t_1-t_2)=\hat{D}_o^2\,exp\,(j\,\omega_o\,\tau)exp\left[-\frac{\Delta\omega|\tau|}{2}\right]\cdot$$

$$\underbrace{\begin{pmatrix} |e_x|^2 & |e_x||e_y|exp\,[-j(\psi_x-\psi_y)] \\ |e_x||e_y|exp[j(\psi_x-\psi_y)] & |e_y|^2 \end{pmatrix}}_{=\underline{R}_{ino}} \tag{L 4.5}$$

$$\underline{R}_{in}(\omega)=\int_{-\infty}^{\infty}\underline{R}_{in}(\tau)exp\,(-j\,\omega\,\tau)\,d\tau$$

$$\underline{R}_{in}(\omega)=\frac{4}{\Delta\omega}\cdot\frac{\hat{D}_o^2}{1+\left(\frac{\omega-\omega_o}{\Delta\omega/2}\right)^2}\begin{pmatrix} |e_x|^2 & |e_x||e_y|exp[-j(\psi_x-\psi_y)] \\ |e_x||e_y|exp[j(\psi_x-\psi_y)] & |e_y|^2 \end{pmatrix} \tag{L 4.6}$$

b)

$$\underline{R}_{out}(\omega)=\underline{T}(j\,\omega)\,\underline{R}_{in}(\omega)\,\underline{T}^{\prime *}(j\,\omega)$$

$$\underline{R}_{out}(\omega)=\begin{pmatrix} \widetilde{R}_{out}^{11}(\omega) & \widetilde{R}_{out}^{12}(\omega) \\ \widetilde{R}_{out}^{21}(\omega) & \widetilde{R}_{out}^{22}(\omega) \end{pmatrix}\frac{4}{\Delta\omega}\cdot\frac{\hat{D}_o^2}{1+\left(\frac{\omega-\omega_o}{\Delta\omega/2}\right)^2}$$

$$\tilde{R}_{out}^{11}(\omega) = |e_x|^2 \cos^2\left(\frac{\omega\tau_o}{2}\right) + 2|e_x||e_y| \sin(\psi_x - \psi_y)\cos\left(\frac{\omega\tau_o}{2}\right)\sin\left(\frac{\omega\tau_o}{2}\right) + |e_y|^2 \sin^2\left(\frac{\omega\tau_o}{2}\right)$$

$$\tilde{R}_{out}^{12}(\omega) = j\left[|e_x|^2 - |e_y|^2\right]\cos\left(\frac{\omega\tau_o}{2}\right)\sin\left(\frac{\omega\tau_o}{2}\right) + |e_x||e_y| \exp\left[j(\psi_x - \psi_y)\right]\sin^2\left(\frac{\omega\tau_o}{2}\right) + |e_x||e_y| \exp\left[-j(\psi_x - \psi_y)\right]\cos^2\left(\frac{\omega\tau_o}{2}\right)$$

$$\tilde{R}_{out}^{21}(\omega) = \tilde{R}_{out}^{12*}(\omega) \qquad \text{(L 4.7)}$$

$$\tilde{R}_{out}^{22}(\omega) = |e_x|^2 \sin^2\left(\frac{\omega\tau_o}{2}\right) - 2|e_x||e_y| \sin(\psi_x - \psi_y)\cos\left(\frac{\omega\tau_o}{2}\right)\sin\left(\frac{\omega\tau_o}{2}\right) + |e_y|^2 \cos^2\left(\frac{\omega\tau_o}{2}\right)$$

c)

$$sp\left[\underline{R}_{out}(\omega)\right] = \frac{4}{\Delta\omega} \cdot \frac{\hat{D}_o^2}{1 + \left(\frac{\omega - \omega_o}{\Delta\omega/2}\right)^2} \underbrace{\left[\tilde{R}_{out}^{11}(\omega) + \tilde{R}_{out}^{22}(\omega)\right]}_{=1}$$

$$\rightarrow \quad sp\left[\underline{R}_{out}(\omega)\right] = \frac{4}{\Delta\omega} \cdot \frac{\hat{D}_o^2}{1 + \left(\frac{\omega - \omega_o}{\Delta\omega/2}\right)^2} \qquad \text{(L 4.8)}$$

d)

$$\langle I_{out}\rangle = \frac{1}{2\pi}\int_{-\infty}^{\infty} sp\left[\underline{R}_{out}(\omega)\right] d\omega = \frac{\hat{D}_o^2}{2\pi} \cdot \frac{4}{\Delta\omega} \underbrace{\int_{-\infty}^{\infty} \frac{d\omega}{1 + \left(\frac{\omega - \omega_o}{\Delta\omega/2}\right)^2}}_{=2\pi}$$

$$\langle I_{out}\rangle = \hat{D}_o^2 \qquad \text{(L 4.9)}$$

L 4.3

a)

$$D_{zin}(t) = D_{yin}(t) \tan\varphi$$

$$D_{zin}(t) = \hat{D}_o \left|e_y\right| \tan\varphi \; exp\left[j\left(\omega_o t - \Phi(t) - \psi_y\right)\right] \qquad \text{(L 4.10)}$$

b)

$$G_{zin}(t_1, t_2) = \left\langle D_{zin}(t_1)\, D^*_{zin}(t_2)\right\rangle$$
$$= \hat{D}_o^2 \left|e_y\right|^2 \tan^2\varphi \; exp\left(j\,\omega_o\,\tau\right)\left\langle exp\left[-j\,\Delta\Phi\right]\right\rangle \qquad \text{(L 4.11)}$$

mit $\tau = t_1 - t_2$ und $\Delta\Phi = \Phi(t_1) - \Phi(t_2)$,

$$\left\langle exp\left[-j\,\Delta\Phi\right]\right\rangle = exp\left[-\frac{\Delta\,\omega\left|\tau\right|}{2}\right], \qquad \text{(L 4.12)}$$

$$G_{zin}(t_1, t_2) = R_{zin}(\tau) \qquad \text{(L 4.13)}$$

$$R_{zin}(\tau) = \hat{D}_o^2 \left|e_y\right|^2 \tan^2\varphi \; exp\left[j\,\omega_o\tau - \frac{\Delta\,\omega\left|\tau\right|}{2}\right] \qquad \text{(L 4.14)}$$

c)

$$R_{zin}(\omega) = \int_{-\infty}^{\infty} R_{zin}(\tau)\, exp\left(-j\,\omega\,\tau\right) d\tau$$
$$= \hat{D}_o^2 \left|e_y\right|^2 \tan^2\varphi \int_{-\infty}^{\infty} exp\left[-\frac{\Delta\,\omega\left|\tau\right|}{2}\right] exp\left[-j\left(\omega - \omega_o\right)\tau\right] d\tau$$

$$R_{zin}(\omega) = \hat{D}_o^2 \left|e_y\right|^2 \tan^2\varphi \,\frac{4}{\Delta\,\omega}\,\frac{1}{1 + \left(\dfrac{\omega - \omega_o}{\Delta\,\omega/2}\right)^2} \qquad \text{(L 4.15)}$$

d)

$$\underline{R}_{out}(\omega) = \underline{T}(j\omega)\,\underline{R}_{in}(\omega)\,\underline{T}'^*(j\omega),$$

$$\underline{R}_{in}(\omega) = \frac{4}{\Delta\omega}\cdot\frac{\hat{D}_o^2}{1 + \left(\dfrac{\omega - \omega_o}{\Delta\omega/2}\right)^2}\cdot\begin{pmatrix} \left|e_x\right|^2 & \left|e_x\right|\left|e_y\right| exp\left[-j\left(\psi_x - \psi_y\right)\right] \\ \left|e_x\right|\left|e_y\right| exp\left[j\left(\psi_x - \psi_y\right)\right] & \left|e_y\right|^2 \end{pmatrix}$$

$$\underline{R}_{out}(\omega)=\frac{4}{\Delta\omega}\cdot\frac{\hat{D}_o^2}{1+\left(\frac{\omega-\omega_o}{\Delta\omega/2}\right)^2}\cdot$$

$$\cdot\begin{pmatrix} |e_x|^2 \exp(a_o) & |e_x||e_y| \exp\left[j\left(\omega\tau_o-\psi_x+\psi_y\right)\right] \\ |e_x||e_y| \exp\left[-j\left(\omega\tau_o-\psi_x+\psi_y\right)\right] & |e_y|^2 \exp(-a_o) \end{pmatrix}$$

(L 4.16)

$$R_{zout}(\omega)=R_{out}^{22}(\omega)\tan^2\varphi$$

$$\underline{\underline{R_{zout}(\omega)=\hat{D}_o^2 \exp(-a_o)\left|e_y\right|^2 \tan^2\varphi\,\frac{4}{\Delta\omega}\cdot\frac{1}{1+\left(\frac{\omega-\omega_o}{\Delta\omega/2}\right)^2}}}$$ (L 4.17)

e)

$$R_{zout}(\omega)=\left|T_z(j\omega)\right|^2 R_{zin}(\omega)\ ,$$

$$T_z(j\omega)=\exp\left[-\left(\frac{a_o}{2}+j\,\frac{\omega\tau_o}{2}\right)\right],$$

$$\left|T_z(j\omega)\right|^2=\exp(-a_o)\ ,$$

$$R_{zin}(\omega)=\hat{D}_o^2\left|e_y\right|^2\tan^2\varphi\,\frac{4}{\Delta\omega}\cdot\frac{1}{1+\left(\frac{\omega-\omega_o}{\Delta\omega/2}\right)^2}\ ,$$

$$\underline{\underline{R_{zout}(\omega)=\hat{D}_o^2 \exp(-a_o)\left|e_y\right|^2 \tan^2\varphi\,\frac{4}{\Delta\omega}\cdot\frac{1}{1+\left(\frac{\omega-\omega_o}{\Delta\omega/2}\right)^2}}}$$ (L 4.18)

f)

$$\left\langle I_{zout}\right\rangle=\frac{1}{2\pi}\int_{-\infty}^{\infty}R_{zout}(\omega)\,d\omega$$

$$=\frac{\hat{D}_o^2 \exp(-a_o)\left|e_y\right|^2\tan^2\varphi}{2\pi}\cdot\underbrace{\frac{4}{\Delta\omega}\int_{-\infty}^{\infty}\frac{d\omega}{1+\left(\frac{\omega-\omega_o}{\Delta\omega/2}\right)^2}}_{=2\pi}$$

$$\rightarrow\ \underline{\underline{\left\langle I_{zout}\right\rangle=\hat{D}_o^2 \exp(-a_o)\left|e_y\right|^2\tan^2\varphi}}$$ (L 4.19)

L 4.4

a)

$$\underline{R}_{outo}^{erw} =$$

$$= \left(\begin{array}{c|c|c} T_x |e_x|^2 T_x^* & T_x |e_x| |e_y| \exp(j\psi) T_y^* & T_x |e_x| |e_y| \tan\varphi \exp(j\psi) T_z^* \\ \hline T_y |e_x| |e_y| \exp(-j\psi) T_x^* & T_y |e_y|^2 T_y^* & T_y |e_y|^2 \tan\varphi \, T_z^* \\ \hline T_z |e_x| |e_y| \tan\varphi \exp(-j\psi) T_x^* & T_z |e_y|^2 \tan\varphi \, T_y^* & T_z |e_y|^2 \tan^2\varphi \, T_z^* \end{array} \right) \tag{L 4.20}$$

b)

$$\underline{R}_{outo}^{erw} = \begin{pmatrix} 0 & 0 & 0 \\ 0 & \cos^2\varphi & \cos\varphi\sin\varphi \\ 0 & \cos\varphi\sin\varphi & \sin^2\varphi \end{pmatrix} = \underline{R}_{ino}^{erw} \tag{L 4.21}$$

c)

$$\begin{vmatrix} -\lambda & 0 & 0 \\ 0 & \cos^2\varphi - \lambda & \cos\varphi\sin\varphi \\ 0 & \cos\varphi\sin\varphi & \sin^2\varphi - \lambda \end{vmatrix} = 0$$

$$\lambda \begin{vmatrix} \cos^2\varphi - \lambda & \cos\varphi\sin\varphi \\ \cos\varphi\sin\varphi & \sin^2\varphi - \lambda \end{vmatrix} = 0$$

$$\lambda \left[\left(\cos^2\varphi - \lambda\right)\left(\sin^2\varphi - \lambda\right) - \cos^2\varphi \sin^2\varphi \right] = 0$$

$$\lambda \left[\lambda^2 - \underbrace{\left(\cos^2\varphi + \sin^2\varphi\right)}_{=1}\lambda \right] = 0$$

$$\lambda^2 (\lambda - 1) = 0 \tag{L 4.22}$$

Eigenwerte:

$$\rightarrow \quad \underline{\underline{\lambda_1 = 0}}, \quad \underline{\underline{\lambda_2 = 0}}, \quad \underline{\underline{\lambda_3 = 1}} \tag{L 4.23}$$

d)

$\lambda_{1,2} = 0$: Rang $\underline{R}_{outo}^{erw} = 1$

$$\begin{pmatrix} 0 & cos^2\varphi & cos\varphi\, sin\varphi \end{pmatrix} \begin{pmatrix} x_{1,2} \\ y_{1,2} \\ z_{1,2} \end{pmatrix} = 0 \tag{L 4.24}$$

Eigenvektoren:

$$\vec{b}_1 = \begin{pmatrix} x_1 \\ -z_1\, tan\varphi \\ z_1 \end{pmatrix} \quad , \quad \vec{b}_2 = \begin{pmatrix} x_2 \\ -z_2\, tan\varphi \\ z_2 \end{pmatrix} \tag{L 4.25}$$

$\lambda_3 = 1$: $Rang\left(\underline{R}_{outo}^{erw} - \underline{E}\right) = 2$

$$\begin{pmatrix} 1 & 0 & 0 \\ 0 & -sin^2\varphi & cos\varphi\, sin\varphi \end{pmatrix} \begin{pmatrix} x_3 \\ y_3 \\ z_3 \end{pmatrix} = \begin{pmatrix} 0 \\ 0 \end{pmatrix} \tag{L 4.26}$$

Eigenvektor:

$$\vec{b}_3 = z_3 \begin{pmatrix} 0 \\ cot\varphi \\ 1 \end{pmatrix} \tag{L 4.27}$$

e)

Unitäre Eigenvektoren:

$$\vec{n}_1 = \begin{pmatrix} 1 \\ 0 \\ 0 \end{pmatrix}; \quad \vec{n}_2 = \begin{pmatrix} 0 \\ -sin\varphi \\ cos\varphi \end{pmatrix}; \quad \vec{n}_3 = \begin{pmatrix} 0 \\ cos\varphi \\ sin\varphi \end{pmatrix} \tag{L 4.28}$$

Transformationsmatrix:

$$\underline{B}_{out} = \begin{pmatrix} 1 & 0 & 0 \\ 0 & -sin\varphi & cos\varphi \\ 0 & cos\varphi & sin\varphi \end{pmatrix} = \underline{B}_{out}^{'*} = \underline{B}_{out}^{'} \tag{L 4.29}$$

f)

$$\underline{R}_{outo}^{derw} = \begin{pmatrix} \lambda_1 & 0 & 0 \\ 0 & \lambda_2 & 0 \\ 0 & 0 & \lambda_3 \end{pmatrix} = \begin{pmatrix} 0 & 0 & 0 \\ 0 & 0 & 0 \\ 0 & 0 & 1 \end{pmatrix} \qquad \text{(L 4.30)}$$

$$\underline{R}_{out}^{derw}(\omega) = \frac{4}{\Delta\omega} \cdot \frac{\hat{D}_o^2}{1 + \left(\frac{\omega - \omega_o}{\Delta\omega/2}\right)^2} \underline{R}_{outo}^{derw}$$

$$\underline{R}_{out}^{derw}(\omega) = \frac{4}{\Delta\omega} \cdot \frac{\hat{D}_o^2}{1 + \left(\frac{\omega - \omega_o}{\Delta\omega/2}\right)^2} \begin{pmatrix} 0 & 0 & 0 \\ 0 & 0 & 0 \\ 0 & 0 & 1 \end{pmatrix} \qquad \text{(L 4.31)}$$

g)

$$R_{zout}^{d}(\omega) = \frac{4}{\Delta\omega} \cdot \frac{\hat{D}_o^2}{1 + \left(\frac{\omega - \omega_o}{\Delta\omega/2}\right)^2} \qquad \text{(L 4.32)}$$

$$\vec{D}_{out}^{d}(j\omega) = \underline{B}'_{out}\ \vec{D}_{out}(j\omega)\ , \qquad \text{(L 4.33)}$$

$$\varepsilon_1 = \varepsilon_3: \qquad D_{yout}(j\omega) = D_{zout}(j\omega)\cot\varphi \qquad \text{(L 4.34)}$$

$$\begin{pmatrix} D_{xout}^{d}(j\omega) \\ D_{yout}^{d}(j\omega) \\ D_{zout}^{d}(j\omega) \end{pmatrix} = \begin{pmatrix} 0 \\ 0 \\ \frac{D_{zout}(j\omega)}{\sin\varphi} \end{pmatrix} \qquad \text{(L 4.35)}$$

$$\rightarrow \quad D_{zout}(j\omega) = D_{zout}^{d}(j\omega)\sin\varphi \qquad \text{(L 4.36)}$$

$$R_{zout}(\omega) = \left\langle D_{zout}(j\omega)\, D_{zout}^{*}(j\omega)\right\rangle$$

$$= \left\langle D_{zout}^{d}(j\omega)\, D_{zout}^{*d}(j\omega)\right\rangle \sin^2\varphi$$

$$\rightarrow \quad R_{zout}(\omega) = R_{zout}^{d}\ \sin^2\varphi \qquad \text{(L 4.37)}$$

$$R_{zout} = \frac{4}{\Delta\omega} \cdot \frac{\hat{D}_o^2\ \sin^2\varphi}{1 + \left(\frac{\omega - \omega_0}{\Delta\omega/2}\right)^2} \qquad \text{(L 4.38)}$$

Gemäß L 4.36 kann mit $D^{d}_{zout}(j\omega) = D_{y''out}(j\omega)$ festgestellt werden, dass die Diagonalisierung der ausgangsseitigen Kohärenzmatrix bei horizontaler Eingangspolarisation schon bei Verwendung der schrägen Komponente $D_{y''out}(j\omega)$ im x'', y'', z''-Koordinatensystem am Ausgang gegeben ist.

4.9 Literatur

[4.1] Thiele, R.: Optische Nachrichtensysteme und Sensornetzwerke. Vieweg Verlag Braunschweig/Wiesbaden 2002

[4.2] Meyer, M.: Grundlagen der Informationstechnik. Signale, Systeme und Filter. Vieweg Verlag Braunschweig/Wiesbaden 2002

[4.3] Weissmann, Y.: Optical Network Theory. Artech House, Boston, London 1992

[4.4] Franz, J.: Optische Übertragungssysteme mit Überlagerungsempfang. Springer-Verlag, Berlin 1988

5 Übertragung der *z*-Komponente der elektrischen Verschiebungsflussdichte über lineare optische Systeme

5.1 Determinierte Beschreibung

5.1.1 Zusammenschaltungsregeln

Darstellung der *z*-KÜF. Man rechnet leicht nach, dass die *z*-KÜF T_z in der Form

$$\boxed{T_z = \vec{T}_1 \, \underline{J} \, \vec{T}_2} \tag{5.1}$$

dargestellt werden kann. Dabei sind

$$\vec{T}_1 = (0, 1)$$

$$\vec{T}_2 = \begin{pmatrix} \dfrac{1}{\chi'_{in} \cos\varphi} \\ 1 \end{pmatrix} \tag{5.2}$$

die durch schräge Anregung und die Eingangspolarisation bestimmten Transformationsvektoren.

Der Tabelle 2-2 in [5.1] entnimmt man die Regeln der Zusammenschaltung optischer Netzwerke auf der Grundlage der Jones-Matrizen. Darauf aufbauend ergeben sich für die Reihen-, Parallel- und Rückkopplungsschaltung folgende Regeln für die Übertragungsfunktionen der *z*-Komponenten.

Reihenschaltung. Bei Reihenschaltung gilt für die Gesamtübertragungsfunktion

$$\boxed{T_z = T_{z2} \cdot T_{z1}} \tag{5.3}$$

Beweis durch Multiplikation der Jones-Matrizen:

$$T_z = \vec{T}_1 \, \underline{J} \, \vec{T}_2 = \vec{T}_1 \, \underline{J}_2 \, \underline{J}_1 \, \vec{T}_2$$

$$= (0, 1) \begin{pmatrix} J_{11}^2 & J_{12}^2 \\ J_{21}^2 & J_{22}^2 \end{pmatrix} \begin{pmatrix} J_{11}^1 & J_{12}^1 \\ J_{21}^1 & J_{22}^1 \end{pmatrix} \begin{pmatrix} \dfrac{1}{\chi'_{in} \cos\varphi} \\ 1 \end{pmatrix}$$

$$= J_{21}^2 \left(\frac{J_{11}^1}{\chi'_{in} \cos\varphi} + J_{12}^1 \right) + J_{22}^2 \left(\frac{J_{21}^1}{\chi'_{in} \cos\varphi} + J_{22}^1 \right)$$

$$T_{z1} = \frac{J_{21}^1}{\chi'_{in} \cos\varphi} + J_{22}^1$$

$$\frac{J_{11}^1}{\chi'_{in}\cos\varphi} + J_{12}^1 = \frac{T_{z1}}{\chi'_{out1}\cos\varphi}$$

$$T_z = \left(\frac{J_{21}^2}{\chi'_{out1}\cos\varphi} + J_{22}^2 \right) T_{z1}$$

$$T_{z2} = \frac{J_{21}^2}{\chi'_{out1}\cos\varphi} + J_{22}^2$$

$$\rightarrow \quad T_z = T_{z2} \cdot T_{z1}$$

Der Signalflussgraph für die Reihenschaltung ist im Bild 5-1a dargestellt.

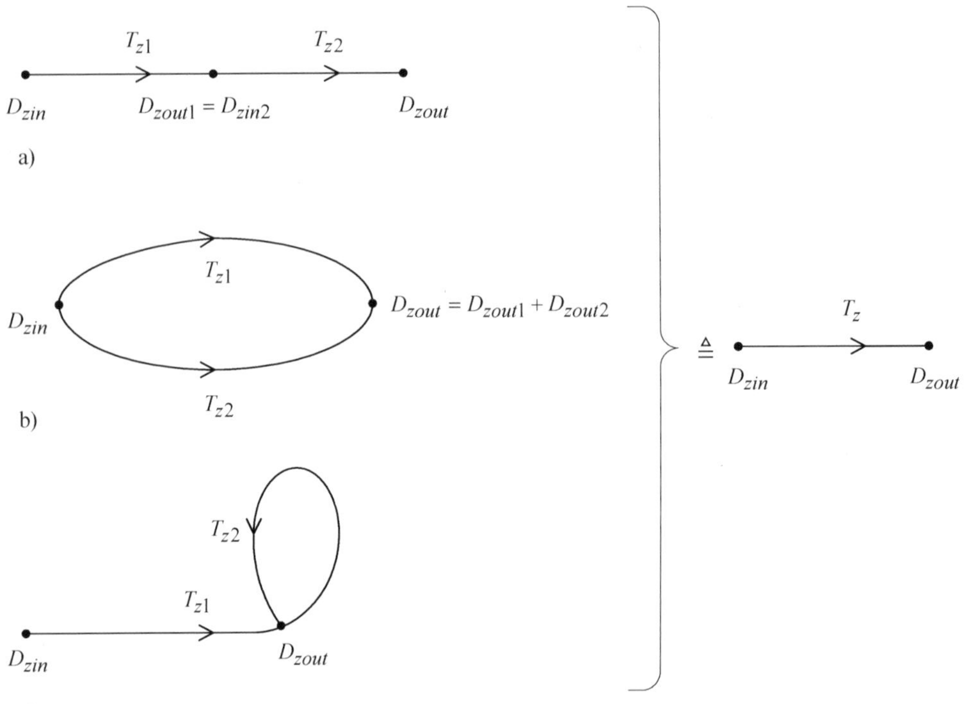

Bild 5-1 Signalflussgraphen für die z-KÜF
a) Reihenschaltung
b) Parallelschaltung
c) Rückkopplungsschaltung

Aufgabe A5.1 behandelt die Multiplikation der z-KÜF am Beispiel der Reihenschaltung zweier LWLs bei Berücksichtigung von Dämpfung, Gruppenlaufzeit und Modenkopplung für den Spezialfall der Anregung mit den Eigenpolarisationen.

Parallelschaltung. Für die Parallelschaltung erhalten wir

$$\boxed{T_z = T_{z1} + T_{z2}} \tag{5.4}$$

Beweis durch Addition der Jones-Matrizen:

$$T_z = \vec{T}_1 \, \underline{J} \, \vec{T}_2 = \vec{T}_1 \left(\underline{J}_1 + \underline{J}_2 \right) \vec{T}_2$$

$$= \vec{T}_1 \, \underline{J}_1 \, \vec{T}_2 + \vec{T}_1 \, \underline{J}_2 \, \vec{T}_2$$

$$T_{z1} = \vec{T}_1 \, \underline{J}_1 \, \vec{T}_2$$

$$T_{z2} = \vec{T}_1 \, \underline{J}_2 \, \vec{T}_2$$

$$\rightarrow \quad T_z = T_{z1} + T_{z2}$$

Der zugehörige Signalflussgraph ist im Bild 5-1b gezeigt. Aufgabe A5.2 behandelt die Parallelschaltung zweier LWLs mit unterschiedlichen Laufzeiten, wie sie in faseroptischen Interferometern zum Einsatz kommt.

Rückkopplungsschaltung. Der Signalflussgraph für die Rückkopplungsschaltung ist im Bild 5-1c dargestellt. Zur Ableitung der Gesamt-z-KÜF benutzen wir aus Gründen des geringeren Rechenaufwandes die aus dem Signalflussgraphen resultierende Gleichung

$$D_{zout} = T_{z1} \, D_{zin} + T_{z2} \, D_{zout} \tag{5.5}$$

Aus 5.5 ergibt sich die Gesamtübertragungsfunktion für die Rückkopplungsschaltung

$$\boxed{T_z = \frac{D_{zout}}{D_{zin}} = \frac{T_{z1}}{1 - T_{z2}}} \tag{5.6}$$

Aufgabe A 5.3 behandelt ein Beispiel zur Rückkopplung.

5.1.2 Erzeugung der z-Komponente der elektrischen Verschiebungsflussdichte am Eingang

Bezug nehmend auf die Koordinatensysteme im Bild 2-6 lässt sich die z-Komponente der elektrischen Verschiebungsflussdichte am Eingang durch Schrägstellung der Laserdiode gegenüber dem nachfolgenden optischen Netzwerk erzeugen [5.2], [5.3], [5.4].

Zur exakten Einhaltung der Modenanregungsbedingungen nach Tabelle 3.1 schaltet man zwei Laserdioden zur Erzeugung des E_0- und H_0-Modes im Tandembetrieb nach Bild 3-1 zusammen. Wie vorstehend beschrieben, muss bei einem symmetrischen oder hermiteschen Dielektrizitätstensor ein Transformationsnetzwerk zur Diagonalisierung dieses Tensors zwischen Laserdiode und optisches Netzwerk eingefügt werden [5.4], [5.5], [5.6].

5.1.3 Elimination der z-Komponente der elektrischen Verschiebungsflussdichte am Ausgang

5.1.3.1 Grundprinzip

Zur alleinigen Signalübertragung mit den z-Komponenten der elektrischen Verschiebungsflussdichte über lineare optische Netzwerke ist deren Elimination aus dem Gesamtfeld am Ausgang notwendig. Diese Aufgabe wird erfindungsgemäß mit so genannten z-Komponenten-Analysatoren gelöst [5.2], [5.3], [5.4], [5.7].

Vom Grundprinzip her, muss die erweiterte Jones-Matrix dazu die Gestalt

$$\underline{J}_{erw}^{d} = \begin{pmatrix} 0 & 0 & 0 \\ 0 & 0 & 0 \\ 0 & 0 & 1 \end{pmatrix} \tag{5.7}$$

haben. Bei Einbeziehung der Eigenschaften von dielektrischen Grenzschichten gilt für die Transfermatrix des z-Komponenten-Analysators

$$\underline{T}_{erw} = \begin{pmatrix} 0 & 0 & 0 \\ 0 & 0 & 0 \\ 0 & 0 & \varsigma \end{pmatrix} \tag{5.8}$$

mit $\varsigma \neq 0$.

Vom theoretischen Standpunkt betrachtet, sind also zur Realisierung von z-Komponenten-Analysatoren alle Zusammenschaltungen optischer Bauelemente geeignet, die auf die Matrizen 5.7 und 5.8 führen.

5.1.3.2 z-Komponenten-Analysator

Als Beispiel für einen faseroptischen z-Komponenten-Analysator sei das Bild 5-2 betrachtet. Dieser Analysator besteht aus einem E_0-Polarisator mit den Hauptbrechzahlen n_x, n_y, n_z, der zwischen isotropen LWLs mit den Brechzahlen n_1 und n_3 angeordnet ist, und einer erfindungsgemäßen Ringphotodiode mit innerem isotropen Medium der Brechzahl n_4. Den rechten Abschluss des z-Komponenten-Analysators (ZKA) bildet eine ideal leitende Schicht oder ein optischer Isolator zum Schutz der Ringphotodiode gegen einfallendes Fremdlicht. Im Bild 5-2 ist außerdem die gewünschte Lage der Wellenvektoren $\vec{k}_1$, $\vec{k}_3$ und $\vec{k}_4$ unter den Winkeln φ_1, φ_3 und φ_4 für die zugehörigen analytischen Signale in den einzelnen Medien eingetragen. Eine analoge Betrachtung gilt für die Signalanteile, die unter den Winkeln $-\varphi_1$, $-\varphi_3$ und $-\varphi_4$ laufen und im Medium mit n_4 zu einem analysierten Signal in entgegengesetzter Richtung zum eingetragenen führen.

Damit nur die z-Komponenten der Signalanteile mit φ_4 und $-\varphi_4$ von der Ringphotodiode empfangen werden, müssen folgende Dimensionierungsbedingungen für den ZKA gelten:

$$\begin{aligned} &1.\; n_x = n_1 \sin\varphi_1 , \\ &2.\; n_1 = n_y = n_z = n_3 \;\rightarrow\; \varphi_1 = \varphi_3 = \varphi , \\ &3.\; n_4 = n_3 \sin\varphi_3 \;\rightarrow\; \varphi_4 = \frac{\pi}{2} \end{aligned} \tag{5.9}$$

Aus 2.102, 2.108, 2.128, 2.145, 2.151 und 2.169 folgen mit 5.9 die Transfermatrizen für die Grenzschichten im ZKA nach 5.10.

$$\underline{T}_T^{ai} = \begin{pmatrix} 2 & 0 & 0 \\ 0 & 1 & 0 \\ 0 & 0 & 1 \end{pmatrix}, \quad \underline{T}_T^{ia} = \begin{pmatrix} 0 & 0 & 0 \\ 0 & 1 & 0 \\ 0 & 0 & 1 \end{pmatrix}, \quad \underline{T}_T^{ii} = \begin{pmatrix} 2 & 0 & 0 \\ 0 & 0 & 0 \\ 0 & 0 & 2 \end{pmatrix} \tag{5.10}$$

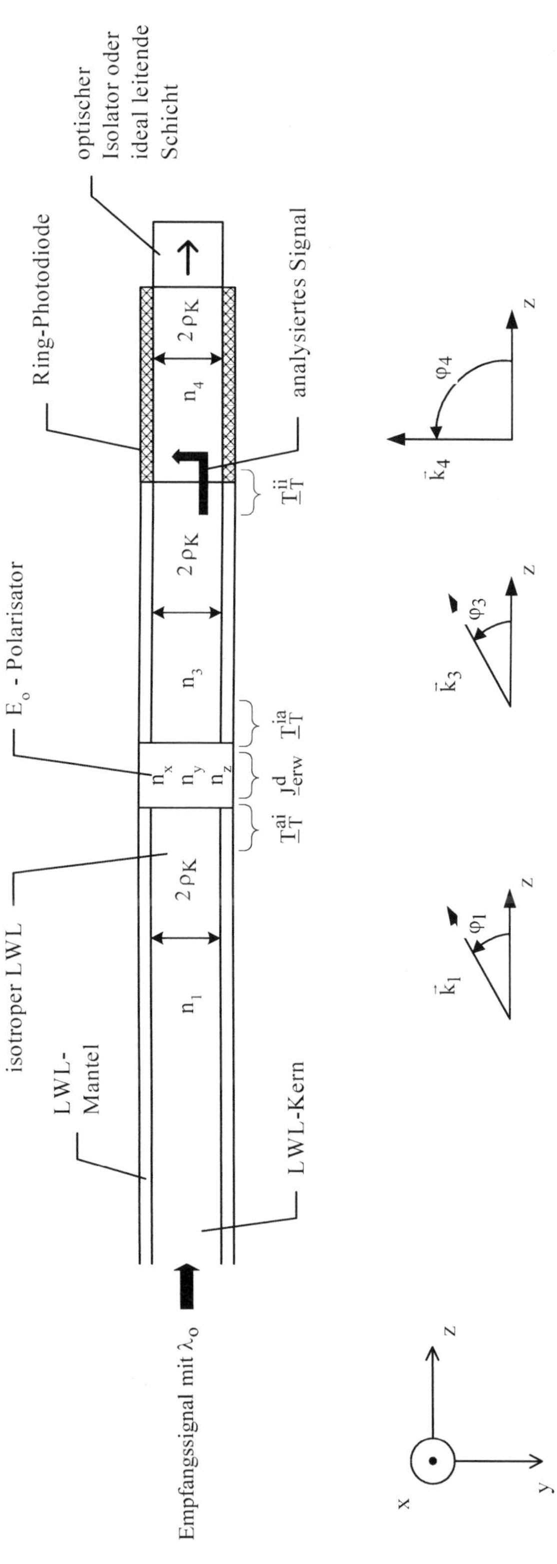

Bild 5-2 Aufbau eines z-Komponenten-Analysators [5.4], [5.7]

Zusammen mit der erweiterten Jones-Matrix des E_0-Polarisators

$$\underline{J}_{erw}^{d} = \begin{pmatrix} 0 & 0 & 0 \\ 0 & 1 & 0 \\ 0 & 0 & 1 \end{pmatrix} \tag{5.11}$$

ergibt sich für die erweiterte Transfermatrix $\underline{T}_{erw}$ des ZKA nach Bild 5-2:

$$\underline{T}_{erw} = \underline{T}_T^{ii}\, \underline{T}_T^{ia}\, \underline{J}_{erw}^{d}\, \underline{T}_T^{ai}$$

$$\rightarrow \quad \underline{T}_{erw} = \begin{pmatrix} 0 & 0 & 0 \\ 0 & 0 & 0 \\ 0 & 0 & 2 \end{pmatrix} \tag{5.12}$$

Mit $\varsigma = 2 \neq 0$ liegt tatsächlich ein ZKA im Bild 5-2 vor.

Mit 2.177 , 2.178 und 5.12 folgt im Medium 4 des ZKA nach Bild 5-2:

$$\begin{aligned} E_{x4} = 0 \quad &\rightarrow \quad H_{y4} = H_{z4} = 0 \\ E_{y4} = 0 \quad &\rightarrow \quad H_{x4} = f(y) \neq f(z), \\ &\qquad\;\; E_{z4} = g(y), \end{aligned} \tag{5.13}$$

d. h., die verbleibenden Feldkomponenten H_{x4} und E_{z4} sind nur Funktionen von y. Somit erhalten Sie aus 2.177:

$$\frac{\partial E_{z4}}{\partial y} = -j\,\omega\mu_o\, H_{x4}, \tag{5.14}$$

$$-\frac{\partial H_{x4}}{\partial y} = j\,\omega\varepsilon_4\, E_{z4} \tag{5.15}$$

und damit die Wellengleichung

$$\frac{\partial^2 E_{z4}}{\partial y^2} + \omega^2\, \mu_o\, \varepsilon_4\, E_{z4} = 0 \tag{5.16}$$

Die Lösung von 5.16 lautet mit den Konstanten A und B:

$$E_{z4} = A\, exp\left[j\omega\sqrt{\mu_o\, \varepsilon_4}\, y\right] + B\, exp\left[-\, j\omega\sqrt{\mu_o\, \varepsilon_4}\, y\right] \tag{5.17}$$

Gleichung 5.17 wird in 5.14 eingesetzt und ergibt

$$H_{x4} = -\frac{A}{Z_{o4}}\, exp\left[j\omega\sqrt{\mu_o\, \varepsilon_4}\, y\right] + \frac{B}{Z_{o4}}\, exp\left[-\, j\omega\sqrt{\mu_o\, \varepsilon_4}\, y\right] \tag{5.18}$$

Mit dem Feldwellenwiderstand Z_{o4}, der Lichtgeschwindigkeit c im Vakuum und der Dielektrizitätskonstanten ε_4, ausgedrückt durch die Brechzahl n_4, gemäß

$$Z_{o4} = \frac{1}{n_4}\sqrt{\frac{\mu_o}{\varepsilon_o}} = \frac{Z_o}{n_4}, \quad c = \frac{1}{\sqrt{\mu_o\, \varepsilon_o}}, \quad \varepsilon_4 = \varepsilon_o\, n_4^2,$$

erhalten Sie die Lösungen für das Feld im Medium 4:

$$E_{z4} = A\,exp\left[j\frac{\omega}{c}n_4\,y\right] + B\,exp\left[-j\frac{\omega}{c}n_4\,y\right] \tag{5.19}$$

$$H_{x4} = n_4\frac{B}{Z_o}exp\left[-j\frac{\omega}{c}n_4\,y\right] - n_4\frac{A}{Z_o}exp\left[j\frac{\omega}{c}n_4\,y\right], \tag{5.20}$$

Die Konstanten A und B ermittelt man aus der Grenzschichtbedingung zwischen Medium 3 und Medium 4 des ZKA nach Bild 5-2. Aus

$$D_{z4} = T_{zT}^{ii}\,D_{z3} = 2\,D_{z3}$$

$$\varepsilon_4\,E_{z4} = 2\,\varepsilon_3\,E_{z3}$$

folgt mit $\varepsilon_4 = \varepsilon_o\,n_4^2$ und $\varepsilon_3 = \varepsilon_o\,n_3^2$:

$$E_{z4} = 2\frac{n_3^2}{n_4^2}E_{z3} \tag{5.21}$$

Im Medium 3 folgen mit

$$Z_{o3} = \frac{1}{n_3}\sqrt{\frac{\mu_o}{\varepsilon_o}} = \frac{Z_o}{n_3}; \quad n_4 = n_3\,sin\,\varphi \tag{5.22}$$

und 2.200 die Feldkomponenten

$$E_{z3} = \hat{E}_{z3}\,exp\left(-j\,\beta_y L\right)\left[exp\left[j\frac{\omega}{c}n_4\,y\right] - exp\left[-j\frac{\omega}{c}n_4\,y\right]\right], \tag{5.23}$$

$$H_{x3} = -\frac{\hat{E}_{z3}\,exp\left(-j\,\beta_y L\right)}{Z_{o3}}\left[exp\left[j\frac{\omega}{c}n_4\,y\right] + exp\left[-j\frac{\omega}{c}n_4\,y\right]\right], \tag{5.24}$$

wenn sich die Grenzschicht zwischen Medium 3 und Medium 4 am Ort $z = L$ befindet. Wegen

$$\beta_y = \frac{\omega}{c}n_4\sqrt{1 - \underbrace{\left(\frac{n_3}{n_4}\right)^2 sin^2\,\varphi}_{=1}} = 0 \tag{5.25}$$

und 5.21 bis 5.24 ergeben sich mit

$$A = \frac{2\,\hat{E}_{z3}}{sin^2\,\varphi}, \quad B = \frac{-2\,\hat{E}_{z3}}{sin^2\,\varphi}, \tag{5.26}$$

$$\left(\frac{n_3}{n_4}\right)^2 = \frac{1}{sin^2\,\varphi} \tag{5.27}$$

die Feldverteilungen im Medium 4:

$$E_{z4} = 4\,j \frac{\hat{E}_{z3}}{sin^2\,\varphi} sin\left(\frac{\omega}{c} n_4\, y\right),$$

$$\boxed{E_{z4} = 2\,j\,\hat{E}_{z4}\,sin\left(\frac{\omega}{c} n_4\, y\right)}, \tag{5.28}$$

$$H_{x4} = -\frac{4\,\hat{E}_{z3}}{Z_{o4}\,sin^2\,\varphi} cos\left(\frac{\omega}{c} n_4\, y\right),$$

$$\boxed{H_{x4} = -\frac{2\,\hat{E}_{z4}}{Z_{o4}} cos\left(\frac{\omega}{c} n_4\, y\right)} \tag{5.29}$$

Damit erhalten Sie die Feldvektoren als Links- und Rechtswelle in der Form

$$\vec{E}_{z4} = \underbrace{\hat{E}_{z4}\,exp\left[\,j\frac{\omega}{c} n_4\, y\right]\vec{e}_z}_{Linkswelle\ \vec{E}_{Z4}^-} + \underbrace{\hat{E}_{z4}\,exp\left[-j\frac{\omega}{c} n_4\, y\right](-\vec{e}_z)}_{Rechtswelle\ \vec{E}_{Z4}^+} \tag{5.30}$$

$$\vec{H}_{x4} = \underbrace{\frac{n_4\,\hat{E}_{z4}}{Z_o} exp\left[\,j\frac{\omega}{c} n_4\, y\right](-\vec{e}_x)}_{Linkswelle\ \vec{H}_{x4}^-} + \underbrace{\frac{n_4\,\hat{E}_{z4}}{Z_o} exp\left[-j\frac{\omega}{c} n_4\, y\right](-\vec{e}_x)}_{Rechtswelle\ \vec{H}_{x4}^+} \tag{5.31}$$

Die zugehörigen komplexen Poynting-Vektoren werden definiert für die

- Linkswelle in der Form:

$$\boxed{\vec{S}_p^- = \frac{1}{2}\vec{E}_{z4}^- \times \vec{H}_{x4}^{-*}} \tag{5.32}$$

- Rechtswelle in der Darstellung:

$$\boxed{\vec{S}_p^+ = \frac{1}{2}\vec{E}_{z4}^+ \times \vec{H}_{x4}^{+*}} \tag{5.33}$$

Sie lauten mit den Feldvektoren aus 5.30 und 5.31:

- Linkswelle:

$$\boxed{\vec{S}_p^- = \frac{n_4\,\hat{E}_{z4}^2}{2\,Z_o}\left(-\vec{e}_y\right)} \tag{5.34}$$

- Rechtswelle:

$$\boxed{\vec{S}_p^+ = \frac{n_4\,\hat{E}_{z4}^2}{2\,Z_o}\,\vec{e}_y} \tag{5.35}$$

Zur Ableitung des Photostromes i_{ph} betrachten wir die Ringphotodiode nach Bild 5-3.

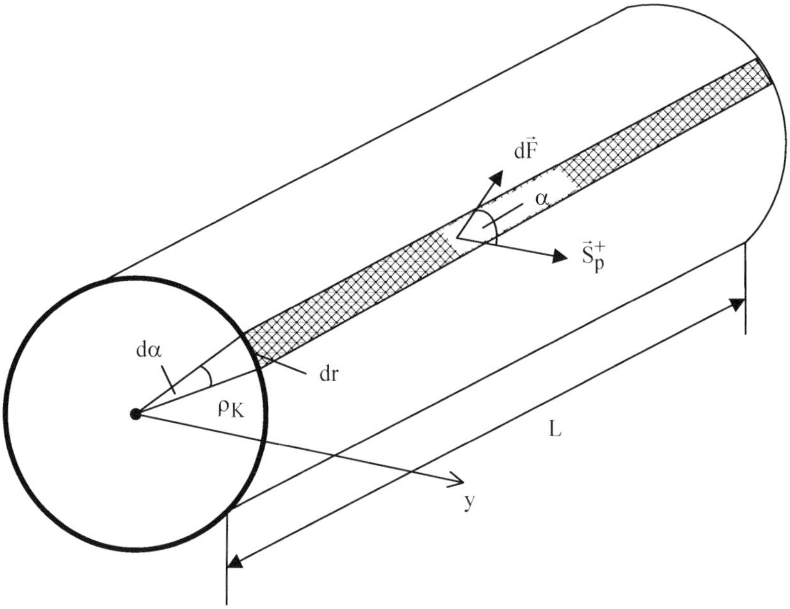

Bild 5-3 Ringphotodiode mit Poynting-Vektor $\vec{S}_p^+$ und differenziellen Flächenelement $d\vec{F}$

Der Photostrom i_{ph} ergibt sich durch Integration der Poynting-Vektoren $\vec{S}_p^+$ und $\vec{S}_p^-$ über jeweils eine halbe Zylindermantelfläche. Mit der Photoempfindlichkeit S_E gilt:

$$i_{ph} = S_E \left[\int_{\frac{F}{2}} \vec{S}_p^+ \cdot d\vec{F} + \int_{\frac{F}{2}} \vec{S}_p^- \cdot d\vec{F} \right] \tag{5.36}$$

Für das Flächenelement dF gilt laut Bild 5-3:

$$dF = L\, dr\,, \quad dr = \rho_K\, d\alpha$$

$$\rightarrow \quad dF = \rho_K\, L\, d\alpha \tag{5.37}$$

Somit wird aus 5.36 mit 5.37 und 5.34, 5.35:

$$i_{ph} = \frac{n_4\, S_E\, \hat{E}_{z4}^2\, \rho_K L}{Z_o} \underbrace{\int_{-\frac{\pi}{2}}^{\frac{\pi}{2}} \cos\alpha\, d\alpha}_{=2} \tag{5.38}$$

$$\rightarrow \quad \boxed{i_{ph} = \frac{2\, n_4\, S_E\, \hat{E}_{z4}^2\, \rho_K L}{Z_o}} \tag{5.39}$$

Damit liegt das Empfangssignal in Form des Photostromes i_{ph} vor.

5.2 Stochastische Beschreibung

Grundbeziehungen. Am Beispiel stationärer ergodischer Prozesse sollen Zusammenschaltungsregeln unter stochastischen Bedingungen angegeben werden, die auf der Wiener-Lee-Beziehung im Frequenzbereich

$$R_{zout}(\omega) = |T_z(j\omega)|^2 \; R_{zin}(\omega) \tag{5.40}$$

basieren. Wegen

$$R_{zin}(\omega) = \langle D_{zin}(j\omega) \, D^*_{zin}(j\omega) \rangle \; , \quad R_{zout}(\omega) = \langle D_{zout}(j\omega) \, D^*_{zout}(j\omega) \rangle$$

folgen die im Bild 5-4 dargestellten Zusammenschaltungsbedingungen.

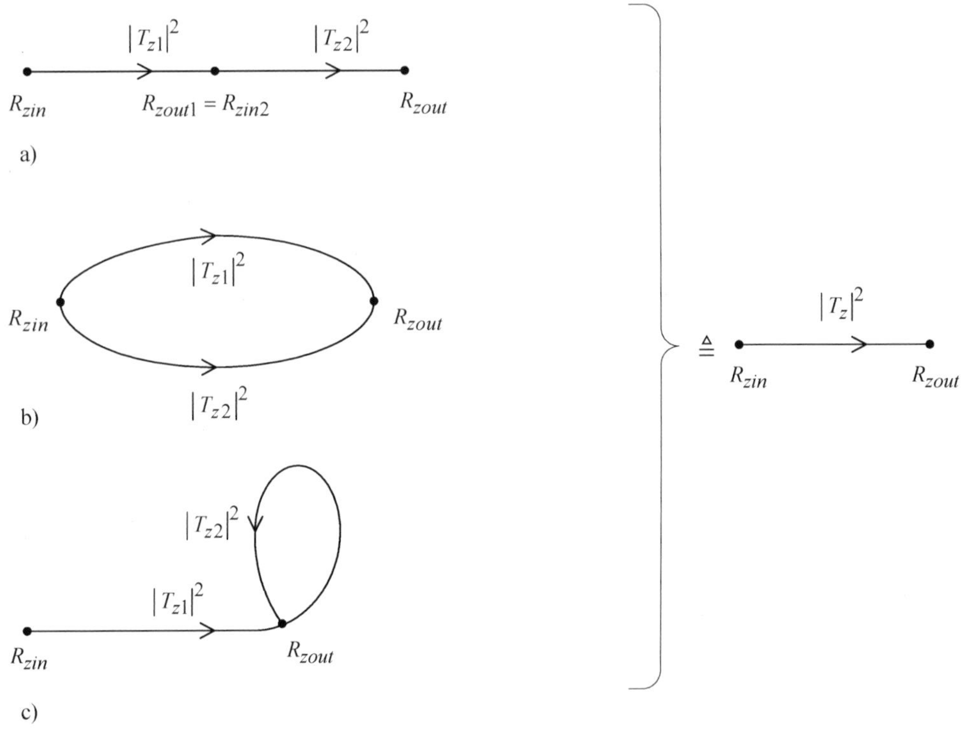

Bild 5-4 Signalflussgraphen für die Betragsquadrate der z-KÜF
a) Reihenschaltung
b) Parallelschaltung
c) Rückkopplungsschaltung

Reihenschaltung. Bei Reihenschaltung gilt nach Bild 5-4a:

$$\boxed{|T_z|^2 = |T_{z2}|^2\,|T_{z1}|^2} \tag{5.41}$$

Beweis:

Wegen $D_{zin2} = D_{zout1}$ gilt

$$R_{zin2} = \left\langle D_{zin2}\; D^*_{zin2} \right\rangle = \left\langle D_{zout1}\; D^*_{zout1} \right\rangle = R_{zout1}$$

und somit erhalten wir

$$R_{zout} = |T_{z2}|^2\, R_{zin2} = |T_{z2}|^2\, R_{zout1}$$

Mit $R_{zout1} = |T_{z1}|^2\, R_{zin}$ folgt

$$R_{zout} = |T_{z2}|^2\,|T_{z1}|^2\, R_{zin} = |T_z|^2\, R_{zin}$$

$$\rightarrow \quad |T_z|^2 = |T_{z2}|^2\,|T_{z1}|^2$$

Parallelschaltung. Bei Parallelschaltung ergibt sich mit Bild 5-4b;

$$\boxed{|T_z|^2 = |T_{z1}|^2 + |T_{z2}|^2 + 2\,|T_{z1}|\,|T_{z2}|\,cos\left(\varphi_{z1} - \varphi_{z2}\right)} \tag{5.42}$$

Beweis:

Wegen

$$D_{zout} = D_{zout1} + D_{Zout2}$$
$$D^*_{zout} = D^*_{zout1} + D^*_{zout2}$$

gilt

$$R_{zout} = \left\langle D_{zout}\; D^*_{zout} \right\rangle = \Big\langle |D_{zout1}|^2 + |D_{zout2}|^2$$
$$+\,2\,|D_{zout1}|\,|D_{zout2}|\,cos\left(\varphi_{zout1} - \varphi_{zout2}\right)\Big\rangle .$$

Mit den Winkeln

$$\varphi_{zout1} = \varphi_{z1} + \varphi_{zin}$$
$$\varphi_{zout2} = \varphi_{z2} + \varphi_{zin}$$

und

$$|D_{zout1}| = |T_{z1}|\,|D_{zin}|$$

$$|D_{zout2}| = |T_{z2}|\,|D_{zin}|, \quad R_{zin} = \left\langle |D_{zin}|^2 \right\rangle$$

erhält man weiter

$$R_{zout} = \left[|T_{z1}|^2 + |T_{z2}|^2 + 2\,|T_{z1}|\,|T_{z2}|\,cos\left(\varphi_{z1} - \varphi_{z2}\right)\right]\cdot\left\langle |D_{zin}|^2 \right\rangle$$
$$= |T_Z|^2\, R_{zin} .$$

$$\rightarrow \quad |T_z|^2 = |T_{z1}|^2 + |T_{z2}|^2 + 2\,|T_{z1}|\,|T_{z2}|\,cos\left(\varphi_{z1} - \varphi_{z2}\right)$$

Rückkopplungsschaltung. Bei Rückkopplungsschaltung erhält man mit Bild 5-4c:

$$\boxed{|T_z|^2 = \frac{|T_{z1}|^2}{1-2|T_{z2}|\cos\varphi_{z2} + |T_{z2}|^2}} \tag{5.43}$$

Beweis:

Wegen

$$D_{zout} = \frac{T_{z1}}{1-T_{z2}} D_{zin}\ , \quad D^*_{zout} = \frac{T^*_{z1}}{1-T^*_{z2}} D^*_{zin}$$

gilt

$$\left\langle |D_{zout}|^2 \right\rangle = \frac{|T_{z1}|^2}{1-2|T_{z2}|\cos\varphi_{z2} + |T_{z2}|^2} \left\langle |D_{zin}|^2 \right\rangle = R_{zout} = |T_z|^2 R_{zin}$$

$$\rightarrow \quad |T_z|^2 = \frac{|T_{z1}|^2}{1-2|T_{z2}|\cos\varphi_{z2} + |T_{z2}|^2}$$

Die Aufgaben A 5.4 bis A 5.6 beschäftigen sich mit den eben bewiesenen Formeln für die Zusammenschaltung optischer Bauelemente unter stochastischen Bedingungen.

5.3 Aufgaben

A 5.1 Für die Reihenschaltung zweier LWLs mit den Jones-Matrizen

$$\underline{J}_1 = \begin{pmatrix} J^1_{11} & J^1_{12} \\ J^1_{21} & J^1_{22} \end{pmatrix} = \begin{pmatrix} \cosh\left(\frac{a_1 + j\omega\tau_1}{2}\right) & -\sinh\left(\frac{a_1 + j\omega\tau_1}{2}\right) \\ -\sinh\left(\frac{a_1 + j\omega\tau_1}{2}\right) & \cosh\left(\frac{a_1 + j\omega\tau_1}{2}\right) \end{pmatrix} \tag{A 5.1}$$

$$\underline{J}_2 = \begin{pmatrix} J^2_{11} & J^2_{12} \\ J^2_{21} & J^2_{22} \end{pmatrix} = \begin{pmatrix} \cosh\left(\frac{a_2 + j\omega\tau_2}{2}\right) & -\sinh\left(\frac{a_2 + j\omega\tau_2}{2}\right) \\ -\sinh\left(\frac{a_2 + j\omega\tau_2}{2}\right) & \cosh\left(\frac{a_2 + j\omega\tau_2}{2}\right) \end{pmatrix} \tag{A 5.2}$$

ist bei Anregung des optischen Netzwerkes durch die Eigenpolarisationen die Gesamt-z-KÜF zu bestimmen:

a) Methode 1: Multiplikation der Jones-Matrizen,

b) Methode 2: Multiplikation der z-KÜF.

A 5.2 Für die Parallelschaltung zweier LWLs mit den Jones-Matrizen

$$\underline{J}_1 = \begin{pmatrix} J^1_{11} & J^1_{12} \\ J^1_{21} & J^1_{22} \end{pmatrix} = \exp(-j\omega\tau_1) \begin{pmatrix} 1 & 0 \\ 0 & 1 \end{pmatrix} \tag{A 5.3}$$

$$\underline{J}_2 = \begin{pmatrix} J_{11}^2 & J_{12}^2 \\ J_{21}^2 & J_{22}^2 \end{pmatrix} = exp\left(-j\omega\tau_2\right)\begin{pmatrix} 1 & 0 \\ 0 & 1 \end{pmatrix} \tag{A 5.4}$$

ist bei Anregung des optischen Netzwerkes mit horizontaler Eingangspolarisation die Gesamt-z-KÜF zu ermitteln:

a) Methode 1: Addition der Jones-Matrizen,

b) Methode 2: Addition der z-KÜF.

A 5.3 Für die Rückkopplungsschaltung zweier LWLs mit den Jones-Matrizen nach den Gleichungen A 5.3 und A 5.4 ist die Gesamt-z-KÜF zu berechnen nach:

a) Methode 1: Multiplikation der Jones-Matrizen,

b) Methode 2: Rückkopplungsformel.

Die Eingangspolarisation sei dabei horizontal.

A 5.4 Für zwei optische Bauelemente mit den z-KÜF

$$T_{z1} = exp\left[-\frac{a_1 + j\omega\tau_1}{2}\right], \quad T_{z2} = exp\left[-\frac{a_2 + j\omega\tau_2}{2}\right] \tag{A 5.5}$$

ist die Gesamtübertragungsfunktion $\left|T_z\right|^2$ bei Reihenschaltung unter stochastischen Bedingungen zu berechnen, nach

a) Methode 1: Reihenschaltungsformel 5.3,

b) Methode 2: Betragsformel 5.41.

A 5.5 Zwei optische Bauelemente besitzen die z-KÜF

$$T_{z1} = exp\left(-j\omega\tau_1\right), \quad T_{z2} = exp\left(-j\omega\tau_2\right) \tag{A 5.6}$$

Bestimmen Sie die Gesamtübertragungsfunktion $\left|T_z\right|^2$ unter stochastischen Bedingungen für die Parallelschaltung nach

a) Methode 1: Parallelschaltungsformel 5.4,

b) Methode 2: Betragsformel 5.42.

A 5.6 Zwei optische Bauelemente besitzen die z-KÜF nach Gleichung A 5.6.

Ermitteln Sie die Gesamtübertragungsfunktion $\left|T_z\right|^2$ für die Rückkopplung mit T_{z2} nach

a) Methode 1: Rückkopplungsformel 5.6,

b) Methode 2: Betragsformel 5.43.

5.4 Lösungen zu den Aufgaben

L 5.1

a) Methode 1: Multiplikation der Jones-Matrizen

$$\underline{J} = \underline{J}_2 \, \underline{J}_1 = \begin{pmatrix} J_{11} & J_{12} \\ J_{21} & J_{22} \end{pmatrix}$$

$$= \begin{pmatrix} cosh\left[\dfrac{a_1 + a_2 + j\omega(\tau_1+\tau_2)}{2}\right] & -sinh\left[\dfrac{a_1 + a_2 + j\omega(\tau_1+\tau_2)}{2}\right] \\ -sinh\left[\dfrac{a_1 + a_2 + j\omega(\tau_1+\tau_2)}{2}\right] & cosh\left[\dfrac{a_1 + a_2 + j\omega(\tau_1+\tau_2)}{2}\right] \end{pmatrix} \quad \text{(L 5.1)}$$

Eigenpolarisationen:

$$\chi'_e \, cos\,\varphi = \frac{J_{21} + J_{22}\, \chi'_e \, cos\,\varphi}{J_{11} + J_{12}\, \chi'_e \, cos\,\varphi}$$

$$\rightarrow \quad \chi'_{e_{1,2}} \, cos\,\varphi = \frac{1}{2\,J_{12}}\left[J_{22} - J_{11} \pm \sqrt{(J_{22}-J_{11})^2 + 4\,J_{12}\,J_{21}}\right] \quad \text{(L 5.2)}$$

$$\underline{\underline{\chi'_{e_{1,2}} \, cos\,\varphi = \pm 1}} \quad \text{(L5.3)}$$

$$T_z = \frac{J_{21}}{\chi'_e \, cos\,\varphi} + J_{22}$$

$$T_{z\pm} = cosh\left[\frac{a_1 + a_2 + j\omega(\tau_1+\tau_2)}{2}\right] \pm sinh\left[\frac{a_1 + a_2 + j\omega(\tau_1+\tau_2)}{2}\right] \quad \text{(L 5.4)}$$

$$\rightarrow \quad \underline{\underline{T_{z\pm} = exp\left[\pm\frac{a_1 + a_2 + j\omega(\tau_1+\tau_2)}{2}\right]}}$$

für $\chi'_{e_{2,1}} \, cos\,\varphi = \mp 1$

b) Methode 2: Multiplikation der z-KÜF

$$T_{z1\pm} = \frac{J^1_{21}}{\chi'_{e_{2,1}} \, cos\,\varphi} + J^1_{22} = cosh\left[\frac{a_1 + j\omega\,\tau_1}{2}\right] \pm sinh\left[\frac{a_1 + j\omega\,\tau_1}{2}\right]$$

$$\underline{\underline{T_{z1\pm} = exp\left[\pm\frac{a_1 + j\omega\,\tau_1}{2}\right]}} \quad \text{(L 5.6)}$$

$$T_{z2\pm} = \frac{J^2_{21}}{\chi'_{out} \, cos\,\varphi} + J^2_{22}$$

$$\chi'_{out} \cos\varphi = \frac{J^1_{21} + J^1_{22}\,\chi'_{e_{2,1}} \cos\varphi}{J^1_{11} + J^1_{12}\,\chi'_{e_{2,1}} \cos\varphi}$$

$$= \frac{-\sinh\left[\frac{a_1 + j\omega\tau_1}{2}\right] \mp \cosh\left[\frac{a_1 + j\omega\tau_1}{2}\right]}{\cosh\left[\frac{a_1 j\omega\tau_1}{2}\right] \pm \sinh\left[\frac{a_1 + j\omega\tau_1}{2}\right]} \qquad \text{(L 5.7)}$$

$$= \mp 1 = \chi'_{e_{2,1}} \cos\varphi$$

$$T_{z2\pm} = \cosh\left[\frac{a_2 + j\omega\tau_2}{2}\right] \pm \sinh\left[\frac{a_2 + j\omega\tau_2}{2}\right]$$

$$\underline{\underline{T_{z2\pm} = \exp\left[\pm\frac{a_2 + j\omega\tau_2}{2}\right]}} \qquad \text{(L 5.8)}$$

$$\rightarrow \quad \underline{\underline{T_{z\pm} = T_{z2\pm}\,T_{z1\pm} = \exp\left[\pm\frac{a_1 + a_2 + j\omega(\tau_1 + \tau_2)}{2}\right]}}$$

für $\chi'_{e_{2,1}} \cos\varphi = \mp 1$ (L 5.9)

L 5.2

a) Methode 1: Addition der Jones-Matrizen

$$\underline{J} = \underline{J}_1 + \underline{J}_2 = \begin{pmatrix} J_{11} & J_{12} \\ J_{21} & J_{22} \end{pmatrix} = \left[\exp(-j\omega\tau_1) + \exp(-j\omega\tau_2)\right]\begin{pmatrix} 1 & 0 \\ 0 & 1 \end{pmatrix} \qquad \text{(L 5.10)}$$

$$T_z = \frac{J_{21}}{\chi'_{in}\cos\varphi} + J_{22} = J_{22}$$

$$\rightarrow \quad \underline{\underline{T_z = \exp(-j\omega\tau_1) + \exp(-j\omega\tau_2)}} \qquad \text{(L 5.11)}$$

b) Methode 2: Addition der z-KÜF

$$T_{z1} = \frac{J^1_{21}}{\chi'_{in}\cos\varphi} + J^1_{22} = \exp(-j\omega\tau_1) \qquad \text{(L 5.12)}$$

$$T_{z2} = \frac{J^2_{21}}{\chi'_{in}\cos\varphi} + J^2_{22} = \exp(-j\omega\tau_2) \qquad \text{(L 5.13)}$$

$$\rightarrow \quad \underline{\underline{T_z = T_{z1} + T_{z2} = \exp(-j\omega\tau_1) + \exp(-j\omega\tau_2)}} \qquad \text{(L 5.14)}$$

L 5.3

a) Methode 1: Multiplikation der Jones-Matrizen

$$\underline{J} = \left(\underline{E} - \underline{J}_2\right)^{-1} \underline{J}_1 = \begin{pmatrix} J_{11} & J_{12} \\ J_{21} & J_{22} \end{pmatrix}$$

$$\underline{\underline{\underline{J} = \frac{exp\left(-j\omega\tau_1\right)}{1 - exp\left(-j\omega\tau_2\right)} \begin{pmatrix} 1 & 0 \\ 0 & 1 \end{pmatrix}}} \tag{L 5.15}$$

$$T_z = \frac{J_{21}}{\chi'_{in}\, cos\,\varphi} + J_{22} = J_{22}$$

$$\rightarrow \quad \underline{\underline{T_z = \frac{exp\left(-j\omega\tau_1\right)}{1 - exp\left(-j\omega\tau_2\right)}}} \tag{L 5.16}$$

b) Methode 2: Rückkopplungsformel

$$T_{z1} = \frac{J_{21}^1}{\chi'_{in}\, cos\,\varphi} + J_{22}^1 = exp\left(-j\omega\tau_1\right) \tag{L 5.17}$$

$$T_{z2} = \frac{J_{21}^2}{\chi'_{out}\, cos\,\varphi} + J_{22}^2 = exp\left(-j\omega\tau_2\right) \tag{L 5.18}$$

mit $\chi'_{out}\, cos\,\varphi \rightarrow \infty$

$$\rightarrow \quad \underline{\underline{T_z = \frac{T_{z1}}{1 - T_{z2}} = \frac{exp\left(-j\omega\tau_1\right)}{1 - exp\left(-j\omega\tau_2\right)}}} \tag{L 5.19}$$

L 5.4

a) Methode 1: Reihenschaltungsformel

$$T_z = T_{z2}\, T_{z1} = exp\left[-\frac{a_1 + a_2 + j\omega\left(\tau_1 + \tau_2\right)}{2}\right] \tag{L 5.20}$$

$$\underline{\underline{\left|T_z\right|^2 = exp\left[-\left(a_1 + a_2\right)\right]}} \tag{L 5.21}$$

b) Methode 2: Betragsformel

$$\left|T_z\right|^2 = \left|T_{z2}\right|^2 \left|T_{z1}\right|^2 \tag{L 5.22}$$

$$\left|T_{z1}\right|^2 = exp\left[-a_1\right] \tag{L 5.23}$$

$$\left|T_{z2}\right|^2 = exp\left[-a_2\right] \tag{L 5.24}$$

$$\underline{\underline{\left|T_z\right|^2 = exp\left[-\left(a_1 + a_2\right)\right]}} \tag{L 5.25}$$

L 5.5

a) Methode 1: Parallelschaltungsformel

$$T_z = T_{z1} + T_{z2} = exp\left[-j\omega\tau_1\right] + exp\left[-j\omega\tau_2\right] \tag{L 5.27}$$

$$|T_z|^2 = \left[cos(\omega\tau_1) + cos(\omega\tau_2)\right]^2 + \left[sin(\omega\tau_1) + sin(\omega\tau_2)\right]^2 \tag{L 5.28}$$

$$= 2\left[1 + cos(\omega\tau_1)\, cos(\omega\tau_2) + sin(\omega\tau_1)\, sin(\omega\tau_2)\right] \tag{L 5.29}$$

$$\underline{\underline{|T_z|^2 = 2\left[1 + cos\left[\omega(\tau_1 - \tau_2)\right]\right]}} \tag{L 5.30}$$

b) Methode 2: Betragsformel

$$|T_z|^2 = |T_{z1}|^2 + |T_{z2}|^2 + 2\,|T_{z1}|\,|T_{z2}|\,cos(\varphi_{z1} - \varphi_{z2}) \tag{L 5.31}$$

$$|T_{z1}| = |T_{z2}| = 1, \quad \varphi_{z1} = \omega\tau_1, \quad \varphi_{z2} = \omega\tau_2 \tag{L 5.32}$$

$$\rightarrow \quad \underline{\underline{|T_z|^2 = 2\left[1 + cos\left[\omega(\tau_1 - \tau_2)\right]\right]}} \tag{L 5.33}$$

L 5.6

a) Methode 1: Rückkopplungsformel

$$T_z = \frac{T_{z1}}{1 - T_{z2}} \tag{L 5.34}$$

$$T_z = \frac{exp\left[-j\omega\tau_1\right]}{1 - exp\left[-j\omega\tau_2\right]} \tag{L 5.35}$$

$$|T_z|^2 = \frac{1}{\left[1 - cos(\omega\tau_2)\right]^2 + sin^2(\omega\tau_2)} \tag{L 5.36}$$

$$\underline{\underline{|T_z|^2 = \frac{1}{2\left[1 - cos(\omega\tau_2)\right]}}} \tag{L5.37}$$

b) Methode 2: Betragsformel

$$|T_z|^2 = \frac{|T_{z1}|^2}{1 - 2\,|T_{z2}|\,cos\,\varphi_{z2} + |T_{z2}|^2} \tag{L 5.38}$$

$$|T_{z1}| = |T_{z2}| = 1, \quad \varphi_{z2} = \omega\tau_2 \tag{L 5.39}$$

$$\rightarrow \quad \underline{\underline{|T_z|^2 = \frac{1}{2\left[1 - cos(\omega\tau_2)\right]}}} \tag{L 5.40}$$

5.5 Literatur

[5.1] Thiele, R.: Optische Nachrichtensysteme und Sensornetzwerke. Ein systemtheoretischer Zugang. Vieweg Verlag, Braunschweig/Wiesbaden 2002

[5.2] Thiele, R.; Benedix, W. S.: Schaltungsanordnung eines optischen Nachrichtensystems zur Übertragung der z-Komponente der elektrischen Verschiebungsflussdichte und deren Auswertung mittels z-Komponenten-Analysator auf der Empfangsseite. Erfindungsmeldung 1, Hochschule Zittau/Görlitz (FH), 19.12.2003

[5.3] Thiele, R.; Benedix, W. S.: Schaltungsanordnung eines optischen Nachrichtensystems zur Übertragung der z-Komponente der elektrischen Verschiebungsflussdichte und deren Auswertung mittels z-Komponenten-Analysator auf der Empfangsseite. Offenlegungsschrift, Deutsches Patent- und Markenamt, DE 10327881A1 2005.01.05, Anmelderin: Hochschule Zittau/Görlitz (FH), DE.

[5.4] Thiele, R.; Benedix, W. S.; Nette, R.: Einrichtung und Verfahren zur Übertragung von Lichtsignalen in Lichtwellenleitern. PCT-Anmeldung PCT/DE 2004/002734, 09.12.2004, Anmelderin: Hochschule Zittau/Görlitz (FH) DE.

[5.5.] Thiele, R.; Nette, R.: Schaltungsanordnung zur Transformation optischer Netzwerke auf Diagonalform. Erfindungsmeldung 3, Hochschule Zittau/Görlitz (FH), 03.01.2004

[5.6] Thiele, R.: Verfahren und Schaltungsanordnung zur RT-Zerlegung einer orthogonalen Transformationsmatrix für die Überführung optischer Netzwerke in die Diagonalform. Erfindungsmeldung 6, Hochschule Zittau/Görlitz (FH), 01.04.2005

[5.7] Thiele, R.; Benedix, W. S.: Schaltungsanordnung eines z-Komponenten-Analysators zur Auswertung der z-Komponente der elektrischen Verschiebungsflussdichte. Erfindungsmeldung 2, Hochschule Zittau/Görlitz (FH), 19.12.2003

6 Klassifizierung optischer Netzwerke

6.1 Streumatrix

Definition. Zur vollständigen Beschreibung linearer zeitinvarianter optischer Netzwerke definieren wir die Streumatrix $\underline{S}$ im Frequenzbereich durch

$$\boxed{\tilde{A}_{out}(j\omega) = \underline{S}(j\omega)\,\tilde{A}_{in}(j\omega)} \tag{6.1}$$

Dabei stellen $\tilde{A}_{out}(j\omega)$ und $\tilde{A}_{in}(j\omega)$ die Hyper-Jones-Vektoren dar, die sich aus den dreidimensionalen Jones-Vektoren an den einzelnen Toren eines N-Tores zusammensetzen. Es gilt also Bild 6-1 und

$$\begin{aligned} \tilde{A}'_{out}(j\omega) &= \left(\vec{A}'_{out1}(j\omega), \vec{A}'_{out2}(j\omega), \cdots, \vec{A}'_{outN}(j\omega)\right) \\ \tilde{A}'_{in}(j\omega) &= \left(\vec{A}'_{in1}(j\omega), \vec{A}'_{in2}(j\omega), \cdots, \vec{A}'_{inN}(j\omega)\right). \end{aligned} \tag{6.2}$$

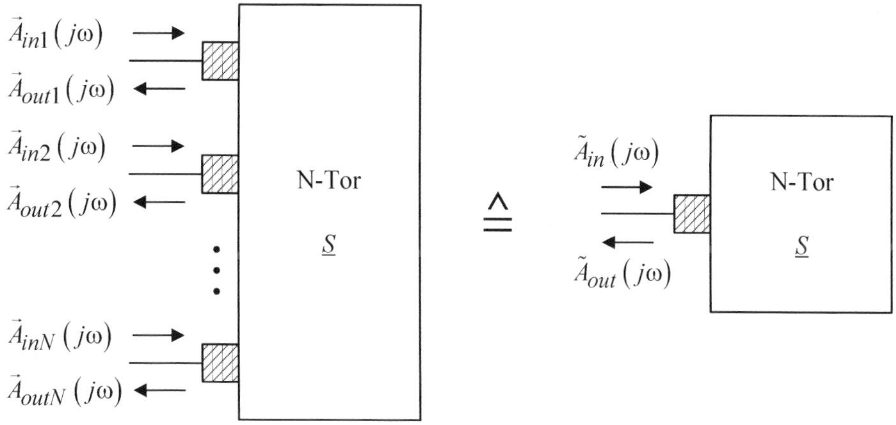

Bild 6-1 N-Tor

Die Streumatrix besitzt erweiterte Jones-Matrizen als Elemente, in der Hauptdiagonale Reflexionsmatrizen an den einzelnen Toren und außerhalb der Hauptdiagonale Transmissionsmatrizen zwischen den Toren. Dabei sind die erweiterten Jones-Matrizen dreidimensional, als 3x3-Matrix, anzusetzen.

Es gilt:

$$\boxed{\underline{S} = \begin{pmatrix} \underline{J}_{11} & \underline{J}_{12} & \cdots & \underline{J}_{1N} \\ \underline{J}_{21} & \underline{J}_{22} & \cdots & \underline{J}_{2N} \\ \vdots & \vdots & \ddots & \vdots \\ \underline{J}_{N1} & \underline{J}_{N2} & \cdots & \underline{J}_{NN} \end{pmatrix}.} \tag{6.3}$$

Auf der Grundlage von 6.1 bis 6.3 werden nun weitere Eigenschaften linearer zeitinvarianter optischer Netzwerke als N-Tore definiert.

6.2 Verlustlosigkeit, Passivität, Aktivität

Verlustlosigkeit. Ein optisches N-Tor-Netzwerk heißt verlustlos, wenn gilt

$$\boxed{Re\left\{\tilde{A}_{out}^{'*}\,\tilde{A}_{out}\right\}=Re\left\{\tilde{A}_{in}^{'*}\,\tilde{A}_{in}\right\}} \tag{6.4}$$

Dabei bezeichnet Re den Realteil der entsprechenden Größen. Aus 6.4 folgt mit 6.1:

$$\boxed{Re\left\{\tilde{A}_{in}^{'*}\left[\underline{E}-\underline{S}^{'*}\,\underline{S}\right]\tilde{A}_{in}\right\}=0} \tag{6.5}$$

6.5 ist allgemein nur erfüllt, wenn die Streumatrix unitär ist:

$$\boxed{\underline{S}^{'*}\,\underline{S}=\underline{E}} \tag{6.6}$$

Beispiel 6.1: Für die spezielle Streumatrix

$$\underline{S}=\begin{pmatrix}\underline{0} & \underline{J}_{erw}^{'}\\ \underline{J}_{erw} & 0\end{pmatrix} \tag{6.7}$$

ergibt sich aus

$$\underline{S}^{'*}\,\underline{S}=\begin{pmatrix}\underline{0} & \underline{J}_{erw}^{'*}\\ \underline{J}_{erw}^{*} & \underline{0}\end{pmatrix}\begin{pmatrix}\underline{0} & \underline{J}_{erw}^{'}\\ \underline{J}_{erw} & \underline{0}\end{pmatrix}=\begin{pmatrix}\underline{E} & \underline{0}\\ \underline{0} & \underline{E}\end{pmatrix} \tag{6.8}$$

die Unitaritätsbedingung

$$\underline{J}_{erw}^{'*}\,\underline{J}_{erw}=\underline{E} \tag{6.9}$$

der erweiterten Jones-Matrix $\underline{J}_{erw}$.

Aufgabe A 6.1 behandelt ein Beispiel für eine verlustlose optische Komponente.

Passivität. Ein optisches N-Tor-Netzwerk heißt passiv, wenn gilt

$$\boxed{Re\left\{\tilde{A}_{out}^{'*}\,\tilde{A}_{out}\right\}\le Re\left\{\tilde{A}_{in}^{'*}\,\tilde{A}_{in}\right\}} \tag{6.10}$$

Dann ergibt sich mit 6.1:

$$\boxed{\tilde{A}_{in}^{'*}\left\{\underline{E}-\underline{S}^{'*}\,\underline{S}\right\}\tilde{A}_{in}\ge 0} \tag{6.11}$$

Aus 6.11 folgt für die Formenmatrix $\underline{E}-\underline{S}^{'*}\,\underline{S}$, dass ihre Hauptabschnittsdeterminanten sämtlich größer gleich Null sein müssen.

Beispiel 6.2: Für die spezielle $\underline{S}$-Matrix 6.7 müssen die Hauptabschnittsdeterminanten von

$$\underline{E}-\underline{S}'^{*}\ \underline{S}=\begin{pmatrix} \underline{E}-\underline{J}_{erw}'^{*}\ \underline{J}_{erw} & \underline{0} \\ \underline{0} & \underline{E}-\underline{J}_{erw}^{*}\ \underline{J}_{erw}' \end{pmatrix} \tag{6.12}$$

sämtlich größer gleich Null sein. Ein Beispiel dazu findet man in Aufgabe A 6.2.

Aktivität. Ein optisches N-Tor-Netzwerk heißt aktiv, wenn es nicht passiv ist.

Beispiel 6.3: Die Streumatrix eines aktiven 2-Tor-Netzwerkes besitze die Gestalt

$$\underline{S}=\begin{pmatrix} \underline{0} & \underline{0} \\ \underline{J}_{erw} & \underline{0} \end{pmatrix} \tag{6.13}$$

mit

$$\underline{J}_{erw}=exp\left[(g-j\beta)\,L\right]\begin{pmatrix} 1 & 0 & 0 \\ 0 & 1 & 0 \\ 0 & 0 & 1 \end{pmatrix} \tag{6.14}$$

und $g > 0$. In der Lösung der Aufgabe A 6.3 findet sich der Beweis für die Aktivität dieses 2-Tores.

6.3 Reziprozität [6.1]

Definition. Ein optisches N-Tor-Netzwerk heißt reziprok, wenn gilt

$$\boxed{\tilde{A}_{out1}'\ \tilde{A}_{in2}=\tilde{A}_{in1}'\ \tilde{A}_{out2}} \tag{6.15}$$

für

$$\tilde{A}_{out1,2}=\underline{S}\ \tilde{A}_{in1,2} \tag{6.16}$$

Durch Einsetzen von 6.16 in 6.15 ergibt sich

$$\tilde{A}_{in1}'\ \underline{S}'\ \tilde{A}_{in2}=\tilde{A}_{in1}'\ \underline{S}\ \tilde{A}_{in2}, \tag{6.17}$$

was für beliebige Eingangssignale nur für

$$\boxed{\underline{S}'=\underline{S}} \tag{6.18}$$

erfüllt ist. Die Streumatrix $\underline{S}$ muss bei reziproken optischen Komponenten symmetrisch sein.

Beispiel 6.4: Gleichung 6.7 kennzeichnet wegen ihrer Symmetrie die Streumatrix einer speziellen reziproken optischen Komponente.

Definition. Ein optisches N-Tor-Netzwerk heißt nichtreziprok, wenn es nicht die Reziprozitätsdefinition 6.15 erfüllt bzw. nicht 6.18 gilt.

Reziproke N-Tore werden auch als übertragungssymmetrische N-Tore bezeichnet.

6.4 Reflexionsfreiheit

Definition. Ein optisches N-Tor-Netwerk heißt reflexionsfrei, wenn gilt:

$$\boxed{\underline{J}_{\nu\nu} = \underline{0}} \text{ für alle } \nu \tag{6.19}$$

Beispiel 6.5: Laut Lösung L 6.5 sind der anisotrope und isotrope LWL sowie der faseroptische Verstärker reflexionsfrei, wenn sie, wie vorausgesetzt, zwischen gleichartigen LWLs betrieben werden.

6.5 Symmetrie

2M-Tor. Ein N-Tor-Netzwerk lässt mit N = 2M die Zerlegung in M-Eingangstore und M-Ausgangstore gemäß Bild 6-2 zu.

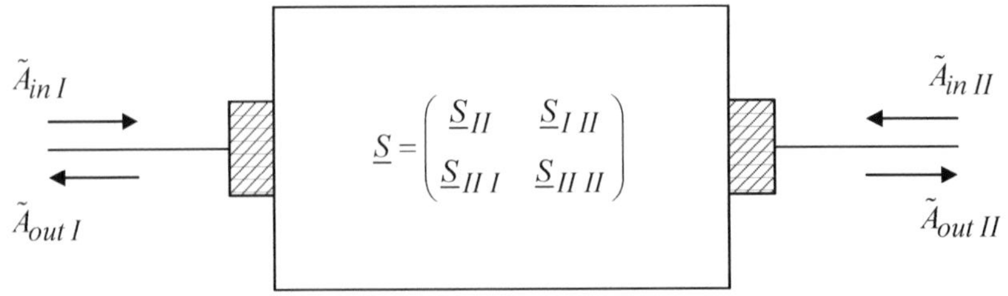

Bild 6-2 2M-Tor

Definition. Ein 2M-Tor heißt torsymmetrisch, wenn gilt:

$$\boxed{\tilde{A}_{out} = \begin{pmatrix} \tilde{A}_{outI} \\ \tilde{A}_{outII} \end{pmatrix} = \begin{pmatrix} \underline{0} & \underline{E} \\ \underline{E} & \underline{0} \end{pmatrix} \begin{pmatrix} \tilde{A}_{outI} \\ \tilde{A}_{outII} \end{pmatrix} = \underline{V}\,\tilde{A}_{out}} \tag{6.20}$$

und

$$\boxed{\tilde{A}_{in} = \begin{pmatrix} \tilde{A}_{inI} \\ \tilde{A}_{inII} \end{pmatrix} = \begin{pmatrix} \underline{0} & \underline{E} \\ \underline{E} & \underline{0} \end{pmatrix} \begin{pmatrix} \tilde{A}_{inI} \\ \tilde{A}_{inII} \end{pmatrix} = \underline{V}\,\tilde{A}_{in}}$$

Dann folgt mit der Streumatrix

$$\underline{S} = \begin{pmatrix} \underline{S}_{II} & \underline{S}_{I\,II} \\ \underline{S}_{II\,I} & \underline{S}_{II\,II} \end{pmatrix} \text{ und } \underline{V} = \begin{pmatrix} \underline{0} & \underline{E} \\ \underline{E} & \underline{0} \end{pmatrix} \tag{6.21}$$

die Bedingung

$$\boxed{\tilde{A}_{out} = \underline{S}\,\tilde{A}_{in} = \underline{V}\,\underline{S}\,\underline{V}\,\tilde{A}_{in}} \tag{6.22}$$

Gleichung 6.22 ist für beliebige Eingangssignale $\tilde{A}_{in}$ nur erfüllt, wenn gilt:

$$\boxed{\underline{S} = \underline{V}\,\underline{S}\,\underline{V}} \tag{6.23}$$

Äquivalent zu 6.23 ist die Forderung:

$$\boxed{\begin{pmatrix} \underline{S}_{I\,I} & \underline{S}_{I\,II} \\ \underline{S}_{II\,I} & \underline{S}_{II\,II} \end{pmatrix} = \begin{pmatrix} \underline{S}_{II\,II} & \underline{S}_{II\,I} \\ \underline{S}_{I\,II} & \underline{S}_{I\,I} \end{pmatrix}} \tag{6.24}$$

Aufgabe A 6.5 behandelt u. A. die Torsymmetrie.

6.6 Aufgaben

A 6.1 Ein anisotroper LWL sei durch seine erweiterte Jones-Matrix

$$\underline{J}_{erw} = \begin{pmatrix} exp\left(-\gamma_x L\right) & 0 & 0 \\ 0 & exp\left(-\gamma_y L\right) & 0 \\ 0 & 0 & exp\left(-\gamma_y L\right) \end{pmatrix} \tag{A 6.1}$$

mit

$$\gamma_x = j\frac{\omega}{c}\sqrt{n_x^2 - n_1^2\, sin^2\, \varphi} \tag{A 6.2}$$

$$\gamma_y = j\frac{\omega}{c} n_y \sqrt{1-\left(\frac{n_1}{n_z}\right)^2 sin^2\, \varphi} \tag{A 6.3}$$

charakterisiert. Zeigen Sie, dass dieser LWL für reelle Brechzahlen n_1, n_x, n_y, n_z verlustlos ist.

A 6.2. Ein isotroper LWL werde durch die erweiterte Jones-Matrix

$$\underline{J}_{erw} = exp\left[-\left(\alpha + j\beta\right) L\right] \begin{pmatrix} 1 & 0 & 0 \\ 0 & 1 & 0 \\ 0 & 0 & 1 \end{pmatrix} \tag{A 6.4}$$

mit der Dämpfungskonstanten $\alpha > 0$ und der Phasenkonstanten β beschrieben. Zeigen Sie, dass dieser LWL für $\alpha \neq 0$ eine passive optische Komponente darstellt.

A 6.3 Ein faseroptischer Verstärker wird durch die erweiterte Jones-Matrix

$$\underline{J}_{erw} = exp\left[\left(g - j\beta\right) L\right] \begin{pmatrix} 1 & 0 & 0 \\ 0 & 1 & 0 \\ 0 & 0 & 1 \end{pmatrix} \tag{A 6.5}$$

mit $g > 0$ beschrieben. Zeigen Sie, dass der Verstärker eine aktive optische Komponente darstellt, wenn für ihn die Streumatrix-Darstellung

$$\underline{S} = \begin{pmatrix} \underline{0} & \underline{0} \\ \underline{J}_{erw} & \underline{0} \end{pmatrix} \tag{A 6.6}$$

gilt.

A. 6.4 Untersuchen Sie die optischen Bauelemente nach den Aufgaben A 6.1 bis A 6.3 auf Reziprozität, indem Sie die Bedingung an die Streumatrix $\underline{S}$ auswerten.

A 6.5 Sind die optischen Bauelemente aus den Aufgaben A 6.1 bis A 6.3

a) reflexionsfrei,

b) torsymmetrisch?

6.7 Lösungen zu den Aufgaben

L 6.1

$$\underline{J}_{erw} = \begin{pmatrix} exp(-\gamma_x L) & 0 & 0 \\ 0 & exp(-\gamma_y L) & 0 \\ 0 & 0 & exp(-\gamma_y L) \end{pmatrix}$$

$$\underline{J}'^{*}_{erw} = \begin{pmatrix} exp(\gamma_x L) & 0 & 0 \\ 0 & exp(\gamma_y L) & 0 \\ 0 & 0 & exp(\gamma_y L) \end{pmatrix} \tag{L 6.1}$$

Unitaritätsbedingung:

$$\underline{J}'^{*}_{erw}\,\underline{J}_{erw} = \underline{E} \tag{L 6.2}$$

$$\begin{pmatrix} exp(\gamma_x L) & 0 & 0 \\ 0 & exp(\gamma_y L) & 0 \\ 0 & 0 & exp(\gamma_y L) \end{pmatrix} \begin{pmatrix} exp(-\gamma_x L) & 0 & 0 \\ 0 & exp(-\gamma_y L) & 0 \\ 0 & 0 & exp(-\gamma_y L) \end{pmatrix} \tag{L 6.3}$$

$$= \begin{pmatrix} 1 & 0 & 0 \\ 0 & 1 & 0 \\ 0 & 0 & 1 \end{pmatrix}$$

L 6.2

$$\underline{E} - \underline{J}'^{*}_{erw}\,\underline{J}_{erw} = \begin{pmatrix} 1-exp[-2\alpha L] & 0 & 0 \\ 0 & 1-exp[-2\alpha L] & 0 \\ 0 & 0 & 1-exp[-2\alpha L] \end{pmatrix} \tag{L 6.4}$$

$$\underline{E} - \underline{J}^{*}_{erw}\,\underline{J}'_{erw} = \begin{pmatrix} 1-exp[-2\alpha L] & 0 & 0 \\ 0 & 1-exp[-2\alpha L] & 0 \\ 0 & 0 & 1-exp[-2\alpha L] \end{pmatrix} \tag{L 6.5}$$

Hauptabschnittsdeterminanten:

$$\left.\begin{aligned} D_1 &= 1 - exp[-2\,\alpha L] > 0 \\ D_2 &= D_1^2 > 0 \\ D_3 &= D_1^3 > 0 \\ D_4 &= D_1^4 > 0 \\ D_5 &= D_1^5 > 0 \\ D_6 &= D_1^6 > 0 \end{aligned}\right\} \text{für } \alpha > 0 \qquad \text{(L 6.6)}$$

$\rightarrow$ Der isotrope LWL mit $\alpha > 0$ ist passiv.

L 6.3

Es werden die Hauptabschnittsdeterminanten von

$$\underline{E} - \underline{S}'^{*}\,\underline{S} = \begin{pmatrix} \underline{E} - \underline{J}_{erw}'^{*}\,\underline{J}_{erw} & \underline{0} \\ \underline{0} & \underline{E} \end{pmatrix} \qquad \text{(L 6.7)}$$

hinsichtlich Passivität untersucht.

Es gilt:

$$\underline{E} - \underline{J}_{erw}'^{*}\,\underline{J}_{erw} = (1 - exp[2gL]) \begin{pmatrix} 1 & 0 & 0 \\ 0 & 1 & 0 \\ 0 & 0 & 1 \end{pmatrix} \qquad \text{(L 6.8)}$$

mit $g > 0$.

Hauptabschnittsdeterminanten:

$$\left.\begin{aligned} D_1 &= 1 - exp[2gL] < 0 \\ D_2 &= D_1^2 > 0 \\ D_3 &= D_1^3 < 0 \\ D_4 &= D_1^3 < 0 \\ D_5 &= D_1^3 < 0 \\ D_6 &= D_1^3 < 0 \end{aligned}\right\} \text{für g} > 0 \qquad \text{(L 6.9)}$$

Das betrachtete N-Tor-Netzwerk ist gemäß L 6.9 aktiv, weil nicht alle Hauptabschnittsdeterminanten größer gleich Null sind.

L 6.4

Anisotroper LWL:

$$\underline{S} = \left(\begin{array}{ccc|ccc} 0 & 0 & 0 & exp(-\gamma_x L) & 0 & 0 \\ 0 & 0 & 0 & 0 & exp(-\gamma_y L) & 0 \\ 0 & 0 & 0 & 0 & 0 & exp(-\gamma_y L) \\ \hline exp(-\gamma_x L) & 0 & 0 & 0 & 0 & 0 \\ 0 & exp(-\gamma_y L) & 0 & 0 & 0 & 0 \\ 0 & 0 & exp(-\gamma_y L) & 0 & 0 & 0 \end{array}\right)$$

$$= \underline{S}' \rightarrow \text{reziprok} \tag{L 6.10}$$

Isotroper LWL:

$$\underline{S} = exp\left[-(\alpha + j\beta)L\right] \left(\begin{array}{ccc|ccc} 0 & 0 & 0 & 1 & 0 & 0 \\ 0 & 0 & 0 & 0 & 1 & 0 \\ 0 & 0 & 0 & 0 & 0 & 1 \\ \hline 1 & 0 & 0 & 0 & 0 & 0 \\ 0 & 1 & 0 & 0 & 0 & 0 \\ 0 & 0 & 1 & 0 & 0 & 0 \end{array}\right) \tag{L 6.11}$$

$$= \underline{S}' \rightarrow \text{reziprok}$$

Faseroptischer Verstärker:

$$\underline{S} = exp\left[(g - j\beta)L\right] \left(\begin{array}{ccc|ccc} 0 & 0 & 0 & 0 & 0 & 0 \\ 0 & 0 & 0 & 0 & 0 & 0 \\ 0 & 0 & 0 & 0 & 0 & 0 \\ \hline 1 & 0 & 0 & 0 & 0 & 0 \\ 0 & 1 & 0 & 0 & 0 & 0 \\ 0 & 0 & 1 & 0 & 0 & 0 \end{array}\right) \tag{L 6.12}$$

$$\neq \underline{S}' \rightarrow \text{nichtreziprok}$$

L 6.5

a) Anisotroper und isotroper LWL sowie faseroptischer Verstärker sind wegen

$$\underline{J}_{11} = \underline{J}_{22} = \begin{pmatrix} 0 & 0 & 0 \\ 0 & 0 & 0 \\ 0 & 0 & 0 \end{pmatrix} \tag{L 6.13}$$

in L 6.10 bis L 6.12 hier reflexionsfrei.

b) Anisotroper LWL (L 6.10):

$$\underline{S}_{I\,I} = \underline{S}_{II\,II} = \begin{pmatrix} 0 & 0 & 0 \\ 0 & 0 & 0 \\ 0 & 0 & 0 \end{pmatrix} \tag{L 6.14}$$

$$\underline{S}_{I\,II} = \underline{S}_{II\,I} = \begin{pmatrix} exp\left(-\gamma_x L\right) & 0 & 0 \\ 0 & exp\left(-\gamma_y L\right) & 0 \\ 0 & 0 & exp\left(-\gamma_y L\right) \end{pmatrix}$$

→ torsymmetrisch

Isotroper LWL (L 6.11):

$$\underline{S}_{I\,I} = \underline{S}_{II\,II} = \begin{pmatrix} 0 & 0 & 0 \\ 0 & 0 & 0 \\ 0 & 0 & 0 \end{pmatrix} \tag{L 6.15}$$

$$\underline{S}_{I\,II} = \underline{S}_{II\,I} = exp\left[-\left(\alpha + j\beta\right) L\right] \begin{pmatrix} 1 & 0 & 0 \\ 0 & 1 & 0 \\ 0 & 0 & 1 \end{pmatrix}$$

→ torsymmetrisch

Faseroptischer Verstärker (L 6.12):

$$\underline{S}_{I\,I} = \underline{S}_{II\,II} = \begin{pmatrix} 0 & 0 & 0 \\ 0 & 0 & 0 \\ 0 & 0 & 0 \end{pmatrix} \tag{L 6.16}$$

$$\underline{S}_{I\,II} = \begin{pmatrix} 0 & 0 & 0 \\ 0 & 0 & 0 \\ 0 & 0 & 0 \end{pmatrix} \neq exp\left[\left(g - j\beta\right) L\right] \begin{pmatrix} 1 & 0 & 0 \\ 0 & 1 & 0 \\ 0 & 0 & 1 \end{pmatrix} = \underline{S}_{II\,I}$$

→ nicht torsymmetrisch.

6.8 Literatur

[6.1] Newcomb, R. W.: Linear Multiport Synthesis. Mc Graw-Hill Book Company, New York, San Francisco, St. Louis, Toronto, London, Sydney 1966

7 *z*-Komponenten-Eigenanalyse

7.1 Verfahren der *z*-Komponenten-Eigenanalyse

7.1.1 Änderung des Dielektrizitätstensors

Einführung. Wir nehmen nun an, dass sich die Übertragungseigenschaften eines LWL durch interne und externe Effekte ändern. Interne Effekte sind nichtzirkularer Kern und Mantel sowie Zugspannungen. Seitliche mechanische Beanspruchungen, Faserbiegungen und -torsionen bilden externe Effekte.

Die Änderung der Übertragungseigenschaften eines LWL wird durch einen geänderten Dielektrizitätstensor vermittelt. Hier soll nur die gleichmäßige Schwankung des Dielektrizitätstensors $\underline{\varepsilon}$ um den Schwankungsparameter $a > 0$ untersucht werden, die zu einem geänderten Tensor

$$\boxed{\underline{\varepsilon}' = a\,\underline{\varepsilon}} \tag{7.1}$$

führt.

Charakteristische Gleichungen. Zur Untersuchung der Auswirkungen eines schwankenden hermiteschen Dielektrizitätstensors auf seine Eigenwerte und Eigenvektoren betrachten wir die charakteristischen Gleichungen

- vor der Schwankung

$$\begin{aligned}
&\lambda^3 - \left(\varepsilon_{xx} + \varepsilon_{yy} + \varepsilon_{zz}\right)\lambda^2 \\
&+\left(\varepsilon_{xx}\,\varepsilon_{yy} + \varepsilon_{xx}\,\varepsilon_{zz} + \varepsilon_{yy}\,\varepsilon_{zz} - \left|\varepsilon_{xy}\right|^2 - \left|\varepsilon_{xz}\right|^2 - \left|\varepsilon_{yz}\right|^2\right)\lambda \\
&-\varepsilon_{xx}\,\varepsilon_{yy}\,\varepsilon_{zz} - 2\,Re\left\{\varepsilon_{xy}\,\varepsilon_{xz}^{*}\,\varepsilon_{yz}\right\} \\
&+\varepsilon_{xx}\left|\varepsilon_{yz}\right|^2 + \varepsilon_{yy}\left|\varepsilon_{xz}\right|^2 + \varepsilon_{zz}\left|\varepsilon_{xy}\right|^2 = 0
\end{aligned} \tag{7.2}$$

- nach der Schwankung

$$\begin{aligned}
&\lambda'^3 - a\left(\varepsilon_{xx} + \varepsilon_{yy} + \varepsilon_{zz}\right)\lambda'^2 \\
&+a^2\left(\varepsilon_{xx}\,\varepsilon_{yy} + \varepsilon_{xx}\,\varepsilon_{zz} + \varepsilon_{yy}\,\varepsilon_{zz} - \left|\varepsilon_{xy}\right|^2 - \left|\varepsilon_{xz}\right|^2 - \left|\varepsilon_{yz}\right|^2\right)\lambda' \\
&+a^3\left[\varepsilon_{xx}\left|\varepsilon_{yz}\right|^2 + \varepsilon_{yy}\left|\varepsilon_{xz}\right|^2 + \varepsilon_{zz}\left|\varepsilon_{xy}\right|^2\right. \\
&\left.-\varepsilon_{xx}\,\varepsilon_{yy}\,\varepsilon_{zz} - 2\,Re\left\{\varepsilon_{xy}\,\varepsilon_{xz}^{*}\,\varepsilon_{yz}\right\}\right] = 0\,.
\end{aligned} \tag{7.3}$$

Aus 7.3 folgt mit $a > 0$:

$$\begin{aligned}&\left(\frac{\lambda'}{a}\right)^3 - \left(\varepsilon_{xx} + \varepsilon_{yy} + \varepsilon_{zz}\right)\left(\frac{\lambda'}{a}\right)^2 \\ &+ \left(\varepsilon_{xx}\,\varepsilon_{yy} + \varepsilon_{xx}\,\varepsilon_{zz} + \varepsilon_{yy}\,\varepsilon_{zz} - \left|\varepsilon_{xy}\right|^2 - \left|\varepsilon_{xz}\right|^2 - \left|\varepsilon_{yz}\right|^2\right)\left(\frac{\lambda'}{a}\right) \\ &+ \varepsilon_{xx}\left|\varepsilon_{yz}\right|^2 + \varepsilon_{yy}\left|\varepsilon_{xz}\right|^2 + \varepsilon_{zz}\left|\varepsilon_{xy}\right|^2 \\ &- \varepsilon_{xx}\,\varepsilon_{yy}\,\varepsilon_{zz} - 2\,Re\left\{\varepsilon_{xy}\,\varepsilon_{xz}^{*}\,\varepsilon_{yz}\right\} = 0\end{aligned} \tag{7.4}$$

Durch Vergleich von 7.4 mit 7.2 ergibt sich die Verschiebung der Eigenwerte des Dielektrizitätstensors bei seiner gleichmäßigen Schwankung gemäß

$$\boxed{\lambda' = a\,\lambda} \tag{7.5}$$

Die Eigenvektoren ermittelt man aus:

- vor der Schwankung

$$\left(\underline{\varepsilon} - \lambda\,\underline{E}\right)\vec{n} = \vec{0} \tag{7.6}$$

- nach der Schwankung

$$\left(\underline{\varepsilon}' - \lambda'\,\underline{E}\right)\vec{n}' = \vec{0} \tag{7.7}$$

Durch Einsetzen von 7.1 und 7.5 in 7.7 erhalten Sie

$$\left(a\,\underline{\varepsilon} - a\,\lambda\,\underline{E}\right)\vec{n}' = \vec{0}$$

$$\rightarrow \quad \left(\underline{\varepsilon} - \lambda\,\underline{E}\right)\vec{n}' = \vec{0} \tag{7.8}$$

Durch Vergleich von 7.8 mit 7.6 ergibt sich als mögliche Wahl der Eigenvektoren vor und nach der Schwankung

$$\boxed{\vec{n}' = \vec{n}} \tag{7.9}$$

Damit folgt das wichtige Resultat:

Die Änderung von $\underline{\varepsilon}$ braucht nur in den Eigenwerten $\lambda' = a\,\lambda$ berücksichtigt werden, nicht aber in den unitären Transformationsmatrizen, die den hermiteschen Tensor $\underline{\varepsilon}'$ wegen $\vec{n}' = \vec{n}$ auf seine Diagonalform transformieren.

7.1.2 Eigenwertänderung in der diagonalen erweiterten Jones-Matrix

Eigenwerte vor der Schwankung. Die Eigenwerte in den Eigenfunktionen der diagonalen erweiterten Jones-Matrix eines anisotropen LWL sind:

- H_o-Mode: $$\gamma_x = j\omega\sqrt{\mu_o\left(\varepsilon_x - \varepsilon_1\,sin^2\,\varphi\right)} \tag{7.10}$$

- E_o-Mode: $$\gamma_y = j\omega\sqrt{\mu_o\varepsilon_y\left(1 - \frac{\varepsilon_1}{\varepsilon_z}\,sin^2\,\varphi\right)} \tag{7.11}$$

Eigenwerte nach der Schwankung. Die Schwankungswerte

$$\varepsilon'_x = a\,\varepsilon_x, \varepsilon'_y = a\,\varepsilon_y, \varepsilon'_z = a\,\varepsilon_z, \varepsilon'_1 = a\,\varepsilon_1 \tag{7.12}$$

führen mit den Eigenwerten nach der Schwankung

- H_o-Mode : $$\gamma'_x = j\omega\sqrt{\mu_o\left(\varepsilon'_x - \varepsilon'_1 \sin^2\varphi\right)} \tag{7.13}$$

- E_o-Mode : $$\gamma'_y = j\omega\sqrt{\mu_o \varepsilon'_y\left(1 - \frac{\varepsilon'_1}{\varepsilon'_z}\sin^2\varphi\right)} \tag{7.14}$$

auf

- $$\gamma'_x = j\omega\sqrt{a}\,\sqrt{\mu_o\left(\varepsilon_x - \varepsilon_1 \sin^2\varphi\right)} \tag{7.15 a}$$

  $$\underline{\underline{\gamma'_x = \sqrt{a}\,\gamma_x}} \tag{7.15 b}$$

- $$\gamma'_y = j\omega\sqrt{a}\,\sqrt{\mu_o\,\varepsilon_y\left(1 - \frac{\varepsilon_1}{\varepsilon_z}\sin^2\varphi\right)} \tag{7.16 a}$$

  $$\underline{\underline{\gamma'_y = \sqrt{a}\,\gamma_y}}\,. \tag{7.16 b}$$

Umrechnung auf Frequenzänderung. Die Verschiebung in den Eigenwerten 7.15a und 7.16a kann als Frequenzänderung

$$\boxed{\omega' = \sqrt{a}\,\omega = \omega + \Delta\omega} \tag{7.17}$$

mit

$$\boxed{\Delta\omega = \left(\sqrt{a} - 1\right)\omega} \tag{7.18}$$

aufgefasst werden.

7.1.3 *z*-Komponenten-Eigenanalyse

Jones-Matrix-Eigenanalyse. Wie in [7.1] dargestellt, bestimmt die Jones-Matrix-Eigenanalyse die differenzielle Gruppenlaufzeit infolge Polarisationsmodendispersion (PMD) am Ende eines langen LWL. PMD ist als ein für die übertragbare Bitrate begrenzender Effekt unerwünscht.

***z*-Komponenten-Eigenanalyse.** Führt man die Signalübertragung letztendlich nur mit den *z*-Komponenten der elektrischen Verschiebungsflussdichte $\vec{D}$ durch, so wird der für die PMD mitbestimmende Anteil des Eigenwertes in der Eigenfunktion der *z*-KÜF nur als Anteil für die so genannte chromatische Dispersion wirksam. Die chromatische Dispersion kann mit Faser-Bragg-Gittern (FBG) eliminiert werden [7.1].

Der Ansatz für die *z*-Komponenten-Eigenanalyse ist durch

$$\boxed{D_{zout}\left[j\left(\omega + \Delta\omega\right)\right] = exp\left(j\kappa\Delta\omega\right) D_{zout}\left(j\omega\right)} \tag{7.19}$$

mit dem komplexen Eigenwert κ gegeben.

Aus 7.19 folgt

$$\frac{d\,D_{zout}(j\omega)}{d\omega} = j\kappa\,D_{zout}(j\omega) \tag{7.20}$$

$$= \frac{d\,T_z(j\omega)}{d\omega}\,D_{zin}(j\omega) + T_z(j\omega)\,\frac{d\,D_{zin}(j\omega)}{d\omega},$$

wenn noch der Zusammenhang mit der z-KÜF $T_z(j\omega)$:

$$D_{zout}(j\omega) = T_z(j\omega)\,D_{zin}(j\omega) \tag{7.21}$$

Berücksichtigung findet.

Da voraussetzungsgemäß Änderungen des Ausgangssignals $D_{zout}(j\omega)$ nur von den optischen Komponenten abhängig sein sollen, gilt für die Änderung des Eingangssignals $D_{zin}(j\omega)$,

$$\frac{d\,D_{zin}(j\omega)}{d\omega} = 0 \tag{7.22}$$

Somit wird aus 7.20 bis 7.22 das Eigenwertproblem:

$$\boxed{\kappa = -j\,\frac{T'_z(j\omega)}{T_z(j\omega)}} \tag{7.23}$$

Dabei bedeutet

$$T'_z(j\omega) = \frac{d\,T_z(j\omega)}{d\omega} \tag{7.24}$$

die erste Ableitung von $T_z(j\omega)$ nach ω.

Rekursionsformel. Mit der Eigenfunktion $exp\left[-\gamma_y^N L_N\right]$ des N-ten Teils der mit (N–1) Teilen in Reihe geschaltet ist und die die resultierende z-KÜF $T_z^{N-1}(j\omega)$ besitzen, erhält man für die Reihenschaltung aller N-Teile:

$$T_z^N(j\omega) = exp\left[-\gamma_y^N L_N\right] T_z^{N-1}(j\omega) \tag{7.25}$$

Die erste Ableitung von 7.25 ist:

$$\begin{aligned} T_z'^N(j\omega) = {} & -\frac{d\gamma_y^N}{d\omega} L_N\, exp\left[-\gamma_y^N L_N\right] T_z^{N-1}(j\omega) \\ & + exp\left[-\gamma_y^N L_N\right] T_z'^{N-1}(j\omega). \end{aligned} \tag{7.26}$$

Mit

$$\boxed{\kappa_N = -j\,\frac{T_z'^N(j\omega)}{T_z^N(j\omega)}} \tag{7.27}$$

erhalten Sie aus 7.25 und 7.26 die Rekursionsformel zur Bestimmung der Eigenwerte der z-Komponenten-Eigenanalyse in der Form

$$\boxed{\kappa_N = j\,\frac{d\gamma_y^N}{d\omega}\,L_N + \kappa_{N-1}}\ , \tag{7.28}$$

wobei die Initialbedingungen

$$\boxed{T_z^o\left(j\omega\right) = 1} \quad \text{und} \quad \boxed{\kappa_o = 0} \tag{7.29}$$

lauten.

Wie aus 7.28 ersichtlich, benötigt man die erste Ableitung von γ_y^N nach $\omega = \omega_y$. Unter Berücksichtigung der Tabelle 3-9 sind in Tabelle 7-1 die Werte $\frac{d\gamma_y}{d\omega}$ für die wichtigsten optischen Bauelemente zusammengestellt.

Aus Tabelle 7-1 zieht man die Schlussfolgerung, dass in die Eigenwerte κ_N die effektiven Brechzahlen $n_1 \cos\varphi_y$ bzw. die effektiven Absorptionszahlen $n''_1 \cos\varphi_y$ maßgeblich neben den jeweiligen Längen L_N der Bauelemente eingehen. Dabei wurden die Größen n_1, n''_1, φ_y, L_N als konstant vorausgesetzt.

Tabelle 7-1 Eigenwerte und ihre erste Ableitung für optische Bauelemente

Bauelement	γ_y	$\frac{d\gamma_y}{d\omega_y}$
LWL $\left(n_1 = n_y = n_z\right)$	$j\frac{\omega_y}{c}n_1 \cos\varphi_y$	$j\frac{n_1 \cos\varphi_y}{c}$
E_0 -Polarisator	$j\frac{\omega_y}{c}n_1 \cos\varphi_y = j\frac{m\,2\pi}{L}$	$j\frac{n_1 \cos\varphi_y}{c} = j\frac{m\,2\pi}{\omega_y L}$
$\frac{\lambda}{4}$ -Platte	$j\frac{\omega_y}{c}n_1 \cos\varphi_y$ $= j\frac{\omega_y}{c}n_2\frac{8m_x}{4m_y+2}\cos\varphi_y$	$j\frac{n_1 \cos\varphi_y}{c}$ $= j\frac{n_2}{c}\frac{8m_x}{4m_y+2}\cos\varphi_y$
$\frac{\lambda}{2}$ -Platte	$j\frac{\omega_y}{c}n_1 \cos\varphi_y$ $= j\frac{\omega_y}{c}n_2\frac{8m_x}{8m_y+4}\cos\varphi_y$	$j\frac{n_1 \cos\varphi_y}{c}$ $= j\frac{n_2}{c}\frac{8m_x}{8m_y+4}\cos\varphi_y$
Verstärker	$-\frac{\omega_y}{c}n''_1 \cos\varphi_y$	$-\frac{n''_1 \cos\varphi_y}{c}$

7.2 Schlussfolgerungen aus Anwendersicht

Wie die z-Komponenten-Eigenanalyse optischer Nachrichtensysteme und Sensornetzwerke laut Abschnitt 7.1 zeigt, ist die Übertragung mit den z-Komponenten der elektrischen Verschiebungsflussdichte ein effektives Verfahren zur Elimination von Polarisationsmodendispersionen (PMD) und polarisationsabhängiger Dämpfung (PDL) in hochbitratigen Übertragungssystemen. Das trifft auch für die Lösung des Übertragungsproblems unter Rauscheinflüssen zu. Die Voraussetzungen für die Anwendung dieses Verfahrens sind

1. Schräge Anregung des optischen Netzwerkes mit ebenen Wellen,
2. Elimination der Transversalkomponenten von $\vec{D}$ im z-Komponenten-Analysator (ZKA) am Ausgang,
3. Transformation der erweiterten Jones-Matrix auf Diagonalform, falls erforderlich,
4. Transformation der erweiterten Kohärenzmatrix auf Diagonalform, falls erforderlich.

Bitte beachten Sie auch die Aufgaben A 7.1 bis A 7.3, die weitere Erkenntnisse offenbaren.

7.3 Aufgaben

A 7.1 Bekannt sei der Fortpflanzungskoeffizient $\gamma_y^N(\omega)$ für die Reihenschaltung mit dem N-ten Systemelement in der Form

$$\gamma_y^N(\omega) = \alpha_N(\omega) + j\beta_N(\omega) \tag{A 7.1}$$

mit

$\alpha_N(\omega)$ Dämpfungskoeffizient,

$\beta_N(\omega)$ Phasenkoeffizient.

Leiten Sie eine Formel zur Berechnung der sich ändernden z-Komponente der Verschiebungsflussdichte $D_{zout}\left[j(\omega+\Delta\omega)\right]$ bei einem gleichmäßig schwankenden Dielektrizitätstensor ab. Benutzen Sie dazu die bekannten Fortpflanzungskoeffizienten der Systemelemente

$$\gamma_y^n = \alpha_n(\omega) + j\beta_n(\omega) \tag{A 7.2}$$

für $1 \leq n \leq N$.

A 7.2 Ermitteln Sie das Ausgangssignal $D_{zout}(t)$, wenn gilt:

$$D_{zin}(t) = \hat{D}_{zin}(t)\,exp\left[j\,\omega_o t\right], \tag{A 7.3}$$

$$D_{zout}(j\sqrt{a}\,\omega) = T_z\left[j\sqrt{a}\,\omega\right]D_{zin}(j\omega), \tag{A 7.4}$$

$$T_z(j\sqrt{a}\,\omega) = exp\left[-j\sqrt{a}\,\omega\tau_G\right]. \tag{A 7.5}$$

Dabei bedeuten:

a Schwankungsparameter eines hermiteschen Dielektrizitätstensors,

τ_G konstante Gruppenlaufzeit,

ω_o Mittenfrequenz der das optische System schräg anregenden Laserdiode.

A 7.3 Ausgehend von der Mc Cumber-Theorie des faseroptischen Verstärkers wird in Anhang A 5 seine z-KÜF in der Form

$$T_z(j\omega) \approx exp\left[\frac{g_o L}{2}\frac{1-(\omega-\omega_o)^2\tau_o^2}{1+(\omega-\omega_o)^2\tau_o^2}\right] \quad \text{(A 7.6)}$$

hergeleitet.

Bestimmen Sie:

a) den Eigenwert κ der z-Komponenten-Eigenanalyse bei einer Frequenzverschiebung

$$\Delta\omega = \omega - \omega_o = \left(\sqrt{a}-1\right)\omega_o \quad \text{(A 7.7)}$$

mit $\omega = \sqrt{a}\,\omega_o$,

wobei a der Schwankungsparameter ist,

b) die spezielle z-KÜF

$$T_z(j\Delta\omega) = \frac{D_{zout}\left[j(\omega_o+\Delta\omega)\right]}{D_{zin}(j\omega_o)} \quad \text{(A 7.8)}$$

für kleine Frequenzverschiebungen $\Delta\omega \ll \omega_o$.

7.4 Lösungen zu den Aufgaben

L 7.1

$$j\kappa_N = j\kappa_{N-1} - \frac{d\gamma_y^N}{d\omega}L_N \quad \text{(L 7.1)}$$

$$\frac{d\gamma_y^N}{d\omega} = \alpha'_N(\omega) + j\beta'_N(\omega) \quad \text{(L 7.2)}$$

$$j\kappa_N = j\kappa_{N-1} - \left[\alpha'_N(\omega) + j\beta'_N(\omega)\right]L_N \quad \text{(L 7.3)}$$

$$\underline{\underline{j\kappa_N = -\sum_{n=1}^{N}\left[\alpha'_n(\omega) + j\beta'_n(\omega)\right]L_n}} \quad \text{(L 7.4)}$$

$$\begin{aligned} D_{zout}(j\omega) &= \prod_{n=1}^{N} exp\left[-\gamma_n(\omega)L_n\right]D_{zin}(j\omega) \\ &= \prod_{n=1}^{N} exp\left[-\left[\alpha_n(\omega)+j\beta_n(\omega)\right]L_n\right]D_{zin}(j\omega) \end{aligned} \quad \text{(L 7.5)}$$

$$\underline{\underline{D_{zout}(j\omega) = exp\left[-\sum_{n=1}^{N}\left[\alpha_n(\omega)+j\beta_n(\omega)\right]L_n\right]D_{zin}(j\omega)}}$$

$$D_{zout}\left[j(\omega+\Delta\omega)\right]=exp\left[j\kappa_N\Delta\omega\right]D_{zout}(j\omega)$$

$$=exp\left\{-\sum_{n=1}^{N}\left[\alpha_n(\omega)+\alpha'_n(\omega)\Delta\omega+j\left(\beta_n(\omega)+\beta'_n(\omega)\Delta\omega\right)\right]L_n\right\}D_{zin}(j\omega) \tag{L 7.6}$$

$$\Delta\alpha_n(\omega)\approx\alpha'_n(\omega)\Delta\omega \tag{L 7.7}$$

$$\Delta\beta_n(\omega)\approx\beta'_n(\omega)\Delta\omega \tag{L 7.8}$$

$$D_{zout}\left[j(\omega+\Delta\omega)\right]\approx exp\left\{-\sum_{n=1}^{N}\left[\alpha_n(\omega)+\Delta\alpha_n(\omega)+j\left(\beta_n(\omega)+\Delta\beta_n(\omega)\right)\right]L_n\right\}D_{zin}(j\omega) \tag{L 7.9}$$

Diskussion:

Ein schwankender Dielektrizitäts- und ein ebenfalls schwankender Leitfähigkeitstensor führen bei gleichmäßiger Änderung auf eine Frequenzverschiebung $\Delta\omega$ und damit auf einen geänderten Phasenkoeffizienten $\beta_n(\omega)+\Delta\beta_n(\omega)$ und einen geänderten Dämpfungskoeffizienten $\alpha_n(\omega)+\Delta\alpha_n(\omega)$ in jeder Stufe n des optischen Übertragungssystems. Die Änderungen $\Delta\alpha_n(\omega)$ und $\Delta\beta_n(\omega)$ müssen mit einem faseroptischen Verstärker bzw. einem Faser-Bragg-Gitter ausgeglichen werden.

L 7.2

Mit A 7.3 gilt:

$$D_{zin}(j\omega)=\int_{-\infty}^{\infty}\hat{D}_{zin}(t)\,exp\left[-j(\omega-\omega_o)t\right]dt \tag{L 7.10}$$

$$\rightarrow\quad D_{zin}(j\omega)=\hat{D}_{zin}\left[j(\omega-\omega_o)\right] \tag{L 7.11}$$

Mit A 7.4 und A 7.5 folgt:

$$D_{zout}(t)=\frac{1}{2\pi}\int_{-\infty}^{\infty}D_{zout}\left(j\sqrt{a}\,\omega\right)exp\left[j\omega t\right]d\omega$$
$$=\frac{1}{2\pi}\int_{-\infty}^{\infty}\hat{D}_{zin}\left[j(\omega-\omega_o)\right]exp\left[j\omega\left(t-\sqrt{a}\,\tau_G\right)\right]d\omega \tag{L 7.12}$$

Substitution: $\Omega=\omega-\omega_o\,,\quad d\Omega=d\omega$ (L 7.13)

$$\rightarrow\quad D_{zout}(t)=\frac{1}{2\pi}\int_{-\infty}^{\infty}\hat{D}_{zin}(j\Omega)\,exp\left[j\Omega\left(t-\sqrt{a}\,\tau_G\right)\right]d\Omega\cdot$$
$$\cdot\,exp\left[j\omega_o\left(t-\sqrt{a}\,\tau_G\right)\right] \tag{L 7.14}$$

$$\rightarrow \quad \underline{\underline{D_{zout}(t) = \hat{D}_{zin}\left(t - \sqrt{a}\,\tau_G\right) exp\left[j\omega_o \left(t - \sqrt{a}\,\tau_G\right)\right]}} \qquad \text{(L 7.15)}$$

mit

$$\hat{D}_{zin}\left(t - \sqrt{a}\,\tau_G\right) = \frac{1}{2\pi} \int_{-\infty}^{\infty} \hat{D}_{zin}(j\Omega)\, exp\left[j\Omega\left(t - \sqrt{a}\,\tau_G\right)\right] d\Omega \qquad \text{(L 7.16)}$$

<u>Diskussion:</u>

Die zeitlichen Schwankungen gemäß $\sqrt{a}\,\tau_G$ im Ausgangssignal $D_{zout}(t)$ nach L 7.15 müssen mit einem Faser-Bragg-Gitter ausgeglichen werden.

<u>L 7.3</u>

a)
$$T_z(j\omega) = exp\left[\frac{g_o L}{2} \frac{1 - (\omega - \omega_o)^2 \tau_o^2}{1 + (\omega - \omega_o)^2 \tau_o^2}\right] \qquad \text{(L 7.17)}$$

$$T'_z(j\omega) = -\frac{2\, g_o L (\omega - \omega_o) \tau_o^2}{\left[1 + (\omega - \omega_o)^2 \tau_o^2\right]^2} T_z(j\omega) \qquad \text{(L 7.18)}$$

$$\kappa = -j \frac{T'_z(j\omega)}{T_z(j\omega)} \qquad \text{(L 7.19)}$$

$$\kappa = j\, 2 g_o L \frac{(\omega - \omega_o) \tau_o^2}{\left[1 + (\omega - \omega_o)^2 \tau_o^2\right]^2}$$

$$\underline{\underline{\kappa = j\, 2 g_o L \frac{\Delta\omega\, \tau_o^2}{\left[1 + \Delta\omega^2\, \tau_o^2\right]^2}}} \qquad \text{(L 7.20)}$$

b)
$$T_z(j\Delta\omega) = \frac{D_{zout}\left[j(\omega_o + \Delta\omega)\right]}{D_{zin}(j\omega_o)} \qquad \text{(L 7.21)}$$

$$T_z(j\Delta\omega) = \underbrace{\frac{D_{zout}\left[j(\omega_o + \Delta\omega)\right]}{D_{zout}(j\omega_o)}}_{exp[j\kappa\Delta\omega]} \underbrace{\frac{D_{zout}(j\omega_o)}{D_{zin}(j\omega_o)}}_{T_z(j\omega_o)}$$

$$= exp[j\kappa\Delta\omega] \cdot exp\left[\frac{g_o L}{2}\right] \qquad \text{(L 7.22)}$$

$$= exp\left[\frac{g_o L}{2} - 2\, g_o L \frac{\Delta\omega^2 \tau_o^2}{\left[1 + \Delta\omega^2 \tau_o^2\right]^2}\right]$$

$$T_z(j\Delta\omega) = exp\left[\frac{g_o L}{2}\frac{\left(1-\Delta\omega^2\tau_o^2\right)^2}{\left(1+\Delta\omega^2\tau_o^2\right)^2}\right] \quad \text{(L 7.23)}$$

Diskussion:

1. Bei $\Delta\omega = 0$ ergibt sich die gewünschte Verstärkung

$$T_z(j\Delta\omega = 0) = exp\left[\frac{g_o L}{2}\right] \quad \text{(L 7.24)}$$

2. Bei $|\Delta\omega| = \frac{1}{\tau_o}$ ist die Verstärkung auf

$$T_z\left(j\Delta\omega = \pm j\frac{1}{\tau_o}\right) = 1 \quad \text{(L 7.25)}$$

abgesunken.

7.5 Literatur

[7.1] Thiele, R.: Optische Nachrichtensysteme und Sensornetzwerke. Vieweg Verlag Braunschweig/Wiesbaden 2002

[7.2] Bjarklev, A.: Optical Fiber Amplifiers. Design and Systems Applications. Artech House, Boston, London 1993

8 Anwendungsbeispiel: Faseroptischer Stromsensor

Im Anhang A 6 ist ein faseroptischer Stromsensor beschrieben, der auf der dargestellten Theorie beruht. Dabei spielt das Kompensationsprinzip zur Elimination der Doppelbrechung der auf der Grundlage des Faraday-Effektes wirkenden Anordnung eine große Rolle. Unter Benutzung eines Regelkreises tritt die einfache Beziehung

$$\boxed{i_o = \frac{N}{N_o} i} \tag{8.1}$$

im Sinne eines „optischen" Transformators mit

- i Messgröße
- i_o Messwert
- N Windungszahl der Messspule
- N_o Windungszahl der Kompensationsspule

auf. Damit herrscht strenge Proportionalität zwischen Messgröße i und Messwert i_o.

Mit der Erfindungsmeldung nach Anhang A 7 wurde der faseroptische Stromsensor in dem Sinne qualifiziert, dass nun beliebige Ströme beliebigen Vorzeichens innerhalb technischer Grenzen bei sehr kleiner Regelabweichung messbar sind, wenn der Stromsensor entsprechend dimensioniert wird.

9 Zusammenfassung

Es wurde gezeigt, wie die dargestellte Netzwerktheorie zur Analyse von optischen Netzwerkelementen und zu deren Design eingesetzt werden kann. Mit einem Grundstock von Bauelementen könnten dann optische Netzwerke zusammengesetzt und sowohl einer Analyse als auch einer Synthese unterzogen werden.

Damit eröffnen sich neue Möglichkeiten zur Lösung praxisrelevanter Probleme, die z. B. mit der

- Polarisationsmodendispersion (PMD)
- polarisationsabhängigen Dämpfung (PDL)
- Modenkopplung und
- Doppelbrechung

in Zusammenhang stehen.

Dabei spielt der hier neu eingeführte erweiterte Jones-Kalkül, vor allem im Zusammenhang mit orthogonalen oder unitären Transformationen zur Diagonalisierung der erweiterten Jones-Matrix, eine fundamentale Rolle. In vielen Anwendungsfällen ist eine Beschreibung mit skalaren z-Komponenten-Übertragungsfunktionen auf einfache Art und Weise möglich, die wie die Jones-Matrizen alle relevanten Parameter enthalten.

Mit dem hier ebenfalls neu eingeführten erweiterten Kohärenz-Matrizen-Kalkül ergeben sich einfache Sachverhalte für die Beschreibung von Rauschprozessen auf der Grundlage der erweiterten und skalaren Wiener-Lee-Beziehung im Frequenzbereich.

Auch das für die optische Nachrichtentechnik wichtige Modulationsproblem wurde an die Gegebenheiten der so genannten zyklischen erweiterten Jones-Matrizen oder erweiterten periodischen Matrizenfunktionen im Zeitbereich gegenüber [7.1] angepasst.

Insgesamt wurde eine für die lineare optische Nachrichtentechnik erweiterte optische Netzwerktheorie geschaffen, mit der man in der Lage ist, modernen Herausforderungen bei der Erhöhung der Bitrate gerecht zu werden.

10 Anhänge

A1 Ableitung der komplexen Dielektrizitätskonstanten

Das Durchflutungsgesetz lautet

$$rot\,\vec{H} = \vec{S} + \frac{\partial \vec{D}}{\partial t}. \tag{A 1.1}$$

Für ebene Wellen wird A 1.1 in der Form

$$rot\,\vec{H} = \vec{S} + j\omega\vec{D} = j\omega\vec{D}_{ges} \tag{A 1.2}$$

geschrieben. Mit

$$\vec{S} = \underline{\kappa}\,\vec{E}\,, \quad \vec{D} = \underline{\varepsilon}\,\vec{E} \tag{A 1.3}$$

gilt

$$\vec{D}_{ges} = \left(\underline{\varepsilon} + \frac{\underline{\kappa}}{j\omega}\right)\vec{E} = \underline{\underline{\varepsilon}}\,\vec{E}. \tag{A 1.4}$$

Unter Verwendung von

$$\underline{\varepsilon} = \begin{pmatrix} \varepsilon_x & 0 & 0 \\ 0 & \varepsilon_y & 0 \\ 0 & 0 & \varepsilon_z \end{pmatrix}, \quad \underline{\kappa} = \begin{pmatrix} \kappa_x & 0 & 0 \\ 0 & \kappa_y & 0 \\ 0 & 0 & \kappa_z \end{pmatrix} \tag{A 1.5}$$

folgt

$$\begin{aligned} \underline{\varepsilon}_x &= \varepsilon_x - j\frac{\kappa_x}{\omega} \\ \underline{\varepsilon}_y &= \varepsilon_y - j\frac{\kappa_y}{\omega} \\ \underline{\varepsilon}_z &= \varepsilon_z - j\frac{\kappa_z}{\omega}. \end{aligned} \tag{A 1.6}$$

A 1.6 definiert die komplexen Dielektrizitätskonstanten $\underline{\varepsilon}_x, \underline{\varepsilon}_y, \underline{\varepsilon}_z$.

Anstelle von $\vec{D}_{ges}$ wird wieder $\vec{D}$ geschrieben, und anstelle von $\underline{\varepsilon}_x, \underline{\varepsilon}_y, \underline{\varepsilon}_z$ schreibt man $\varepsilon_x, \varepsilon_y, \varepsilon_z$.

A2 Ableitung der *x*-Komponenten-Übertragungsfunktion

Ein optisches Bauelement werde durch

$$\begin{pmatrix} D_{x''}(y'',z'') \\ D_{y''}(y'',z'') \end{pmatrix} = \begin{pmatrix} J_{11}(z'') & J_{12}(z'') \\ J_{21}(z'') & J_{22}(z'') \end{pmatrix} \begin{pmatrix} D_{x''}(y'',0) \\ D_{y''}(y'',0) \end{pmatrix} \quad \text{(A 2.1)}$$

$$D_{z''}(y'',z'') = T_{z''}(z'')\, D_{z''}(y'',0) \quad \text{(A 2.2)}$$

in den Koordinatensystemen nach Bild A2-1a beschrieben.

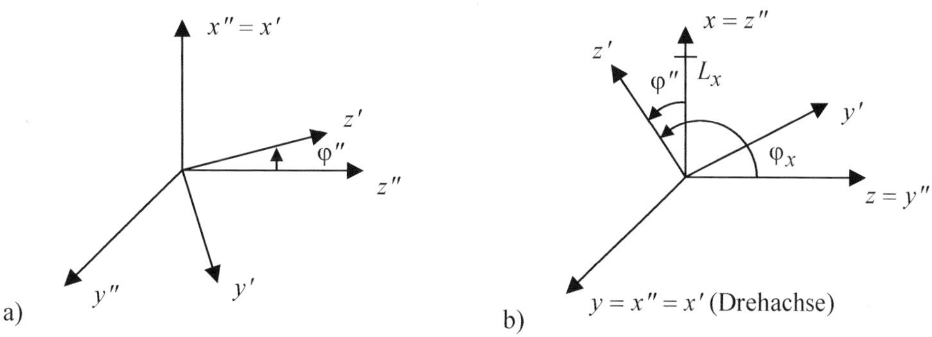

Bild A 2-1 Koordinatensysteme für die *x*-KÜF
a) ursprüngliche Systeme
b) transformierte Systeme

Dabei gilt für die z''-KÜF:

$$T_{z''}(z'') = \frac{J_{21}(z'')}{\chi'_{inx}\cos\varphi''} + J_{22}(z'') \quad \text{(A 2.3)}$$

mit

$$\chi'_{inx} = \frac{D_{y'}(y'',0)}{D_{x'}(y'',0)}, \quad \varphi'' = \varphi_x - \frac{\pi}{2} \quad \text{(A 2.4)}$$

Durch die Koordinatentransformation

$$\begin{pmatrix} x'' \\ y'' \\ z'' \end{pmatrix} = \begin{pmatrix} 0 & 1 & 0 \\ 0 & 0 & 1 \\ 1 & 0 & 0 \end{pmatrix} \begin{pmatrix} x \\ y \\ z \end{pmatrix} \quad \text{(A 2.5)}$$

gemäß Bild A2-1b erhalten Sie folgende Beschreibung des optischen Bauelementes mit A2.1 bis A2.4 im *x*, *y*, *z*-Koordinatensystem.

$$\begin{pmatrix} D_x(z,L_x) \\ D_y(z,L_x) \\ D_z(z,L_x) \end{pmatrix} = \begin{pmatrix} 0 & 0 & 1 \\ 1 & 0 & 0 \\ 0 & 1 & 0 \end{pmatrix} \begin{pmatrix} D_{x''}(z,L_x) \\ D_{y''}(z,L_x) \\ D_{z''}(z,L_x) \end{pmatrix} \quad \text{(A 2.6)}$$

$$\begin{pmatrix} D_{x''}(z,0) \\ D_{y''}(z,0) \\ D_{z''}(z,0) \end{pmatrix} = \begin{pmatrix} 0 & 1 & 0 \\ 0 & 0 & 1 \\ 1 & 0 & 0 \end{pmatrix} \begin{pmatrix} D_x(z,0) \\ D_y(z,0) \\ D_z(z,0) \end{pmatrix} \tag{A 2.7}$$

$$\rightarrow \begin{pmatrix} D_x(z,L_x) \\ D_y(z,L_x) \\ D_z(z,L_x) \end{pmatrix} = \begin{pmatrix} 0 & 0 & 1 \\ 1 & 0 & 0 \\ 0 & 1 & 0 \end{pmatrix} \begin{pmatrix} J_{11}(L_x) & J_{12}(L_x) & 0 \\ J_{21}(L_x) & J_{22}(L_x) & 0 \\ 0 & 0 & T_x(L_x) \end{pmatrix} \begin{pmatrix} 0 & 1 & 0 \\ 0 & 0 & 1 \\ 1 & 0 & 0 \end{pmatrix} \begin{pmatrix} D_x(z,0) \\ D_y(z,0) \\ D_z(z,0) \end{pmatrix}$$

$$= \begin{pmatrix} T_x(L_x) & 0 & 0 \\ 0 & J_{11}(L_x) & J_{12}(L_x) \\ 0 & J_{21}(L_x) & J_{22}(L_x) \end{pmatrix} \begin{pmatrix} D_x(z,0) \\ D_y(z,0) \\ D_z(z,0) \end{pmatrix} \tag{A 2.8}$$

Damit lautet die x-KÜF:

$$T_x(L_x) = \frac{J_{21}(L_x)}{\chi'_{inx} \sin\varphi_x} + J_{22}(L_x)\,, \tag{A 2.9}$$

$$\chi'_{inx} = \frac{D_{y'}(z, x=0)}{D_{x'}(z, x=0)} = \frac{D_z(z, x=0)}{D_y(z, x=0)\sin\varphi_x} \tag{A 2.10}$$

Die „Koordinatentransformation“ A 2.6, A 2.7 und ebenso A 3.6, A 3.7 kann durch entsprechend ausgerichtete Spiegel realisiert werden.

A3 Ableitung der *y*-Komponenten-Übertragungsfunktion

Ein optisches Bauelement werde durch

$$\begin{pmatrix} D_{x''}(y'',z'') \\ D_{y''}(y'',z'') \end{pmatrix} = \begin{pmatrix} J_{11}(z'') & J_{12}(z'') \\ J_{21}(z'') & J_{22}(z'') \end{pmatrix} \begin{pmatrix} D_{x''}(y'',0) \\ D_{y''}(y'',0) \end{pmatrix} \tag{A 3.1}$$

$$D_{z''}(y'',z'') = T_{z''}(z'')\, D_{z''}(y'',0) \tag{A 3.2}$$

in den Koordinatensystemen nach Bild A 3-1a beschrieben

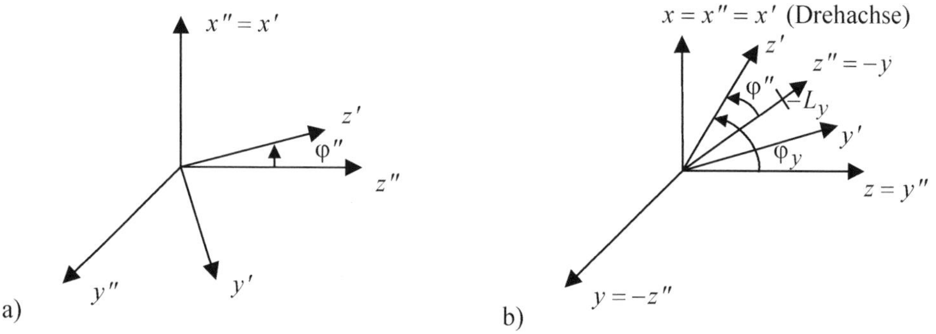

Bild A 3-1 Koordinatensysteme für die *y*-KÜF
a) ursprüngliche Systeme
b) transformierte Systeme

Dabei gilt für die z''-KÜF:

$$T_{z''}(z'') = \frac{J_{21}(z'')}{\chi'_{iny}\cos\varphi''} + J_{22}(z'') \tag{A 3.3}$$

mit

$$\chi'_{iny} = \frac{D_{y'}(y'',0)}{D_{x'}(y'',0)}, \quad \varphi'' = \varphi_y - \frac{\pi}{2} \tag{A 3.4}$$

Durch die Koordinatentransformation

$$\begin{pmatrix} x'' \\ y'' \\ z'' \end{pmatrix} = \begin{pmatrix} 1 & 0 & 0 \\ 0 & 0 & 1 \\ 0 & -1 & 0 \end{pmatrix} \begin{pmatrix} x \\ y \\ z \end{pmatrix} \tag{A 3.5}$$

gemäß Bild A 3-1b erhalten Sie folgende Beschreibung des optischen Bauelementes mit A 3.1 bis A 3.4:

$$\begin{pmatrix} D_x(z,-L_y) \\ D_y(z,-L_y) \\ D_z(z,-L_y) \end{pmatrix} = \begin{pmatrix} 1 & 0 & 0 \\ 0 & 0 & -1 \\ 0 & 1 & 0 \end{pmatrix} \begin{pmatrix} D_{x''}(z,-L_y) \\ D_{y''}(z,-L_y) \\ D_{z''}(z,-L_y) \end{pmatrix} \tag{A 3.6}$$

$$\begin{pmatrix} D_{x''}(z,0) \\ D_{y''}(z,0) \\ D_{z''}(z,0) \end{pmatrix} = \begin{pmatrix} 1 & 0 & 0 \\ 0 & 0 & 1 \\ 0 & -1 & 0 \end{pmatrix} \begin{pmatrix} D_x(z,0) \\ D_y(z,0) \\ D_z(z,0) \end{pmatrix} \tag{A 3.7}$$

$$\rightarrow \begin{pmatrix} D_x(z,-L_y) \\ D_y(z,-L_y) \\ D_z(z,-L_y) \end{pmatrix} = \begin{pmatrix} 1 & 0 & 0 \\ 0 & 0 & -1 \\ 0 & 1 & 0 \end{pmatrix} \begin{pmatrix} J_{11}(-L_y) & J_{12}(-L_y) & 0 \\ J_{21}(-L_y) & J_{22}(-L_y) & 0 \\ 0 & 0 & T_y(-L_y) \end{pmatrix} \begin{pmatrix} 1 & 0 & 0 \\ 0 & 0 & 1 \\ 0 & -1 & 0 \end{pmatrix} \begin{pmatrix} D_x(z,0) \\ D_y(z,0) \\ D_z(z,0) \end{pmatrix}$$

$$= \begin{pmatrix} J_{11}(-L_y) & 0 & J_{12}(-L_y) \\ 0 & T_y(-L_y) & 0 \\ J_{21}(-L_y) & 0 & J_{22}(-L_y) \end{pmatrix} \begin{pmatrix} D_x(z,0) \\ D_y(z,0) \\ D_z(z,0) \end{pmatrix}. \tag{A 3.8}$$

Damit lautet die y -KÜF:

$$T_y(-L_y) = \frac{J_{21}(-L_y)}{\chi'_{iny} \sin\varphi_y} + J_{22}(-L_y) \tag{A 3.9}$$

mit

$$\chi'_{iny} = \frac{D_{y'}(z, y=0)}{D_{x'}(z, y=0)} = \frac{D_z(z, y=0)}{D_x(z, y=0) \sin\varphi_y}. \tag{A 3.10}$$

A4 Statistik des Laserrauschens

A4.1 Phasenrauschdifferenz

Das Laserrauschen wird durch spontane Emissionen mit der spontanen Verschiebungsflussdichte-Amplitude $\hat{D}_s$ verursacht, die sich den Feldamplituden $|D_1| = |D(t_1)|$ und $|D_2| = |D(t_2)|$ der Laserdiode gemäß Bild A4-1 überlagern.

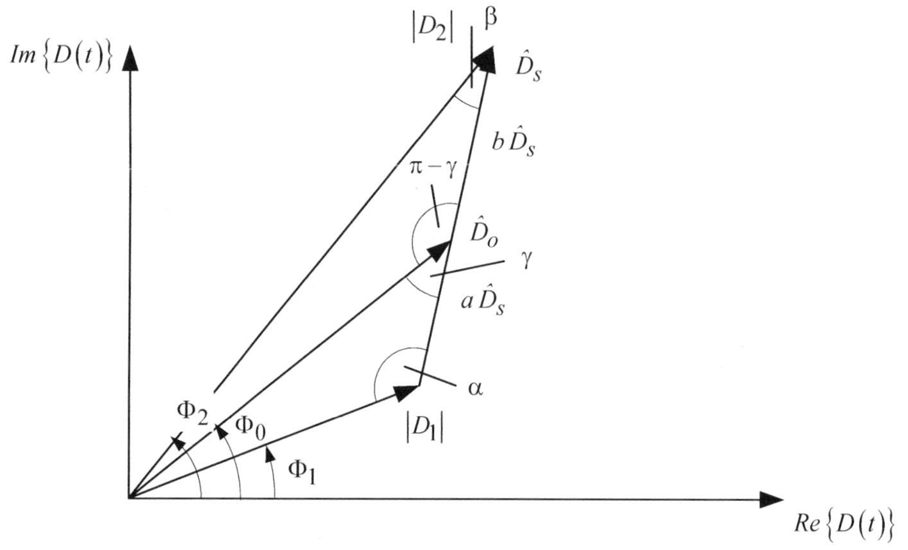

Bild A 4-1 Zum Laserrauschen

Dabei schwankt sowohl die Amplitude gemäß $|D_1|$ und $|D_2|$ als auch die Phase entsprechend $\Phi_1 = \Phi(t_1)$ und $\Phi_2 = \Phi(t_2)$. Die Amplitudenschwankung heißt Amplituden- oder Intensitätsrauschen. Die Phasenschwankung bezeichnet man als Laserphasenrauschen. Aus dem Zeigerbild nach Bild A4-1 erkennt man, dass Amplituden- und Phasenrauschen gekoppelte Prozesse sind. Eine diese Kopplung beschreibende Näherungsgleichung soll jetzt abgeleitet werden.

Dazu führen wir die Winkelhalbierende mit

$$\Phi_0 - \Phi_1 = \Phi_2 - \Phi_0 \quad \text{(A 4.1)}$$

und die Amplitude

$$\hat{D}_o \approx \text{const.} \quad \text{(A 4.2)}$$

ein. Die Bedingung A 4.2 ist gerechtfertigt, da für die Feldamplitude der spontanen Emission

$$\hat{D}_s \ll \hat{D}_o \quad \text{(A 4.3)}$$

gilt.

Aus A 4.1 erhält man die mittlere Phase

$$\Phi_o = \frac{\Phi_1 + \Phi_2}{2} \tag{A 4.4}$$

Mit A 4.4, A 4.1 und der Phasenrauschdifferenz entsprechend der Definition

$$\Delta\Phi = \Phi_1 - \Phi_2 \tag{A 4.5}$$

gilt

$$\Phi_0 - \Phi_1 = \Phi_2 - \Phi_0 = -\frac{\Delta\Phi}{2} \tag{A 4.6}$$

Außerdem gilt wegen

$$\hat{D}_s = a\,\hat{D}_s + b\,\hat{D}_s \tag{A 4.7}$$

die Bedingung

$$a + b = 1 \tag{A 4.8}$$

Aus dem Sinussatz gemäß

$$\begin{aligned} \frac{a\,\hat{D}_s}{sin(\Phi_0 - \Phi_1)} &= \frac{\hat{D}_o}{sin\,\alpha} = \frac{|D_1|}{sin\,\gamma}, \\ \frac{b\,\hat{D}_s}{sin(\Phi_2 - \Phi_0)} &= \frac{\hat{D}_o}{sin\,\beta} = \frac{|D_2|}{sin\,\gamma}, \\ \frac{\hat{D}_s}{sin(\Phi_2 - \Phi_1)} &= \frac{|D_1|}{sin\,\beta} = \frac{|D_2|}{sin\,\alpha} \end{aligned} \tag{A 4.9}$$

folgt mit A 4.6:

$$\begin{aligned} a &= \frac{\hat{D}_o}{|D_2|}\frac{sin\left(\frac{\Delta\Phi}{2}\right)}{sin(\Delta\Phi)} \\ b &= \frac{\hat{D}_o}{|D_1|}\frac{sin\left(\frac{\Delta\Phi}{2}\right)}{sin(\Delta\Phi)}. \end{aligned} \tag{A 4.10}$$

Mit A 4.10 folgt

$$\frac{a}{b} = \frac{|D_1|}{|D_2|} \tag{A 4.11}$$

A 4.8 und A 4.11 bilden das Gleichungssystem

$$\begin{pmatrix} 1 & 1 \\ -|D_2| & |D_1| \end{pmatrix}\begin{pmatrix} a \\ b \end{pmatrix} = \begin{pmatrix} 1 \\ 0 \end{pmatrix} \tag{A 4.12}$$

zur Bestimmung von *a* und *b* mit der Lösung

$$a = \frac{|D_1|}{|D_1| + |D_2|}, \quad b = \frac{|D_2|}{|D_1| + |D_2|} \tag{A 4.13}$$

Für die Winkel gilt

$$\alpha+\gamma+\frac{\Delta\Phi}{2}=\pi \quad\rightarrow\quad \alpha=\pi-\gamma-\frac{\Delta\Phi}{2}$$
$$\beta-\gamma+\frac{\Delta\Phi}{2}=0 \quad\rightarrow\quad \beta=\gamma-\frac{\Delta\Phi}{2} \qquad \text{(A 4.14)}$$

und für die Sinus von α und β :

$$sin\,\alpha=sin\left(\pi-\gamma-\frac{\Delta\Phi}{2}\right)=sin\left(\gamma+\frac{\Delta\Phi}{2}\right) \qquad \text{(A 4.15)}$$
$$sin\,\beta=sin\left(\gamma-\frac{\Delta\Phi}{2}\right)$$

Somit folgt

$$sin\,\alpha\,sin\,\beta=sin\left(\gamma+\frac{\Delta\Phi}{2}\right)sin\left(\gamma-\frac{\Delta\Phi}{2}\right)$$
$$\approx sin^2\gamma\,, \qquad \text{(A 4.16)}$$

wobei diese Näherung für kleine $\Delta\Phi$ wegen $\hat{D}_S \ll \hat{D}_O$ gilt.

Aus A 4.9 erhalten Sie durch Produktbildung

$$\frac{\hat{D}_O^2}{sin\,\alpha\,sin\,\beta}=\frac{|D_1||D_2|}{sin^2\gamma} \qquad \text{(A 4.17)}$$

und mit A 4.16 folgt die Näherung

$$\hat{D}_O^2\approx|D_1||D_2|\approx \text{const.} \qquad \text{(A 4.18)}$$

Aus A 4. 10, A 4.13 und A 4.18 wird aus

$$ab=\frac{|D_1||D_2|}{\left[|D_1|+|D_2|\right]^2}=\frac{\hat{D}_O^2}{|D_1||D_2|}\,\frac{sin^2\left(\frac{\Delta\Phi}{2}\right)}{sin^2(\Delta\Phi)} \qquad \text{(A 4.19)}$$

die Bedingung

$$\frac{sin(\Delta\Phi)}{sin\left(\frac{\Delta\Phi}{2}\right)}\approx\frac{|D_1|+|D_2|}{\hat{D}_O}. \qquad \text{(A 4.20)}$$

Unter Benutzung der Näherungspolynome

$$sin(\Delta\Phi)\approx\Delta\Phi-\frac{1}{6}\Delta\Phi^3$$
$$sin\left(\frac{\Delta\Phi}{2}\right)\approx\frac{\Delta\Phi}{2} \qquad \text{(A 4.21)}$$

ergibt sich mit A 4.20 für das Quadrat der Phasenrauschdifferenz

$$\Delta\Phi^2\approx 6\left[1-\frac{|D_1|+|D_2|}{2\,\hat{D}_O}\right] \qquad \text{(A 4.22)}$$

A4.2 Wahrscheinlichkeitsdichtefunktion des Intensitätsrauschens

Wie man aus A 4.22 erkennt, sind die Amplituden $|D_1|$ und $|D_2|$ mit der Phasenrauschdifferenz $\Delta\Phi$ gekoppelt.

Die Wahrscheinlichkeitsdichtefunktion der Phasenrauschdifferenz $\Delta\Phi$ ist nach [4.4] durch

$$f(\Delta\Phi) = \frac{1}{\sqrt{2\pi\,\Delta\omega|\tau|}}\,exp\left[-\frac{\Delta\Phi^2}{2\,\Delta\omega|\tau|}\right] \tag{A 4.23}$$

mit den Parametern $\Delta\omega$ in Form der Laserlinienbreite und $\tau = t_1 - t_2$ als Gauß-Verteilung gegeben.

Die Aufgabe besteht nun in der Herleitung der Wahrscheinlichkeitsdichtefunktion $f(|D_1|,|D_2|)$ des Intensitätsrauschens bei Berücksichtigung der allgemeingültigen Normierungsbedingung

$$\int_0^\infty \int_0^\infty f(|D_1|,|D_2|)\,d|D_1|\,d|D_2| = 1 \tag{A 4.24}$$

$$\text{für} \quad \begin{aligned} 0 \le |D_1| \le \infty \\ 0 \le |D_2| \le \infty \end{aligned} \tag{A 4.25}$$

und der Kenntnis der Näherung des Erwartungswertes von

$$\langle |D_1||D_2| \rangle \approx \left\langle \hat{D}_o^2 \right\rangle = \hat{D}_o^2 \tag{A 4.26}$$

Als Ansatz wählen wir

$$f(|D_1|,|D_2|) = K_o\, f(K_1\Delta\Phi) \tag{A 4.27}$$

mit den Konstanten K_o, K_1 bezüglich $\Delta\Phi, |D_1|, |D_2|$. Durch Einführung von A 4.22 und A 4.23 in den Ansatz A 4.27 erhalten Sie:

$$f(|D_1|,|D_2|) = \frac{K_o\,exp\left[-\frac{3K_1^2}{\Delta\omega|\tau|}\right]}{\sqrt{2\pi\,\Delta\omega|\tau|}} \cdot exp\left[\frac{3K_1^2\left[|D_1|+|D_2|\right]}{2\,\Delta\omega|\tau|\,\hat{D}_o}\right] \tag{A 4.28}$$

A 4.28, eingesetzt in die Normierungsbedingung A 4.24, ergibt:

$$\frac{K_o\,exp\left[-\frac{3K_1^2}{\Delta\omega|\tau|}\right]}{\sqrt{2\pi\,\Delta\omega|\tau|}} \int_0^\infty exp\left[\frac{3K_1^2|D_1|}{2\Delta\omega|\tau|\,\hat{D}_o}\right] d|D_1| \cdot \int_0^\infty exp\left[\frac{3K_1^2|D_2|}{2\Delta\omega|\tau|\,\hat{D}_o}\right] d|D_2| = 1 \tag{A 4.29}$$

Für die Integrale in A 4.29 erhält man

$$\int_0^\infty exp\left[\frac{3K_1^2|D_1|}{2\Delta\omega|\tau|\hat{D}_o}\right]d|D_1| = \int_0^\infty exp\left[\frac{3K_1^2|D_2|}{2\Delta\omega|\tau|\hat{D}_o}\right]d[D_2]$$

$$= \frac{2\Delta\omega|\tau|\hat{D}_o}{3K_1^2}exp\left[\frac{3K_1^2|D_1|}{2\Delta\omega|\tau|\hat{D}_o}\right]\Bigg|_0^\infty \tag{A 4.30}$$

$$= \frac{2\Delta\omega|\tau|\hat{D}_o}{3K_1^2} \text{ mit } K_1^2 < 0.$$

Somit wird

$$K_o = 9K_1^4 \frac{\sqrt{2\pi\Delta\omega|\tau|}\,exp\left[\frac{3K_1^2}{\Delta\omega|\tau|}\right]}{4\Delta\omega^2|\tau|^2\hat{D}_o^2} \tag{A 4.31}$$

Damit gilt für die Wahrscheinlichkeitsdichte des Intensitätsrauschens

$$f(|D_1|,|D_2|) = \left[\frac{3K_1^2}{2\Delta\omega|\tau|\hat{D}_o}\right]^2 \cdot exp\left[\frac{3K_1^2[|D_1|+|D_2|]}{2\Delta\omega|\tau|\hat{D}_o}\right] \tag{A 4.32}$$

oder mit dem Parameter

$$\lambda = \frac{3|K_1^2|}{2\Delta\omega|\tau|\hat{D}_o} \tag{A 4.33}$$

die Exponentialverteilung

$$f(|D_1|,|D_2|) = \lambda^2 exp\left[-\lambda(|D_1|+|D_2|)\right] \tag{A 4.34}$$

für $0 \le |D_1| \le \infty$

$0 \le |D_2| \le \infty$

und $\hat{D}_o^2 \approx |D_1||D_2| \approx \text{const.}$

Mit

$$\hat{D}_o^2 \approx \langle|D_1||D_2|\rangle$$

$$\approx \int_o^\infty |D_1|\lambda\, exp[-\lambda|D_1|]\,d|D_1| \cdot \int_o^\infty |D_2|\lambda\, exp[-\lambda|D_2|]\,d|D_2| \tag{A 435}$$

$$\approx \frac{1}{\lambda^2} = \left[\frac{2\Delta\omega|\tau|}{3|K_1^2|}\right]^2 \hat{D}_o^2$$

erhalten Sie

$$\left|K_1^2\right| \approx \frac{2\,\Delta\omega\,|\tau|}{3} \qquad \text{(A 4.36)}$$

Durch Einsetzen von A 4.36 in A 4.33 folgt

$$\lambda = \frac{1}{\hat{D}_o} \qquad \text{(A 4.37)}$$

und damit die endgültige Form der Wahrscheinlichkeitsdichte des Intensitätsrauschens

$$f\left(|D_1|,|D_2|\right) = \frac{exp\left[-\frac{|D_1|+|D_2|}{\hat{D}_o}\right]}{\hat{D}_o^2} \qquad \text{(A 4.38)}$$

A4.3 Kohärenzfunktion des Laserrauschens

Somit ergibt sich für die Kohärenzfunktion des Laserrauschens

$$\left\langle |D_1||D_2|\,exp\left[-j\Delta\Phi\right]\right\rangle$$

$$\approx \left\langle \hat{D}_o^2\,exp\left[-j\Delta\Phi\right]\right\rangle$$

$$\approx \hat{D}_o^2 \left\langle exp\left[-j\Delta\Phi\right]\right\rangle$$

$$\approx \left\langle |D_1||D_2|\right\rangle \left\langle exp\left[-j\Delta\Phi\right]\right\rangle \qquad \text{(A 4.39)}$$

$$\approx \int_0^\infty \int_0^\infty |D_1||D_2|\,f\left(|D_1|,|D_2|\right) d|D_1|\,d|D_2| \cdot \int_{-\infty}^{\infty} exp\left[-j\Delta\Phi\right] f(\Delta\Phi)\,d(\Delta\Phi)$$

$$\approx \hat{D}_o^2 \underbrace{\int_0^\infty \int_0^\infty f\left(|D_1|,|D_2|\right) d|D_1|\,d|D_2|}_{=1}$$

$$\cdot \underbrace{\int_{\infty}^{-\infty} exp\left[-j\Delta\Phi\right] f(\Delta\Phi)\,d(\Delta\Phi)}_{=exp\left[-\frac{\Delta\omega|\tau|}{2}\right]}$$

$$\approx \hat{D}_o^2\,exp\left[-\frac{\Delta\omega|\tau|}{2}\right]$$

Man erkennt, dass die Näherung

$$\hat{D}_o^2 \approx |D_1||D_2| \approx \text{const.}$$

zu statistisch unabhängigen Veränderlichen gemäß

$$\left\langle |D_1||D_2|\,exp\left[-j\Delta\Phi\right]\right\rangle \approx \left\langle |D_1||D_2|\right\rangle \left\langle exp\left[-j\Delta\Phi\right]\right\rangle \qquad \text{(A 4.40)}$$

führt.

A5 Mc Cumber-Theorie des faseroptischen Verstärkers

A5.1 Ansätze

Die Mc Cumber-Theorie des faseroptischen Verstärkers bestimmt das Verhältnis der Wirkungsquerschnitte der Emission $\sigma_e(\omega)$ und Absorption $\sigma_a(\omega)$ gemäß [7.2] zu

$$\frac{\sigma_e(\omega)}{\sigma_a(\omega)} = exp\left[-\frac{\hbar(\omega-\omega_c)}{kT}\right] \tag{A 5.1}$$

Dabei bedeuten:

ω	Kreisfrequenz des optischen Eingangssignals,
ω_c	Crossing-Frequency, entsprechend $\sigma_e(\omega_c) = \sigma_a(\omega_c)$,
$\hbar = \frac{h}{2\pi}$	modifiziertes Plancksches Wirkungsquantum,
k	Boltzmann-Konstante,
T	Temperatur in Kelvin.

Aus [7.1], [7.2] folgt für das Verhältnis zwischen den Verstärkungskoeffizienten $g(\omega)$ und dem Dämpfungskoeffizienten $\alpha(\omega)$:

$$\frac{g(\omega)}{\alpha(\omega)} = \frac{\sigma_e(\omega)}{\sigma_a(\omega)} \tag{A 5.2}$$

Mit A 5.1 wird aus A 5.2:

$$g(\omega) = \frac{\alpha(\omega)}{exp\left[\frac{\hbar(\omega-\omega_c)}{kT}\right]} \tag{A 5.3}$$

Der Verstärkungskoeffizient $g(\omega)$ und ebenso der Dämpfungskoeffizient $\alpha(\omega)$ stehen in der Differenzialgleichung für die Leistungsänderung entlang der z-Achse der aktiven Faser gemäß

$$\frac{dP(z)}{dz} = \left[g(\omega) - \alpha(\omega)\right] P(z) \tag{A 5.4}$$

Aus der Lösung der DGL A 5.4:

$$P(L) = P_{out} = P_{in}\, exp\left[\left(g(\omega) - \alpha(\omega)\right) L\right] \tag{A 5.5}$$

gewinnt man die Leistungsverstärkung des faseroptischen Verstärkers der Länge L entsprechend

$$G(\omega) = \frac{P_{out}}{P_{in}} = exp\left[\left(g(\omega) - \alpha(\omega)\right) L\right] \tag{A 5.6}$$

A5.2 Lorentz-Näherung für den Verstärkungskoeffizienten

Mit der Näherung

$$exp\left[\frac{\hbar(\omega-\omega_c)}{kT}\right] \approx 1 + \frac{\hbar(\omega-\omega_c)}{kT} + \frac{1}{2}\left[\frac{\hbar(\omega-\omega_c)}{kT}\right]^2 \qquad \text{(A 5.7)}$$

wird aus A 5.3:

$$g(\omega) \approx \frac{2\,\alpha(\omega)}{2+2\frac{\hbar(\omega-\omega_c)}{kT}+\left[\frac{\hbar(\omega-\omega_c)}{kT}\right]^2} \approx \frac{2\,\alpha(\omega)}{1+\left[1+\frac{\hbar(\omega-\omega_c)}{kT}\right]^2}$$

$$g(\omega) \approx \frac{2\,\alpha(\omega)}{1+\left[\frac{\omega-\omega_c+kT/\hbar}{kT/\hbar}\right]^2} \qquad \text{(A 5.8)}$$

Durch Einführung der Größen

- Dipol-Relaxationszeit τ_o :

$$\tau_o = \frac{\hbar}{kT}\ , \qquad \text{(A 5.9)}$$

- Mittenkreisfrequenz ω_o :

$$\omega_o = \omega_c + \frac{1}{\tau_o} \qquad \text{(A 5.10)}$$

geht der Verstärkungskoeffizient $g(\omega)$ über in die Lorentz-Näherung

$$g(\omega) \approx \frac{2\,g_o}{1+(\omega-\omega_o)^2\,\tau_o^2} \qquad \text{(A 5.11)}$$

Sie gilt außerhalb des Sättigungsbereiches des faseroptischen Verstärkers, wenn noch für die Dämpfung bzw. Mittenverstärkung

$$\alpha(\omega) \approx g_o = \text{konst.} \qquad \text{(A 5.12)}$$

angenommen wird.

A5.3 Effektiver Verstärkungskoeffizient

Aus A 5.5 entnimmt man den effektiven Verstärkungskoeffizienten

$$g_{eff}(\omega) = g(\omega) - \alpha(\omega)\ , \qquad \text{(A 5.13)}$$

der mit A 5.11 übergeht in

$$g_{eff}(\omega) \approx g_o\frac{1-(\omega-\omega_o)^2\,\tau_o^2}{1+(\omega-\omega_o)^2\,\tau_o^2} \qquad \text{(A 5.14)}$$

A5.4 *z*-Komponenten-Übertragungsfunktion

Nimmt man an, dass die Signalübertragung letztendlich durch die *z*-KÜF beschrieben wird, so folgt für den faseroptischen Verstärker bei Unterdrückung der Phasenterme:

$$G(\omega) = \frac{P_{out}(\omega)}{P_{in}(\omega)} = \frac{D_{zout}(j\omega)\, D^*_{zout}(j\omega)}{D_{zin}(j\omega)\, D^*_{zin}(j\omega)}$$

$$= T_z(j\omega)\, T^*_z(j\omega) \qquad \text{(A 5.15)}$$

$$= exp\left[\frac{g_{eff}(\omega) L}{2}\right] exp\left[\frac{g_{eff}(\omega) L}{2}\right]$$

$$\rightarrow \quad T_z(j\omega) = exp\left[\frac{g_{eff}(\omega) L}{2}\right] \qquad \text{(A 5.16)}$$

Mit A 5.14 erhalten Sie die *z*-KÜF des faseroptischen Verstärkers in der Form

$$T_z(j\omega) \approx exp\left[\frac{g_o L}{2} \frac{1-(\omega-\omega_o)^2 \tau_o^2}{1+(\omega-\omega_o)^2 \tau_o^2}\right] \qquad \text{(A 5.17)}$$

Durch Vergleich von Tabelle 7-1 mit A 5.17 ergibt sich mit $\omega_y = \omega$ und $\varphi = \varphi_y \approx$ konst. eine Bedingung an die Ersatzabsorptionszahl n_1'' gemäß

$$\frac{\omega}{c} n_1'' \cos\varphi = \frac{g_o L}{2} \frac{1-(\omega-\omega_o)^2 \tau_o^2}{1+(\omega-\omega_o)^2 \tau_o^2}, \qquad \text{(A 5.18)}$$

$$\rightarrow \quad n_1''(\omega) = \frac{g_o L c}{2\, \omega \cos\varphi} \frac{1-(\omega-\omega_o)^2 \tau_o^2}{1+(\omega-\omega_o)^2 \tau_o^2} \qquad \text{(A5.19)}$$

Näherungsweise kann im Durchlassbereich mit der Absorptionszahl bei der Mittenfrequenz $\omega = \omega_o$ gerechnet werden:

$$n_1''(\omega_o) = \frac{g_o L c}{2\, \omega_o \cos\varphi} \qquad \text{(A 5.20)}$$

A6 Erfindung: Faseroptischer Stromsensor

Schaltungsanordnung zur Messung elektrischer Ströme in elektrischen Leitern mit Lichtwellenleitern

Beschreibung

Die Erfindung betrifft eine Schaltungsanordnung zur Messung elektrischer Ströme in elektrischen Leitern mit Lichtwellenleitern, enthaltend als Messteil

- eine Lichtquelle zum Erzeugen eines polarisierten Messlichtes,
- einen Polarisator, der mit der Lichtquelle verbunden ist,
- eine Lichtwellenleiter-Messspule, die den elektrischen Leiter umgibt,
- einen Analysator, an den die Lichtwellenleiter-Messspule geführt ist, und
- einen Lichtempfänger mit einer Auswerteeinrichtung, wobei der Lichtempfänger dem Analysator zugeordnet ist.

Eine derartige Schaltungsanordnung mit Lichtwellenleitern zur Messung elektrischer Ströme in einem elektrischen Leiter ist in der Druckschrift US 3 605 013 beschrieben. Die Schaltungsanordnung besteht im Wesentlichen aus einer Laserdiode, einem Polarisator, einem Analysator und einem Lichtempfänger mit einer angeschlossenen Auswerteeinrichtung, wobei zwischen der Laserdiode und dem Lichtempfänger ein faseroptischer Lichtwellenleiter die dazwischenliegenden Bauelemente miteinander verbindet. Der den Polarisator und den Analysator verbindende Lichtwellenleiter umgibt spiralförmig mit mindestens einer Windung als Lichtwellenleiter-Messspule den elektrischen Leiter.

Breitet sich linear polarisiertes Licht der Laserdiode in dem Lichtwellenleiter aus, so bleibt die Polarisation erhalten. Wenn im elektrischen Leiter Strom fließt, wird ein Magnetfeld erzeugt. Das Magnetfeld dreht die Polarisationsebene des linear polarisierten Lichtes aufgrund des Faraday-Effektes. Je größer der Wert des elektrischen Stromes, desto größer ist das Magnetfeld und je länger der Weg im Lichtwellenleiter ist, desto stärker ist die Drehung der Polarisationsebene. Folglich kann aus dem Drehwinkel α der Polarisationsebene der Wert des elektrischen Stromes i ermittelt werden.

Es ist ein optischer Stromsensor in der Druckschrift EP 0 826 971 B1 beschrieben, der versehen ist mit

- einer Lichtquelle zum Erzeugen eines polarisierten Messlichtes,
- einer Messspule aus einer optischen Faser mit vielen Windungen, die um einen elektrischen Leiter gewickelt sind, in dem der zu messende elektrische Strom i fließt, wobei die Windungen derart angeordnet sind, dass das von der Lichtquelle emittierte polarisierte Licht um den Leiter im Kreis geführt wird, so dass die Polarisationsebene des polarisierten Messlichtes durch das von dem elektrischen Strom erzeugte Magnetfeld gedreht wird, und
- Messmittel zur Bestimmung des elektrischen Stromes durch Erfassen des Drehwinkels α der Polarisationsebene,

wobei die optische Messspule ein mit der Lichtquelle verbundenes Eingangsende und ein mit dem Messmittel verbundenes Ausgangsende aufweist, wobei das Eingangsende und das Ausgangsende auf eine solche Art und Weise angeordnet sind, dass ein durch Betrachten der beiden Enden von der Mitte des Leiters erhaltener Winkel nicht mehr als 1 % von $2\pi n$ ist, und wobei das Eingangsende und das Ausgangsende in einem einzigen, aus einem magnetischen Material hergestellten Element enthalten ist.

Dabei sind die optische Faser und die Lichtquelle miteinander durch ein erstes optisches Kopplungselement verbunden, während die optische Faser und das Messmittel miteinander durch ein zweites optisches Kopplungssystem verbunden sind.

Ein Problem besteht darin, dass die ersten und die zweiten optischen Kopplungssysteme in einem Element enthalten sind.

Des Weiteren sind ein Verfahren und eine Vorrichtung zur Messung von Störungsschwingungen mit faseroptischen Spulen, die zirkular polarisiertes Licht leiten, in der Druckschrift US 4 922 095 beschrieben. Eine zirkular polarisierte Lichtquelle breitet Licht in einer faseroptischen Messspule in einer störungsempfindlichen Umgebung und in einer faseroptischen Referenzspule in einer konstanten Umgebung aus. Das Licht von beiden Spulen wird ausgewertet durch eine Polarisations-Einrichtung, um den Grad der Polarisationsdrehung zu registrieren, um dabei eine Bestimmung der Frequenz und der Amplitude der Störungsschwingung zu ermöglichen.

Ein Problem besteht darin, dass damit kein kontinuierlicher elektrischer Strom gemessen werden kann.

Es ist ein faseroptischer Magnetfeldsensor zur Bestimmung elektrischer Ströme in der Druckschrift DE 37 26 411 A1 beschrieben, bei dem die magnetfeldabhängige Faraday-Drehung der Polarisationsebene eines linear polarisierten Lichtstrahls, der sich in einem Lichtwellenleiter ausbreitet, gemessen wird. Der durch das Magnetfeld verursachten Faraday-Drehung sind jedoch lineare und zirkulare Doppelbrechungseigenschaften des Lichtwellenleiters überlagert, die eine Messung der Faraday-Drehung erschweren und außerdem noch abhängig von Umgebungseinflüssen sind.

Dazu gehört eine Anordnung mit Heterodym-Empfang und reziprokem Lichtweg, die eine Messung der Faraday-Drehung ohne Beeinflussung durch lineare und nahezu ohne Beeinflussung durch zirkulare Doppelbrechungsanteile des Lichtwellenleiters ermöglicht.

Ein Problem besteht darin, dass mehrere Photodioden mit in der Praxis unterschiedlichen Eigenschaften Verwendung finden.

Eine weitere Anordnung zum Messen von elektrischen Strömen aus wenigstens zwei Messbereichen in einem Stromleiter ist in der Druckschrift EP 0 776 477 B1 beschrieben. Die Anordnung weist folgende Bestandteile auf:

- wenigstens zwei, dem Stromleiter zugeordnete Faraday-Elemente,
- Mittel zum Einkoppeln von linear polarisiertem Messlicht in ein erstes der Faraday-Elemente,
- optische Verbindungsmittel, über die das erste Faraday-Element mit einem zweiten der Faraday-Elemente optisch in Reihe geschaltet ist, und die das durch das erste Faraday-Element gelaufene Messlicht in einen ersten Teil und wenigstens einen weiteren Teil aufteilen,
- einer ersten Auswerteeinheit zum Auswerten der Faraday-Drehung der Polarisationsebene von dem ersten, nur durch das erste Faraday-Element wenigstens einmal gelaufenen Teil des linear polarisierten Messlichtes als Maß für einen Strom aus einem ersten Messbereich,
- für jeden weiteren Messbereich jeweils einer Auswerteeinheit zum Auswerten der Faraday-Drehung der Polarisationsebene von jeweils einem durch das erste Faraday-Element und wenigstens ein weiteres Faraday-Element wenigstens einmal gelaufenen, weiteren Teil des Messlichtes als Maß für einen Strom aus diesem weiteren Messbereich.

Ein Problem besteht darin, dass mehrere Photodioden Verwendung finden.

Andererseits stellt die Messung elektrischer Ströme auf beliebigem Potenzial bei Einfügen der bekannten Schaltungsanordnung in den elektrischen Stromkreis ein grundsätzliches Problem der Messtechnik dar.

Das Problem besteht darin, dass die bekannten Schaltungsanordnungen zur Messung des elektrischen Stromes nur durch eine aufwendige Signalverarbeitung und dann nur näherungsweise mit den Nachteilen, dass die schwankende Doppelbrechung selbst in der Näherung im Messwert enthalten ist oder der Zusammenhang zwischen Messwert und Messgröße nichtlinear ist, aufweisen.

Der Erfindung liegt die Aufgabe zugrunde, eine Schaltungsanordnung zur Messung elektrischer Ströme in elektrischen Leitern mit Lichtwellenleitern anzugeben, die derart geeignet ausgebildet ist, dass in einfacher Weise bei der potenzialgetrennten Messung elektrischer Ströme ohne Eingriff in den elektrischen Stromkreis der Messgröße eine schwankende Doppelbrechung und Temperaturschwankungen kompensiert werden.

Die Aufgabe wird durch die Merkmale des ersten Patentanspruchs gelöst. Die Schaltungsanordnung zur Messung elektrischer Ströme i in elektrischen Leitern mit Lichtwellenleitern enthält als Messteil

- eine Lichtquelle zum Erzeugen eines polarisierten Messlichtes,
- einen Polarisator, der mit der Lichtquelle mittels eines Lichtwellenleiters verbunden ist,
- eine Lichtwellenleiter-Messspule, die den elektrischen Leiter umgibt,
- einen Analysator, an den die Lichtwellenleiter-Messspule geführt ist, und
- einen Lichtempfänger mit einer Auswerteeinrichtung, wobei der Lichtempfänger dem Analysator zugeordnet ist,

wobei gemäß dem Kennzeichenteil des Patentanspruchs 1 die Lichtquelle schräg unter einem Winkel φ an den nachfolgenden Polarisator, der für die z-Richtung favorisiert ist, angeschlossen ist sowie zwischen dem Polarisator und der Lichtwellenleiter-Messspule ein erster Koppler und zwischen der Lichtwellenleiter-Messspule und dem Analysator ein zweiter Koppler angeordnet ist, wobei die Koppler einem zum Messteil parallel gerichteten, beidendseitig reflexionsfreien Kompensationsteil zugeordnet sind, in dem sich zwischen den Kopplern eine Lichtwellenleiter-Kompensationsspule angekoppelt befindet, die einen zweiten elektrischen Leiter umgibt, wobei die Koppler jeweils zur Gegenseite der Ankopplung der Lichtwellenleiter-Kompensationsspule reflexionsfreie Abschlüsse aufweisen, wobei dem zweiten elektrischen Leiter eine Auswerteeinrichtung zugeordnet ist, die mit dem Lichtempfänger des Analysators in Verbindung steht und einen Messwert i_0 erzeugt, so dass die Messgröße i aus der Gleichung

$$i_0 = \frac{N}{N_0} i \tag{I}$$

in der zugehörigen Auswerteeinrichtung ermittelbar ist, wobei der am Ende des optischen Teils angeordnete Analysator die x-Komponente D_x und die y-Komponente D_y der elektrischen Verschiebungsflussdichte unterdrückt und nur bei deren z-Komponente einen Photostrom i_{ph} liefert, der einen Regelkreis steuert, der der Kompensationsspule zugeordnet ist und den Messwert i_0 liefert.

Die Lichtquelle kann vorzugsweise eine Laserdiode sein.

Am Eingangstor des Polarisators weist ein Eingangssignal des Polarisators eine elektrische Verschiebungsflussdichte mit den zum zugehörigen Eingangstor parallelen Komponenten D_{xin}, D_{yin} sowie der zu den parallelen Komponenten D_{xin}, D_{yin} senkrechten Komponente D_{zin} auf.

Der Polarisator besitzt eine erste Jones-Matrix $\underline{J}$ gemäß Gleichung

$$\underline{J} = \frac{1}{2}\begin{pmatrix} 0 & 1 \\ 0 & 1 \end{pmatrix} \tag{II}$$

Am Ausgangstor des Polarisators weist ein Ausgangssignal eine elektrische Verschiebungsflussdichte mit den Komponenten D_{xout}, D_{yout}, D'_{zout} des Polarisators auf, wobei D'_{zout} die z-Komponente der Verschiebungsflussdichte am Ausgang des Polarisators darstellt.

Die beiden Koppler weisen jeweils zwei Eingangstore und zwei Ausgangstore auf, wobei sich die jeweils zugeordneten Eingangs-/Ausgangstore in Lichtwellenrichtung gegenüberliegen und die Eingangs-/Ausgangstore voneinander gleich beabstandet sind.

Der erste Koppler ist vorzugsweise ein Drei-dB-Koppler mit $\Theta_1 = \frac{\pi}{4}$, wobei Θ_1 den zugehörigen ersten Koppelwinkel darstellt.

Der zweite Koppler ist ein Drei-dB-Koppler mit $\Theta_2 = \frac{\pi}{4}$, wobei Θ_2 wieder den zugehörigen zweiten Koppelwinkel darstellt.

Das Ausgangssignal am Ausgangstor des Polarisators entspricht dem Eingangssignal für den ersten Drei-dB-Koppler mit dem ersten Koppelwinkel $\Theta_1 = \frac{\pi}{4}$.

Alle Komponenten des Ausgangssignals lassen sich dabei jeweils als Funktion der z-Komponente darstellen.

Es sind an das zweite Eingangstor des ersten Kopplers ein reflexionsfreier erster Abschluss und an das erste Ausgangstor des ersten Kopplers ein um den zu messenden Strom i als Führungsgröße – die Messgröße i – gewickelter Lichtwellenleiter – die Messspule –, der eine zweite Jones-Matrix $\underline{J} = \underline{J}(\alpha)$ und eine erste z-Komponenten-Übertragungsfunktion $T_z = T_z(\alpha)$ in Abhängigkeit vom ersten Drehwinkel α der Polarisationsebene der nichtabgelenkten Lichtwelle sowie eine erste Windungszahl N zugeordnet sind, angeschlossen.

An das zweite Ausgangstor ist ein um den zweiten elektrischen Leiter gewickelter Lichtwellenleiter – die Kompensationsspule – angeschlossen, der eine zweite Windungszahl N_0, eine dritte Jones-Matrix $\underline{J}_0 = \underline{J}_0(\alpha_0)$ und eine zweite z-Komponenten-Übertragungsfunktion $T_{z0} = T_{z0}(\alpha_0)$ in Abhängigkeiten vom zweiten Drehwinkel α_0 der Polarisationsebene der abgelenkten Lichtwelle zugeordnet sind, wobei der Strom i_0 durch den zweiten elektrischen Leiter der Kompensationsspule die Regelgröße – den Messwert i_0 – darstellt.

Die Messspule mit der Messgröße i sowie die Kompensationsspule mit dem Messwert i_0 sind an den zweiten Drei-dB-Koppler mit dem zweiten Koppelwinkel $\Theta_2 = \frac{\pi}{4}$ angeschlossen, der als zweites Ausgangstor einen reflexionsfreien zweiten Abschluss zum eingangsseitigen, gegenüberliegenden zweiten Eingangstor des zweiten Kopplers besitzt.

An das erste Ausgangstor des zweiten Kopplers ist als Analysator ein z-Komponenten-Analysator angeschlossen, der die von der Laserdiode erzeugten Komponenten der elektrischen Verschiebungsflussdichte D_{xin}, D_{yin}, die über den Polarisator, den ersten Koppler, die Lichtwellenleiter-Spulen und den zweiten Koppler übertragen werden, unterdrückt und nur die z-Komponente der elektrischen Verschiebungsflussdichte D_{zout} im zugehörigen Lichtempfänger in den Photostrom i_{ph} wandelt.

Zwischen der z-Komponente D'_{zout} und der z-Komponente D_{zin} der elektrischen Verschiebungsflussdichte besteht folgende Gleichung:

$$D'_{zout} = 1/2\, D_{zin} \tag{III}$$

Für die gesamte z-Komponenten-Übertragungsfunktion T_{zges} gilt die Gleichung:

$$T_{zges} = D_{zout} / D_{zin}, \tag{IV}$$

wobei auch die Gleichung

$$T_{zges} = 1/2\, cos\,\Theta_1\, T_z\, cos\,\Theta_2 - 1/2\, sin\,\Theta_1\, T_{z0}\, sin\,\Theta_2 \tag{V}$$

gilt.

Die Auswerteeinrichtung kann einen Integrator eines Regelkreises enthalten.

Der den Photostrom $i_{ph}(t)$ erhaltende Integrator kann derart ausgebildet sein, dass die bleibende Regelabweichung, d.h. die Differenz der Drehwinkel $\alpha(t) - \alpha_0(t)$ in Abhängigkeit von der Einschwingzeit t mit t gegen Unendlich, gegen Null geht und der Integrator ausgangsseitig den Messwert i_0 liefert, um daraus die Messgröße i zu ermitteln.

Gemäß der Gleichung

$$i_0 = \frac{N}{N_0}\, i \tag{I}$$

liegt ein optischer Transformator vor, wobei in den beiden Lichtwellenleiter-Spulen der Faraday-Effekt zur Drehung der Polarisationsebenen der in den Lichtwellenleiter-Spulen laufenden Lichtwellen um den jeweiligen Drehwinkel α, α_0 stromproportional der Messgröße i bzw. dem Messwert i_0 entsprechend den Proportionalitäten $\alpha \sim i$ und $\alpha_0 \sim i_0$ sind.

Die Schaltungsanordnung geht somit erfindungsgemäß von einer schrägen Anregung der Schaltungsanordnung durch eine Laserdiode aus, wobei die schräge Anregung durch die durch den vorgegebenen Winkel φ dimensionierte geschlossene Einkoppelstelle zur Erzeugung einer z-Komponente D_z als Längskomponente der elektrischen Verschiebungsflussdichte der ausgesendeten Lichtwelle führt. Die z-Komponente D_z der elektrischen Verschiebungsflussdichte wird durch die Festlegung eines x, y, z-Koordinatensystems, in dem die z-Koordinate als Längskoordinate wahlweise bestimmt ist, favorisiert. Letztendlich wird nur die z-Komponenten-Übertragungsfunktion für den optischen Teil der Schaltungsanordnung verwendet.

Die Schaltungsanordnung sieht im Wesentlichen neben der faseroptischen Messspule eine faseroptische Kompensationsspule vor. Der am Ende des optischen Teils der Schaltungsanordnung angeordnete Analysator in Form des z-Komponenten-Analysators unterdrückt die x-Komponente D_x und die y-Komponente D_y der elektrischen Verschiebungsflussdichte und liefert nur für deren z-Komponente einen Photostrom i_{ph}. Der Photostrom i_{ph} steuert einen Regelkreis, der auf die Kompensationsspule zugeschnitten dimensioniert ist und den Messwert i_0 liefert.

Bei der erfindungsgemäßen Schaltungsanordnung ist somit wesentlich, dass nur die *z*-Komponente der elektrischen Verschiebungsflussdichte D_z letztendlich Verwendung findet. Somit ist hier eine einfache skalare Kompensationsbedingung gegeben. Andere Lösungen sind dagegen schwierig zu erfüllen, weil diese dann auf der Kompensation aller vier Matrizenelemente der Jones-Matrix beruhen.

Als Faraday-Effekt wird die Erscheinung bezeichnet, bei der die Schwingungsebene linear polarisierten Lichtes beim Durchgang durch ein Magnetfeld gedreht wird. Der Drehwinkel – der Faraday-Winkel – ist dabei proportional dem Skalarprodukt aus der Magnetisierung und dem Ausbreitungsvektor des Lichtes sowie der Länge des Magnetfeldes.

Eine Jones-Matrix ist eine zweidimensionale Matrix, welche zur Repräsentation der Polarisation ebener elektromagnetischer Wellen dient. Der Jones-Formalismus eignet sich insbesondere zur Analyse optischer Systeme in denen ein polarisiertes Lichtstrahlenbündel eine Kaskade von optischen Bauelementen durchläuft.

Dadurch, dass nur die erzeugten *z*-Komponenten der elektrischen Verschiebungsflussdichte letztlich Verwendung finden, entsteht für die faseroptische Schaltungsanordnung eine einfache skalare Kompensationsbedingung.

Die Erfindung ermöglich einen einfachen Aufbau einer Schaltungsanordnung, die auch zur potenzialgetrennten Strommessung einsetzar ist. Die erfindungsgemäße Schaltungsanordnung eignet sich sowohl zur Messung sehr kleiner Ströme im mA-Bereich als auch zur Messung sehr kleiner Ströme im kA-Bereich und ist auch in einem großen Frequenzbereich einsetzbar. Die Strommessung ist ohne Einfügung der Schaltungsanordnung in den elektrischen Stromkreis auf beliebigem, insbesondere auf Hochspannungspotenzial möglich, wobei zweckmäßige Nachrüstbedingungen an schon bestehenden Anlagen durchgeführt werden können.

Gegenüber den herkömmlichen klassischen Wandlern bzw. Transformatoren ist eine Platzersparnis vorhanden und es braucht kein Öl oder andere kritische Materialien zur Isolation eingesetzt werden. Somit ergibt sich eine umweltfreundliche und explosionssichere Schaltungsanordnung zur Messung elektrischer Ströme.

Weiterbildungen und vorteilhafte Ausgestaltungen der Erfindung sind in weiteren Unteransprüchen angegeben.

Die Erfindung wird anhand eines Ausführungsbeispiels mittels mehrerer Zeichnungen näher erläutert.

Es zeigen:

Fig. 1 eine schematische Darstellung einer Schaltungsanordnung zur Messung elektrischer Ströme in elektrischen Leitern mit Lichtwellenleiter-Spulen sowie eines zugehörigen *x*, *y*, *z*-Koordinatensystems in Fig. 1a,

Fig. 2 ein Schaltbild eines Integrators mit Kompensationsspule, wobei der von der Kompensationsspule umwundene elektrische Leiter einseitig an Masse angeschlossen ist, und eine Formelangabe in Fig. 2a und

Fig. 3 ein Schaltbild eines Integrators mit einer „schwimmenden“ Kompensationsspule, wobei der von der Kompensationsspule umwundene elektrische Leiter an den Ausgang eines zweiten Operationsverstärkers angeschlossen ist, und eine Formelangabe in Fig. 3a.

In Fig. 1 ist in schematischer Darstellung eine Schaltungsanordnung 1 zur Messung elektrischer Ströme i in einem elektrischen Leiter 6 dargestellt. Die Schaltungsanordnung 1 enthält als Messteil 11

- eine Lichtquelle 2 zum Erzeugen eines polarisierten Messlichtes,
- einen Polarisator 3, der mit der Lichtquelle 2 mittels eines Lichtwellenleiters 4 verbunden ist,
- eine Lichtwellenleiter-Messspule 5, die den elektrischen Leiter 6 umgibt,
- eine Analysator 7, an den die Lichtwellenleiter-Messspule 5 geführt ist, und
- einen Lichtempfänger mit einer Auswerteeinrichtung 8, wobei der Lichtempfänger dem Analysator 7 zugeordnet ist.

Erfindungsgemäß sind die Lichtquelle 2 schräg unter einem Winkel φ an den nachfolgenden Polarisator 3, der für die z-Richtung favorisiert ist, angeschlossen sowie zwischen dem Polarisator 3 und der Lichtwellenleiter-Messspule 5 ein erster Koppler 9 und zwischen der Lichtwellenleiter-Messspule 5 und dem Analysator 7 ein zweiter Koppler 10 angeordnet, wobei die Koppler 9, 10 einem zum Messteil 11 parallel gerichteten, beidseitig reflexionsfreien Kompensationsteil 16 zugeordnet sind, in dem sich zwischen den beiden Kopplern 9, 10 eine Lichtwellenleiter-Kompensationsspule 12 angekoppelt befindet, die einen zweiten elektrischen Leiter 15 umgibt, wobei die Koppler 9, 10 jeweils zur Gegenseite der Ankopplung der Lichtwellenleiter-Kompensationsspule 12 reflexionsfreie Abschlüsse 13, 14 aufweisen, wobei dem zweiten elektrischen Leiter 15 eine Auswerteeinrichtung 8 zugeordnet ist, die mit dem Lichtempfänger des Analysators 7 in Verbindung steht und einen Messwert i_0 erzeugt, so dass die Messgröße i aus der Gleichung

$$i_0 = \frac{N}{N_0} i \tag{I}$$

in der zugerhörigen Auswerteeinrichtung 8 ermittelbar ist, wobei der am Ende des optischen Teils 11, 16 der Schaltungsanordnung 1 angeordnete Analysator 7 die x-Komponente D_x und die y-Komponente D_y der elektrischen Verschiebungsflussdichte unterdrückt und nur für deren z-Komponente einen Photostrom i_{ph} liefert, der einen Regelkreis steuert, der der Kompensationsspule 12 zugeordnet ist und den Messwert i_0 liefert.

Die Lichtquelle 2 kann eine Laserdiode sein.

Am Eingangstor 17 des Polarisators 3 weist ein Eingangssignal eine elektrische Verschiebungsflussdichte mit den zum zugehörigen Eingangstor 17 parallelen Komponenten D_{zin}, D_{yin} sowie der zu D_{zin}, D_{yin} senkrechten Komponente D_{zin} auf.

Der Polarisator 3 besitzt eine erste Jones-Matrix J gemäß der Gleichung

$$\underline{J} = \frac{1}{2}\begin{pmatrix} 0 & 1 \\ 0 & 1 \end{pmatrix} \tag{II}$$

Am Ausgangstor 18 des Polarisators 3 weist ein Ausgangssignal eine elektrische Verschiebungsflussdichte mit den Komponenten $D_{xout}, D_{yout}, D'_{zout}$ des Polarisators 3 auf, wobei gemäß Gleichung

$$D'_{zout} = 1/2\, D_{in} \tag{III}$$

ist.

Die Koppler 9, 10 weisen jeweils zwei Eingangstore 19, 21 und zwei Ausgangstore 20, 22 auf, wobei sich die jeweils zugeordneten Eingangs-/Ausgangstore 19, 20 in Lichtwellenrichtung gegenüberliegen und die Eingangs-/Ausgangstore 19, 21, 20, 22 in Parallelität zueinander gleich beabstandet sind.

Der erste Koppler 9 kann vorzugsweise ein Drei-dB-Koppler mit $\Theta_1 = \frac{\pi}{4}$ sein, wobei Θ_1 einen ersten Koppelwinkel darstellt.

Damit entspricht das Ausgangssignal am Ausgangstor 18 des Polarisators 3 dem Eingangssignal für den ersten Drei-dB-Koppler 9 mit dem ersten Koppelwinkel $\Theta_1 = \frac{\pi}{4}$.

Es sind an das zweite Eingangstor 21 des ersten Kopplers 9 ein erster reflexionsfreier Abschluss 13 und an das erste Ausgangstor 20 des ersten Kopplers 9 ein um den zu messenden Strom i als Führungsgröße gewickelter Lichtwellenleiter – die Messspule 5 – angeschlossen, der eine zweite Jones-Matrix $\underline{J} = \underline{J}(\alpha)$, eine erste z-Komponenten-Übertragungsfunktion $T_z = T_z(\alpha)$ sowie eine erste Windungszahl N zugeordnet sind.

An das zweite Ausgangstor 22 des ersten Kopplers 9 ist ein um den elektrischen Leiter 15 gewickelter Lichtwellenleiter – die Kompensationsspule 12 – angeschlossen, der eine zweite Windungszahl N_0, eine dritte Jones-Matrix $\underline{J}_0 = \underline{J}_0(\alpha_0)$ und eine zweite z-Komponenten-Übertragungsfunktion $T_{z0} = T_{z0}(\alpha_0)$ zugeordnet sind, wobei der Strom i_0 durch den elektrischen Leiter 15 die Regelgröße – den Messwert i_0 – darstellt.

Der auf die Kompensationsspule 12 bezogene Regelkreis arbeitet auf der Grundlage eines integrierenden Operationsverstärkerprinzips.

Der zweite Koppler 10 ist ein Drei-dB-Koppler mit $\Theta_2 = \frac{\pi}{4}$, wobei bei Θ_2 einen zweiten Koppelwinkel darstellt.

Allgemein gilt, dass der Koppelwinkel $\Theta = \sigma\, L$ ist, wobei σ der Koppelkoeffizient und L die Koppellänge darstellen.

Die Messspule 5 mit der Messgröße i sowie die Kompensationsspule 12 mit dem Messwert i_0 sind eingangsseitig an den zweiten Drei-dB-Koppler 10 mit dem zweiten Koppelwinkel $\Theta_2 = \frac{\pi}{4}$ angeschlossen, der als zweites Ausgangstor 26 einen reflexionsfreien zweiten Abschluss 14 zu seinem eingangsseitigen, gegenüberliegenden Eingangstor 24 besitzt.

Vorzugsweise können die Messspule 5 und die Kompensationsspule 12 folgende Parameter aufweisen:

- gleiche Länge L,
- gleiche Hauptbrechzahlen n_x, n_y,
- gleiche Verdetkonstante V
- gleiche Doppelbrechung δ und
- unterschiedliche Windungszahlen N, N_0.

Die beiden Koppler 9 und 10 können vorzugsweise auf gleiche Koppelwinkel $\Theta_1 = \frac{\pi}{4}$ und $\Theta_2 = \frac{\pi}{4}$ eingestellt werden.

Für die gesamte z-Komponenten-Übertragungsfunktion T_{zges} gilt die Gleichung:

$$T_{zges} = D_{zout} / D_{zin}, \tag{IV}$$

wobei auch die Gleichung

$$T_{zges} = 1/2\, cos\,\Theta_1\, T_z\, cos\,\Theta_2 - 1/2\, sin\,\Theta_1\, T_{z0}\, sin\,\Theta_2 \tag{V}$$

gilt.

Die optischen Koppler 9, 10 in Fig. 1 haben folgende Funktionen:

Der erste Koppler 9 bewertet alle Komponenten des Eingangssignals entweder mit der Kosinusfunktion oder der Sinusfunktion in Abhängigkeit vom eingestellten Koppelwinkel Θ_1. Damit die Eingangspolarisation an den Ausgängen – den Ausgangstoren 20, 22 – des ersten Kopplers 9 erhalten bleibt, muss er genauso wie der zweite Koppler 10 polarisationserhaltend sein. Der zweite Koppler 10 führt die Signale aus den Lichtwellenleiterspulen 5, 12 und bewertet mit Sinusfunktion oder Kosinusfunktion in Abhängigkeit vom eingestellten zweiten Koppelwinkel Θ_2 zusammen für die Auswertung im z-Komponenten-Analysator 7. Mit den beiden Kopplern 9, 10 wird auch das Minuszeichen in der Differenz der gesamten z-Komponenten-Übertragungsfunktion T_{zges} durch eine Ausnutzung der Eigenschaften der imaginären Einheit j bei den Sinusfunktionen der Koppler-Übertragungsfunktionen zwischen den einzelnen Toren der Koppler 9, 10 eingestellt.

Des weiteren ist an das erste Ausgangstor 25 des zweiten Kopplers 10 der z-Komponenten-Analysator 7 angeschlossen, der die von der Laserdiode 2 erzeugten Komponenten der elektrischen Verschiebungsflussdichte D_{xin}, D_{yin}, die über den Polarisator 3, den ersten Koppler 9, die Lichtwellenleiter-Spulen 5, 12 und den zweiten Koppler 10 übertragen werden, unterdrückt, wodurch nur die z-Komponente der elektrischen Verschiebungsflussdichte D_{zout} im zugehörigen Lichtempfänger in den Photostrom i_{ph} gewandelt wird

Die Auswerteeinrichtung 8 kann vorzugsweise einen Integrator darstellen.

Der zugehörige Regelkreis arbeitet in seinem Stabilitätsverhalten auf der Grundlage der „Harmonischen Balance“ mit Einschwingvorgängen, wobei final der Messwert i_0 im Kompensationsteil 16 im eingeschwungenen Zustand gemessen wird.

In Fig. 2 ist der Integrator 8 der Kompensationsspule 12 zugeordnet, die den einseitig mit Masse verbundenen zweiten elektrischen Leiter 15 umwindet. Der Integrator 8 in Fig. 2 besteht im Wesentlichen aus einem invertierenden Eingang 33 und seinem Ausgang 31 parallel geschalteten Kondensator 29 und einem an seinem Ausgang 31 angeschlossenen, in Reihe nachgeordneten Widerstand 30. Der Widerstand 30 steht mit dem der Kompensationsspule 12 zugeordneten zweiten Leiter 15 in Verbindung, der an Masse anliegt. Am Ausgang 31 des ersten Operationsverstärkers 28 wird die Messspannung U_{Mess} abgegriffen.

Unter Verwendung gleicher Bezugszeichen ist in Fig. 3 ein Integrator 8 vorhanden, dessen zugeordneter zweiter Leiter 15 im Unterschied zur Fig. 2 nicht an Masse, sondern an den Ausgang 34 eines zweiten Operationsverstärkers 32 zugeführt ist, so dass eine „schwimmende“ Kompensationsspule 12 vorliegt. Die Eingänge des zweiten Operationsverstärkers 32 sind dessen invertierender Eingang 35, der mit dem Ausgang des Widerstandes 30 verbunden ist, und dessen nichtinvertierender Eingang 36, der an der Masse anliegt.

Bei beiden Integratoren 8 können nach den Fig. 2a, Fig. 3a aus dem Widerstandswert R, dem Kondensatorwert C und dem zeitlichen Verlauf des Photostroms $i_{ph}(t)$ der Messwert i_0 gemäß der Gleichung

$$i_0 = 1/RC \int i_{ph}(t)\,dt + c \qquad \text{(VI)}$$

ermittelt werden.

Außerdem ist der Photostrom $i_{ph}(t)$ im z-Komponenten-Analysator 7 proportional der Differenz der beiden Drehwinkel α, α_0 gemäß der Beziehung:

$$i_{ph}(t) \sim \left[\alpha(t) - \alpha_0(t)\right]^2$$

Der den Photostrom $i_{ph}(t)$ empfangende Integrator 8 ist somit derart ausgebildet, dass die bleibende Regelabweichung, d. h. die Differenz der Drehwinkel $\alpha(t) - \alpha_0(t)$ in Abhängigkeit von der Einschwingzeit t mit t gegen Unendlich, gegen Null geht und der Integrator ausgangsseitig den Messwert i_0 liefert, um daraus die Messgröße i zu ermitteln.

Gemäß der Gleichung

$$i_0 = \frac{N}{N_0} i \qquad \text{(I)}$$

liegt in der Schaltungsanordnung 1 ein optischer Transformator vor, wobei der Faraday-Effekt zur Drehung der Polarisationsebenen der in der Messspule 5 und der Kompensationsspule 12 getrennt laufenden Lichtwellen um die Faraday-Winkel α, α_0 – als erster Drehwinkel α und zweiter Drehwinkel α_0 bezeichnet – vorhanden ist und die sich ausbildenden Drehwinkel α, α_0 stromproportional der Messgröße i im Messteil 11 bzw. dem Messwert i_0 im Kompensationsteil 16 entsprechend den Proportionalitäten $\alpha \sim i$ und $\alpha_0 \sim i_0$ sind.

Im Folgenden wird die Funktionsweise der erfindungsgemäßen Schaltungsanordnung 1 zur Messung elektrischer Ströme i in einem elektrischen Leiter 6 mit Lichtwellenleitern erläutert:

Wesentlich für die Ausgangslage ist eine schräge Anregung der Schaltungsanordnung 1 durch eine Laserdiode 2 und damit die Erzeugung der z-Komponente D_z als Längskomponente der elektrischen Verschiebungsflussdichte. Die schräge Anregung wird durch eine geschlossene Einkoppelstelle 27 erreicht, in der unter einem bestimmten Winkel φ die Lichtquelle 2 und der Polarisator 3 achsenbezogen miteinander verbunden sind.

Daraus ergibt sich eine durchgängige und finale Verwendung der ersten z-Komponenten-Übertragungsfunktion T_z der Messspule 5 für den optischen Messteil 11 der Schaltungsanordnung 1.

Die zweite skalare z-Komponenten-Übertragungsfunktion T_{z0} ist dem Kompensationsteil 16 zugeordnet.

Dabei erfolgt eine Ausnutzung des Kompensationsprinzips für die beiden skalaren z-Komponenten-Übertragungsfunktionen T_z, T_{z0} des Messteils 11 und des Kompensationsteils 16 der Schaltungsanordnung 1.

Dazu wird ein einfacher stabiler Regelkreis mit dem eingeschalteten Integrator 8 zur weitgehenden Elimination der bleibenden Regelabweichung $\alpha(t)-\alpha_0(t)$ mit $t \to \infty$ eingesetzt.

Die Schaltungsanordnung 1 lässt sich durch die genaue Einstellung des Winkels φ der schrägen Anregung relativ leicht abgleichen. Die Messwerte i_0 sind unter den gegebenen Bedingungen schon nach einer Einschwingzeit t von weniger als 1 s verfügbar.

Durch die Berücksichtigung des Faraday-Effektes zur stromproportionalen Drehung der Polarisationsebenen der in den gleichartigen Lichtwellenleiter-Spulen – der Messspule 5 und der Kompensationsspule 12 – getrennt laufenden Lichtwellen wird die Drehung der Polarisationsebenen längs der z-Richtung miteinander verglichen.

Dabei wird ein einfacher linearer Zusammenhang zwischen der Messgröße i und dem Messwert i_0 durch den Proportionalitätsfaktor – das Windungszahlenverhältnis N / N_0 – der beiden zugehörigen Lichtwellenleiter-Spulen 5, 12 vermittelt.

Das bedeutet auch, dass die Erfindung es ermöglicht, dass die Schaltungsanordnung 1 alle nachteiligen Effekte, wie z. B. die Doppelbrechung gleichartiger Lichtwellenleiter eliminiert und somit ein linearer Zusammenhang zwischen der Messgröße i und dem Messwert i_0 durch das Windungszahlenverhältnis in der Form

$$i_0 = \frac{N}{N_0} i \qquad \text{(I)}$$

gegeben ist.

Bezugszeichenliste

1 Schaltungsanordnung
2 Lichtquelle
3 Polarisator
4 erster Lichtwellenleiter
5 Messspule
6 erster elektrischer Leiter
7 Analysator
8 Auswerteeinrichtung
9 erster Koppler
10 zweiter Koppler
11 Messteil
12 Kompensationsspule
13 erster Abschluss
14 zweiter Abschluss
15 zweiter elektrischer Leiter
16 Kompensationsteil
17 Eingangstor des Polarisators
18 Ausgangstor des Polarisators
19 erstes Eingangstor des ersten Kopplers

20 erstes Ausgangstor des ersten Kopplers
21 zweites Eingangstor des ersten Kopplers
22 zweites Ausgangstor des ersten Kopplers
23 erstes Eingangstor des zweiten Kopplers
24 zweites Eingangstor des zweiten Kopplers
25 erstes Ausgangstor des zweiten Kopplers
26 zweites Ausgangstor des zweiten Kopplers
27 Einkoppelstelle
28 erster Operationsverstärker
29 Kondensator
30 Widerstand
31 Ausgang
32 zweiter Operationsverstärker
33 invertierender Eingang
34 Ausgang
35 invertierender Eingang
36 nichtinvertierender Eingang

i	Messgröße – zu messender Strom im ersten elektrischen Leiter
$\underline{J}$	erste Jones-Matrix
$\underline{J}(\alpha)$	zweite Jones-Matrix
$T_z(\alpha)$	erste z-Komponenten-Übertragungsfunktion
T_{zges}	gesamte z-Komponenten-Übertragungsfunktion
N	erste Windungszahl der Messspule
N_0	zweite Windungszahl der Kompensationsspule
i_0	Messwert – Strom durch den zweiten elektrischen Leiter
$\underline{J}_0(\alpha_0)$	dritte Jones-Matrix
$T_{z0}(\alpha_0)$	zweite z-Komponenten-Übertragungsfunktion
α	erster Drehwinkel in der Messspule
α_0	zweiter Drehwinkel in der Kompensationsspule
Θ_1	erster Koppelwinkel
Θ_2	zweiter Koppelwinkel
φ	Winkel
R	Widerstandswert

C	Kondensatorwert
U_{Mess}	Messspannung
i_{ph}	Photostrom
t	Zeit

Patentansprüche

1. Schaltungsanordnung zur Messung elektrischer Ströme in elektrischen Leitern mit Lichtwellenleitern, enthaltend als Messteil
   - eine Lichtquelle zum Erzeugen eines polarisierten Messlichtes,
   - einen Polarisator, der mit der Lichtquelle mittels eines Lichtwellenleiters verbunden ist,
   - eine Lichtwellenleiter-Messspule, die den elektrischen Leiter umgibt,
   - einen Analysator, an den die Lichtwellenleiter-Messspule geführt ist,
   - einen Lichtempfänger mit einer Auswerteeinrichtung, wobei der Lichtempfänger dem Analysator zugeordnet ist,

   dadurch gekennzeichnet, dass die Lichtquelle (29) schräg unter einem Winkel φ an den nachfolgenden Polarisator (3), der für die z-Richtung favorisiert ist, angeschlossen ist sowie zwischen dem Polarisator (3) und der Lichtwellenleiter-Messspule (5) ein erster Koppler (9) und zwischen der Lichtwellenleiter-Messspule (5) und dem Analysator (7) ein zweiter Koppler (10) angeordnet ist, wobei die Koppler (9, 10) einem zum Messteil (11) parallel gerichteten, beidseitig reflexionsfreien Kompensationsteil (16) zugeordnet sind, in dem sich zwischen den Kopplern (9, 10) eine Lichtwellenleiter-Kompensationsspule (12) angekoppelt befindet, die einen zweiten elektrischen Leiter (15) umgibt, wobei die Koppler (9, 10) jeweils zur Gegenseite der Ankopplung der Lichtwellenleiter-Kompensationsspule (12) reflexionsfreie Abschlüsse (13, 14) aufweisen, wobei dem zweiten elektrischen Leiter (15) eine Auswerteeinrichtung (8) zugeordnet ist, die mit dem Lichtempfänger des Analysators (7) in Verbindung steht und einen Messwert i_0 erzeugt, so dass die Messgröße i aus der Gleichung

   $$i_0 = \frac{N}{N_0} i \qquad \text{(I)}$$

   in der zugehörigen Auswerteeinrichtung (8) ermittelbar ist, wobei der am Ende des optischen Teils (11, 16) angeordnete Analysator (7) die x-Komponente D_x und die y-Komponente D_y der elektrischen Verschiebungsflussdichte unterdrückt und nur bei deren z-Komponente einen Photostrom i_{ph} liefert, der einen Regelkreis steuert, der der Kompensationsspule (12) zugeordnet ist und den Messwert i_0 liefert.

2. Schaltungsanordnung nach Anspruch 1,

   dadurch gekennzeichnet,

   dass die Lichtquelle (2) eine Laserdiode ist.

3. Schaltungsanordnung nach Anspruch 1 oder 2,

   dadurch gekennzeichnet,

   dass am Eingangstor (17) des Polarisators (3) ein Eingangssignal eine elektrische Verschiebungsflussdichte mit den zum zugehörigen Eingangstor (17) parallelen Komponenten D_{xin}, D_{yin} sowie der zu den parallelen Komponenten D_{xin}, D_{yin} senkrechten Komponente D_{zin} aufweist.

4. Schaltungsanordnung nach einem vorhergehenden Anspruch,

   dadurch gekennzeichnet,

   dass der Polarisator (3) eine erste Jones-Matrix $\underline{J}$ gemäß Gleichung

   $$\underline{J} = \frac{1}{2}\begin{pmatrix} 0 & 1 \\ 0 & 1 \end{pmatrix} \tag{II}$$

   besitzt.

5. Schaltungsanordnung nach einem vorhergehenden Anspruch,

   dadurch gekennzeichnet,

   dass am Ausgangstor (18) des Polarisators (3) ein Ausgangssignal eine elektrische Verschiebungsflussdichte mit den Komponenten $D_{zout}, D_{yout}, D'_{zout}$ des Polarisators (3) aufweist, wobei gemäß Gleichung

   $$D'_{zout} = 1/2\ D_{in} \tag{III}$$

   ist, wobei D'_{zout} die finale z-Komponente der elektrischen Verschiebungsflussdichte am Ausgang des Polarisators ist.

6. Schaltungsanordnung nach einem vorhergehenden Anspruch,

   dadurch gekennzeichnet,

   dass die Koppler (9, 10) jeweils zwei Eingangstore (19, 21) und zwei Ausgangstore (20, 22) aufweisen, wobei sich die jeweils zugeordneten Eingangs-/Ausgangstore (19, 20) in Lichtwellenrichtung gegenüberliegen und die Eingangs-/Ausgangstore (19, 21; 20, 22) in Parallelität zueinander gleich beabstandet sind.

7. Schaltungsanordnung nach einem vorhergehenden Anspruch,

   dadurch gekennzeichnet,

   dass der erste Koppler (9) ein Drei-dB-Koppler mit $\Theta_1 = \frac{\pi}{4}$ ist, wobei Θ_1 einen ersten Koppelwinkel darstellt.

8. Schaltungsanordnung nach einem vorhergehenden Anspruch,

   dadurch gekennzeichnet,

   dass der zweite Koppler (10) ein Drei-dB-Koppler mit $\Theta_2 = \frac{\pi}{4}$ ist, wobei Θ_2 einen zweiten Koppelwinkel darstellt.

9. Schaltungsanordnung nach einem vorhergehenden Anspruch,
dadurch gekennzeichnet,
dass das Ausgangssignal am Ausgangstor (18) des Polarisators (3) dem Eingangssignal für den ersten Drei-dB-Koppler (9) mit dem ersten Koppelwinkel $\Theta_1 = \frac{\pi}{4}$ entspricht.

10. Schaltungsanordnung nach einem vorhergehenden Anspruch,
dadurch gekennzeichnet,
dass an das zweite Eingangstor (21) des ersten Kopplers (9) ein erster reflexionsfreier Abschluss (13) und an das erste Ausgangstor (20) des ersten Kopplers (9) ein um den zu messenden Stromes i als Führungsgröße – die Messgröße i – gewickelter Lichtwellenleiter – die Messspule (5) –, der eine zweite Jones-Matrix $\underline{J} = \underline{J}(\alpha)$ und eine erste z-Komponenten-Übertragungsfunktion $T_z = T_z(\alpha)$ in Abhängigkeit von dem ersten Drehwinkel α der Polarisationsebene der nichtabgelenkten Lichtwelle sowie eine erste Windungszahl N zugeordnet sind, angeschlossen sind.

11. Schaltungsanordnung nach einem vorhergehenden Anspruch,
dadurch gekennzeichnet,
dass an das zweite Ausgangstor (22) des ersten Kopplers (9) ein um den zweiten elektrischen Leiter (15) gewickelter Lichtwellenleiter – die Kompensationsspule (12) – angeschlossen ist, der eine zweite Windungszahl N_0, eine dritte Jones-Matrix $\underline{J}_0 = \underline{J}_0(\alpha_0)$ und eine zweite z-Komponenten-Übertragungsfunktion $T_{z0} = T_{z0}(\alpha_0)$ in Abhängigkeit von dem zweiten Drehwinkel α_0 der Polarisationsebene der abgelenkten Lichtwelle zugeordnet sind, wobei der Strom i_0 durch den zweiten elektrischen Leiter (15) die Regelgröße , den Messwert i_0 – darstellt.

12. Schaltungsanordnung nach einem vorhergehenden Anspruch,
dadurch gekennzeichnet,
dass die Messspule (5) mit der Messgröße i sowie die Kompensationsspule (12) mit dem Messwert i_0 eingangsseitig an den zweiten Drei-dB-Koppler (10) mit dem zweiten Koppelwinkel $\Theta_2 = \frac{\pi}{4}$ angeschlossen sind, der als zweites Ausgangstor (26) einen reflexionsfreien zweiten Abschluss (14) zu seinem der Kompensationsspule (12) zugeordneten, eingangsseitigen, gegenüberliegenden zweiten Eingangstor (24) besitzt.

13. Schaltungsanordnung nach einem vorhergehenden Anspruch,
dadurch gekennzeichnet,
dass an das erste Ausgangstor (25) des zweiten Kopplers (10) ein z-Komponenten-Analysator (7) angeschlossen ist, der die von der Laserdiode (2) erzeugten Komponenten der elektrischen Verschiebungsflussdichte D_{xin}, D_{yin}, die über den Polarisator (3), den ersten Koppler (9), die Lichtwellenleiter-Spulen (5, 12) und den zweiten Koppler (10) übertragen werden, unterdrückt, wodurch nur die z-Komponenten der elektrischen Verschiebungsflussdichte D_{zout} im zugehörigen Lichtempfänger in einen Photostrom i_{ph} gewandelt wird.

14. Schaltungsanordnung nach einem vorhergehenden Anspruch,

dadurch gekennzeichnet,

dass die lichtwellenleiterbasierende Messspule (5) und die Kompensationsspule (12) wahlweise folgende Parameter:

- gleiche Länge L,
- gleiche Hauptbrechzahlen n_x, n_y,
- gleiche Verdetkonstante V,
- gleiche Doppelbrechung δ und
- unterschiedliche Windungszahlen N, N_0

besitzen.

15. Schaltungsanordnung nach einem vorhergehenden Anspruch,

dadurch gekennzeichnet,

dass für die gesamte z-Komponenten-Übertragungsfunktion T_{zges} unter Berücksichtigung der z-Komponenten-Übertragungsfunktion T_z des Messteils (11) und unter Berücksichtigung der z-Komponenten-Übertragungsfunktion T_{z0} des Kompensationsteils (16) die Gleichung

$$T_{zges} = 1/2\, cos\,\Theta_1\, T_z\, cos\,\Theta_2 - 1/2\, sin\,\Theta_1\, T_{z0}\, sin_2 \qquad \text{(V)}$$

gilt.

16. Schaltungsanordnung nach einem vorhergehenden Anspruch,

dadurch gekennzeichnet,

dass die Auswerteeinrichtung (8) einen Regelkreis einschließlich eines Integrators aufweist.

17. Schaltungsanordnung nach einem vorhergehenden Anspruch,

dadurch gekennzeichnet,

dass der zugehörige Regelkreis ein Stabilitätsverhalten auf der Grundlage der „Harmonischen Balance“ mit Einschwingvorgängen aufweist.

18. Schaltungsanordnung nach einem vorhergehenden Anspruch,

dadurch gekennzeichnet,

dass der Integrator (8) im Wesentlichen aus einem ersten Operationsverstärker (28), einem dazu zwischen dem invertierenden Eingang (33) und dem Ausgang (31) parallel geschalteten Kondensator (29) und einem am Ausgang (31) angeschlossenen, in Reihe nachgeordneten Widerstand (30) besteht, wobei der Widerstand (30) mit dem der Kompensationsspule (12) zugeordneten zweiten elektrischen Leiter (15) in Verbindung steht, der an Masse anliegt, und wobei am Ausgang (31) des ersten Operationsverstärkers (28) die Messspannung u_{Mess} abgegriffen wird.

19. Schaltungsanordnung nach Anspruch 18,

    dadurch gekennzeichnet,

    dass der zugeordnete zweite elektrische Leiter (15) dem Ausgang (34) eines zweiten Operationsverstärkers (32) zugeführt ist, wodurch eine „schwimmende“ Kompensationsspule (12) vorliegt und wobei die Eingänge des zweiten Operationsverstärkers (32) dessen invertierender Eingang (35), der mit dem Ausgang des Widerstandes (30) verbunden ist, und dessen nichtinvertierender Eingang (36), an dem die Masse anliegt, sind.

20. Schaltungsanordnung nach Anspruch 18 oder 19,

    dadurch gekennzeichnet,

    dass mit den Integratoren (8) aus dem Widerstandswert R, aus dem Kondensatorwert C und aus dem Verlauf des Photostromes $i_{ph}(t)$ der Messwert i_0 nach Gleichung

    $$i_0 = 1/RC \int i_{ph}(t)\,dt + c \qquad \text{(VI)}$$

    ermittelbar ist.

21. Schaltungsanordnung nach einem vorhergehenden Anspruch,

    dadurch gekennzeichnet,

    dass der den Photostrom $i_{ph}(t)$ empfangende Integrator (8) derart ausgebildet ist, dass die bleibende Regelabweichung, d.h. die Differenz der Drehwinkel $\alpha(t) - \alpha_0(t)$ in Abhängigkeit von der Einschwingzeit t mit t gegen Unendlich, gegen Null geht und der Integrator (8) ausgangsseitig den Messwert i_0 liefert.

22. Schaltungsanordnung nach Anspruch 1 bis 21,

    dadurch gekennzeichnet,

    dass gemäß der Gleichung

    $$i_0 = \frac{N}{N_0} i \qquad \text{(I)}$$

    ein optischer Transformator vorliegt, wobei der Faraday-Effekt zur Drehung der Polarisationsebenen der in der Messspule (5) und der Kompensationsspule (12) getrennt laufenden Lichtwellen um den jeweiligen Drehwinkel α, α_0 – den zugehörigen Faraday-Winkeln – vorhanden ist, wobei die sich ausbildenden Drehwinkel α, α_0 stromproportional der Messgröße i im Messteil (11) bzw. dem Messwert i_0 im Kompensationsteil (16) entsprechend den Proportionalitäten $\alpha \sim i$ und $\alpha_0 \sim i_0$ sind.

Hierzu siehe 3 Blätter Zeichnungen ab Seite 254.

Zusammenfassung

Die Erfindung betrifft eine Schaltungsanordnung zur Messung elektrischer Ströme in elektrischen Leitern mit Lichtwellenleitern, enthaltend ein Messteil mit einer Lichtquelle zum Erzeugen eines polarisierten Messlichtes, einem Polarisator, einer Lichtwellenleiter-Messspule, die den elektrischen Leiter umgibt, einem Analysator, an den die Lichtwellenleiter-Messspule geführt ist, und einem Lichtempfänger mit einer Auswerteeinrichtung, wobei der Lichtempfänger dem Analysator zugeordnet ist.

Es soll in einfacher Weise eine schwankende Doppelbrechung und Temperaturschwankungen kompensiert werden können.

Die Lösung besteht darin, dass die Lichtquelle (2) schräg unter einem Winkel φ an den nachfolgenden Polarisator (3), der für die z-Richtung favorisiert ist, angeschlossen ist sowie zwischen dem Polarisator (3) und der Lichtwellenleiter-Messspule (5) ein erster Koppler (9) und zwischen der Lichtwellenleiter-Messspule (5) und dem Analysator (7) ein zweiter Koppler (10) angeordnet ist, wobei die Koppler (9, 10) einem zum Messteil (11) parallel gerichteten, beidseitig reflexionsfreien Kompensationsteil (16) zugeordnet sind, in dem sich zwischen den Kopplern (9, 10) eine Lichtwellenleiter-Kompensationsspule (12) angekoppelt befindet, die einen zweiten elektrischen Leiter (15) umgibt, wobei die Koppler (9, 10) jeweils zur Gegenseite der Ankopplung der Lichtwellenleiter-Kompensationsspule (12) reflexionsfreie Abschlüsse (13, 14) aufweisen, wobei dem zweiten elektrischen Leiter (15) eine Auswerteeinrichtung (8) zugeordnet ist, die mit dem Lichtempfänger des Analysators (7) in Verbindung steht und einen Messwert i_0 erzeugt, so dass die Messgröße i aus der Gleichung

$$i_0 = \frac{N}{N_0} i \tag{I}$$

in der zugehörigen Auswerteeinrichtung (8) ermittelbar ist, wobei der am Ende des optischen Teils (11, 16) angeordnete Analysator (7) die x-Komponente D_x und die y-Komponente D_y der elektrischen Verschiebungsflussdichte unterdrückt und nur bei deren z-Komponente einen Photostrom i_{ph} liefert, der einen Regelkreis steuert, der der Kompensationsspule (12) zugeordnet ist und den Messwert i_0 liefert.

1/3

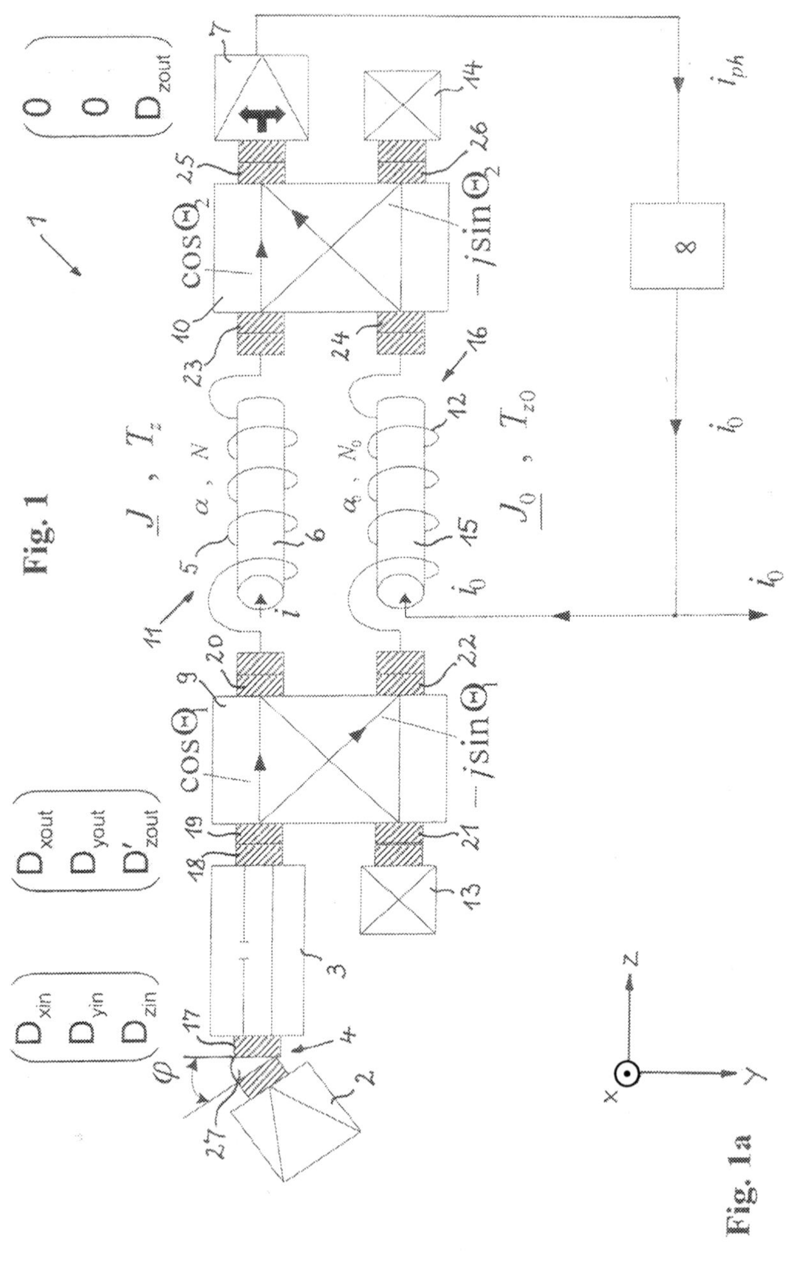

Fig. 1

Fig. 1a

2/3

Fig. 2

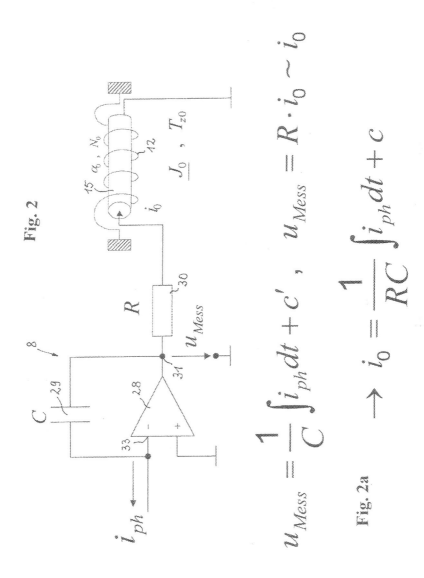

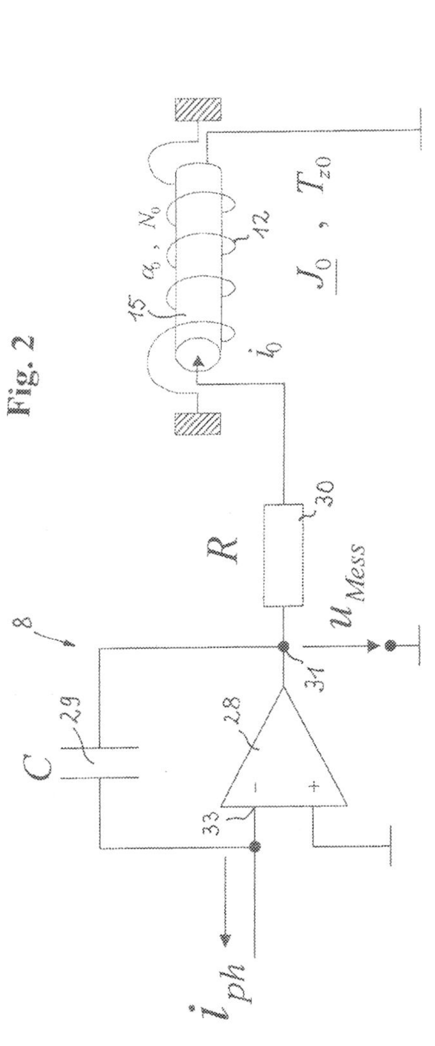

$$u_{Mess} = \frac{1}{C}\int i_{ph}\,dt + c' \ , \quad u_{Mess} = R \cdot i_0 \sim i_0$$

$$\rightarrow \ i_0 = \frac{1}{RC}\int i_{ph}\,dt + c$$

Fig. 2a

3/3

Fig. 3

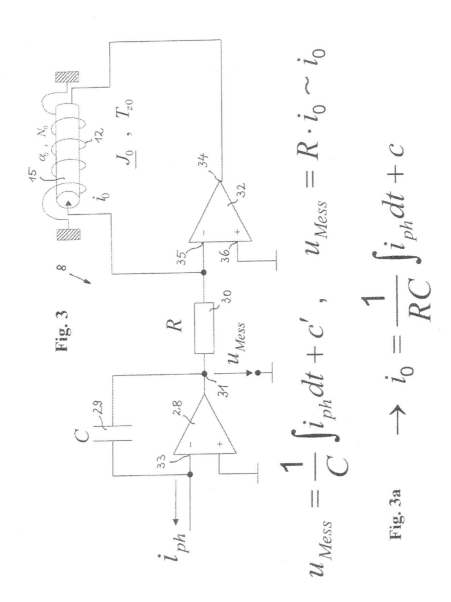

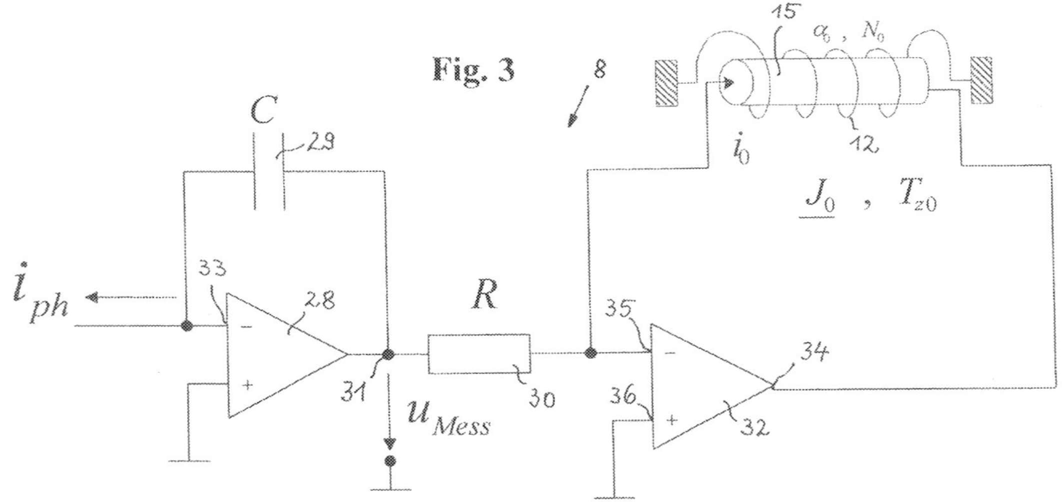

$$u_{Mess} = \frac{1}{C} \int i_{ph} dt + c' , \qquad u_{Mess} = R \cdot i_0 \sim i_0$$

Fig. 3a

$$\rightarrow \; i_0 = \frac{1}{RC} \int i_{ph} dt + c$$

A7 Signalverarbeitung in faseroptischen Stromsensoren

A7.1 Beschreibung der Erfindung

Der unter Anhang A6 angegebene faseroptische Stromsensor kann wegen des Einsatzes eines Integrators ohne Arbeitspunkteinstellung für die Photodiode nur positive Gleichströme sinnvoll messen. Durch die Erfindung wird das Problem der Messung von elektrischen Strömen $i(t)$ bei beliebiger Signalform, z. B. bei Überlagerung von Gleich- und Wechselanteil beliebigen Vorzeichens, gelöst.

Dieses Problem wurde bisher durch eine aufwendige Signalverarbeitungseinheit mit mehreren Photodioden, z. T. auch Laserdioden und Installation bis zu vier Messkanälen ohne vollständige Kompensation der Doppelbrechung gelöst.

Die bekannten Lösungen, außer die eigene, besitzen die Nachteile

- hoher Aufwand in der Signalverarbeitungseinheit durch den Einsatz mehrerer Photodioden
- keine vollständige Kompensation der Doppelbrechung der verwendeten Lichtwellenleiter
- hoher Aufwand durch den Einsatz mehrerer Laserdioden

Der vorgelegten Erfindung liegt die Aufgabe der Messung elektrischer Ströme beliebiger Signalform ohne Eingriff in den elektrischen Stromkreis der Messgröße zugrunde.

Diese Aufgabe wird erfindungsgemäß durch den in Anhang A6 dargestellten optischen Teil des faseroptischen Stromsensors und durch den Aufbau eines Regelkreises für den Messwert $i_0(t)$ als elektrischer Strom nach Fig. 1a oder Fig. 1b gelöst. In Fig. 1a und Fig. 1b ist dabei der optische Teil bis auf die Kompensationsspule nicht gezeichnet und das Differenzprinzip zur Kompensation der Doppelbrechung aus A6 wird beibehalten.

Das wesentlich Neue und der Kern der Erfindung sind darin zu sehen, dass durch die Arbeitspunkteinstellung der Photodiode mit dem Gleichstrom I_{ph} bei Aussteuerung durch den positiven Strom der Photodiode $i_{ph}(t)$ positive oder negative Werte des Messwertes $i_0(t)$ möglich sind und dass der entstehende DC-Offset $\pm\sqrt{K_{ph}I_{ph}}$ mit der Konstanten $K_{ph}, \left[K_{ph}\right] = 1A$, zur Erzeugung einer messwertproportionalen Spannung $u_{Mess}(t)$ durch die in Fig. 1a oder Fig. 1b gekennzeichnete Baugruppe abgetrennt wird. Dabei kann die bleibende Regelabweichung, verursacht durch die endliche Spannungsverstärkung des linken Operationsverstärkers in Fig. 1a oder Fig. 1b durch Verwendung von Operationsverstärkern mit entsprechend hoher Spannungsverstärkung beliebig klein gemacht werden, sofern dadurch nicht die Stabilitätsbedingung bezüglich der optischen Rückkopplung verletzt wird.

Gegenüber der in A6 angegebenen Lösung werden folgende wesentlichen und zusätzlichen Vorteile erzielt:

- Messung von elektrischen Strömen $i(t)$ beliebiger Signalform und beliebigen Vorzeichens bei vollständiger Kompensation der Doppelbrechung,
- kein langsames Einschwingen des Sensors auf den Messwert $i_0(t)$ und keine eventuellen Polstellen im Einschwingungsverhalten wie in A6,
- einfacher unkomplizierter Aufbau der Signalverarbeitungseinheit,

- leichter Abgleich der Signalverarbeitungseinheit mit einem gegenläufigen Tandempotentiometer bezüglich der DC-Offset-Abtrennung
- leichte Einhaltung der Konstanzbedingung des DC-Offsets durch Verwendung eines amplitudenstabilisierten Lasers im optischen Teil des Sensors bezüglich K_{ph} und Einstellung des Gleichstromes I_{ph} mit einer einfachen Stromquelle gemäß $I_{ph} = \frac{U_+}{R_{ph}} = const.$

A7.2 Erläuterung der Erfindung

Bedingt durch den in A6 angegebenen optischen Teil des faseroptischen Stromsensors entsteht im Zusammenwirken mit dem Regelkreis bezüglich der optischen Rückkopplung der Photostrom

$$i_{ph}(t) = \frac{\left[\frac{N}{N_o} i(t) - i_o(t)\right]^2}{K_{ph}} = I_{ph} \tag{A7.1}$$

gemäß Fig. 1a oder Fig. 1b.

In A7.1 bedeuten

$i_{ph}(t)$	Strom der Photodiode
$I_{ph} = \frac{U_+}{R_{ph}} = const.$	Konstantstrom
N	Windungszahl der LWL-Messspule
N_0	Windungszahl der LWL-Kompensationsspule
$i(t)$	elektrischer Strom (Messgröße)
$i_0(t)$	elektrischer Strom (Messwert)
$K_{ph} = \frac{16}{V^2 N_o^2 S_E P_{zin}} = const.$	Konstante
V	Verdet-Konstante
S_E	Photoempfindlichkeit der Photodiode
P_{zin}	optische Eingangsleistung des faseroptischen Stromsensors in Form der z-Komponente (z-Längsrichtung in den LWL), herrührend vom amplitudenstabilisierten Laser mit der Bedingung $P_{zin} = const.$

Die Lösung der quadratischen Gleichung A7.1 lautet

$$\underbrace{i_o(t)}_{\text{Messwert}} = \underbrace{\frac{N}{N_o} i(t)}_{\substack{\text{messengrößen-}\\ \text{proportionaler}\\ \text{Anteil}}} \underbrace{\pm\sqrt{K_{ph} I_{ph}}}_{\text{DC-Offset}} \tag{A7.2}$$

Der Widerstand R_0 verhindert als Minimalwert einen Kurzschluss am Ausgang des linken Operationsverstärkers nach Fig. 1a und Fig. 1b und sorgt für eine genügend große Spannungsverstärkung dieses Operationsverstärkers. Der Maximalwert von R_0 wird durch den Spannungsaussteuerbereich des linken Operationsverstärkers im Zusammenwirken mit der Messgröße $i(t)$ sowie des DC-Offsets gemäß A7.2 und damit $i_0(t)$ bestimmt. Es gibt also einen Optimalwert für R_0.

Aus Fig. 1a ergibt sich für die messgrößenproportionale Spannung $u_{mess}(t)$ am Ausgang des rechten Operationsverstärkers

$$u_{Mess}(t) = -R_2\left[i_0(t) + I_+ - I_-\right] \tag{A7.3}$$

mit $$I_+ = \frac{U_+}{R_+ + R_1} \tag{A7.3a}$$

$$I_- = -\frac{U_-}{R_- + R_1} \tag{A7.3b}$$

sowie $U_+ = -U_-$ (A7.3c)

Durch Einsetzen von A7.2 in A7.3 erhalten Sie

$$u_{Mess}(t) = -R_2\left[\frac{N}{N_0}i(t) \pm \sqrt{K_{ph}\,I_{ph}} + I_+ - I_-\right] \tag{A7.4}$$

Die DC-Offset-Abtrennung erfolgt durch Einstellung des gegenläufigen Tandempotentiometers bezüglich R_+ und R_-, so dass gilt

$$I_- - I_+ = \pm\sqrt{K_{ph}\,I_{ph}} \tag{A7.5}$$

Damit ergibt sich gemäß A7.4 und A7.5:

$$u_{Mess}(t) = -R_2\frac{N}{N_0}i(t) \sim -i(t)\,. \tag{A7.6}$$

Der Vorteil der Gewinnung der Messspannung $u_{Mess}(t)$ gemäß A7.6 liegt darin, dass sie nicht von den Einstellwiderständen R_+ und R_- abhängt. Nachteilig ist, dass die Messgröße invertiert vorliegt, wenn man aus Aufwandsgründen keine invertierende Operationsverstärkerschaltung an den rechts liegenden Ausgang gemäß Fig. 1a anschließt.

Aus Fig. 1b ergibt sich für die messgrößenproportionale Spannung $u_{Mess}(t)$ am Ausgang des rechten Operationsverstärkers

$$u_{Mess}(t) = (R_+ + R_1)\|(R_- + R_1)\,i_o(t) + \left[\frac{R_- + R_1}{R_+ + R_- + 2R_1} - \frac{R_+ + R_1}{R_+ + R_- + 2R_1}\right]U_+ \tag{A7.7}$$

mit $U_+ = -U_-$.

Durch Einsetzen von $i_0(t)$ gemäß A7.2 in A7.7 erhält man wieder die Bedingung A7.5 für die DC-Offset-Abtrennung unter Berücksichtigung von A7.3a, A7.3b und A7.3c. Damit gilt für die Messspannung

$$u_{Mess}(t) = (R_+ + R_1)\|(R_- + R_1))\frac{N}{N_0}i(t) \sim i(t)\,. \tag{A7.8}$$

Der Vorteil der Gewinnung der Messspannung gemäß A7.8 liegt in dem nichtinvertierten Auftreten der Messgröße $i(t)$. Nachteilig ist, dass $u_{Mess}(t)$ von den Einstellwerten der Widerstände R_+ und R_- abhängt. Ein weiterer Vorteil der Schaltung nach Fig. 1b gegenüber Fig. 1a ist, dass ein großer Strom $i_0(t)$ bei großer Messgröße $i(t)$ nicht vom rechten Operationsverstärker, wohl aber vom Netzteil zur Erzeugung von U_+ und U_- aufgebracht werden muss.

Durch Einfügen der Widerstände, bezeichnet mit R_1, in den DC-Offset-Abtrennungen nach Fig. 1a und Fig. 1b wird verhindert, dass eine unzulässig große positive oder negative Spannung durch eine eventuelle Fehleinstellung des Tandempotentiometers an den Eingang des rechten Operationsverstärkers gelangt. Mit Hilfe des Widerstandes R_2 wird im Zusammenwirken mit dem rechten Operationsverstärker in Fig. 1a eine Strom-Spannungswandlung durchgeführt. Die Spannungsverstärkung des rechten Operationsverstärkers in Fig. 1b ist gleich 1.

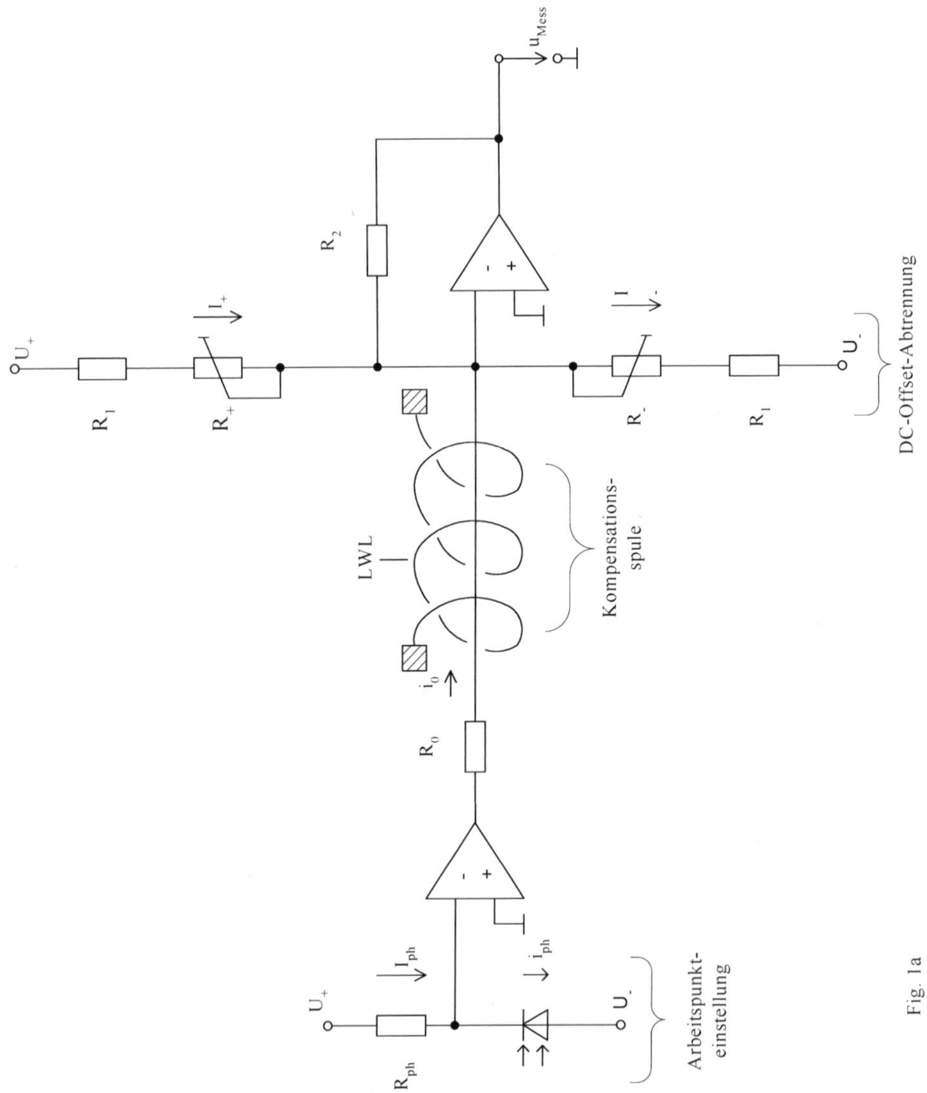

Fig. 1a

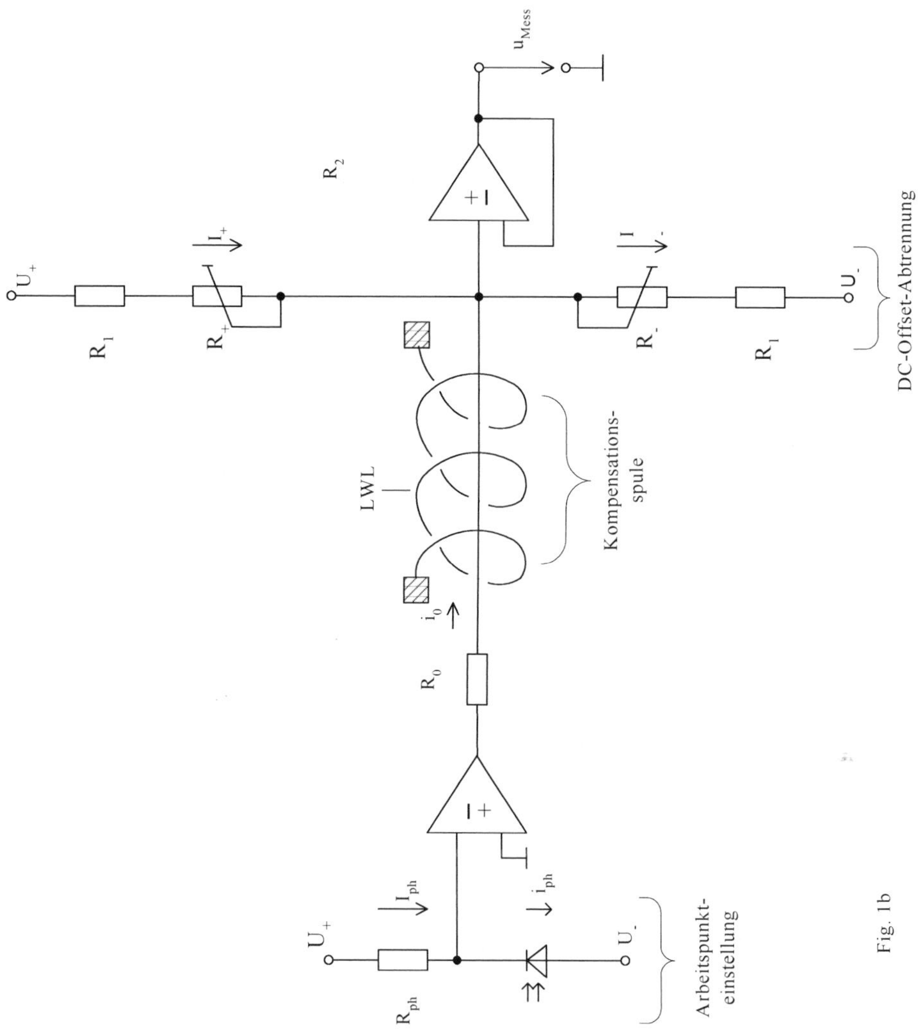

u_{Mess}
U_+
R_1
R_+
I_+
R_2
R_-
I_-
U_-
R_1
DC-Offset-Abtrennung
LWL
Kompensations-
spule
i_0
R_0
I_{ph}
i_{ph}
U_+
R_{ph}
U_-
Arbeitspunkt-
einstellung

Fig. 1b

Bildverzeichnis

Tabellenverzeichnis

Abkürzungsverzeichnis

DGL	Differenzialgleichung
$div\ \vec{A}$	Divergenz des Vektors $\vec{A}$
$\ell im\ a$	Limes von a
LWL	Lichtwellenleiter
PDL	polarisationsabhängige Dämpfung
PMD	Polarisationsmodendispersion
$rot\ \vec{A}$	Rotation des Vektors $\vec{A}$
RT-Zerlegung	Rotationszerlegung
$sp[\underline{a}]$	Spur von $\underline{a}$
x-KÜF	x-Komponenten-Übertragungsfunktion
y-KÜF	y-Komponenten-Übertragungsfunktion
ZKA	z-Komponenten-Analysator
z-KIF	z-Komponenten-Impulsfunktion
z-KFK	z-Komponenten-Fourier-Koeffizienten
z-KÜF	z-Komponenten-Übertragungsfunktion

Formelzeichen

$\underline{A}$	Transformationsmatrix
$\underline{A}_a$	schiefsymmetrischer Teil der Matrix $\underline{A}$
$\underline{A}_s$	symmetrischer Teil der Matrix $\underline{A}$
$\vec{A}$	beliebiger Vektor, Jones-Vektor
$\tilde{A}$	Hyper-Jones-Vektor
a	Schwankungsparameter
$\underline{B}$	Transformationsmatrix
$\underline{B}_a$	schiefsymmetrischer Teil der Matrix $\underline{B}$
$\underline{B}_s$	symmetrischer Teil der Matrix $\underline{B}$
$\vec{B}$	Vektor der magnetischen Flussdichte
B_n	Normalkomponente der magnetischen Flussdichte
B_t	Tangentialkomponente der magnetischen Flussdichte
B_x, B_y, B_z	x-, y-, z-Komponente der magnetischen Flussdichte
$c = \frac{1}{\sqrt{\mu_o \varepsilon_o}}$	Lichtgeschwindigkeit im Vakuum
$\vec{D}$	Vektor der elektrischen Verschiebungsflussdichte
D_n	Normalkomponente der elektrischen Verschiebungsflussdichte
D_t	Tangentialkomponente der elektrischen Verschiebungsflussdichte
D_x, D_y, D_z	x-, y-, z-Komponente der elektrischen Verschiebungsflussdichte
$\hat{D}_{xq}, \hat{D}_{yq}, \hat{D}_{zq}$	Amplituden der x-, y-, z-Komponente der elektrischen Verschiebungsflussdichte der Quellenwelle
$\hat{D}_{xR}, \hat{D}_{yR}, \hat{D}_{zR}$	Amplituden der x-, y-, z-Komponente der elektrischen Verschiebungsflussdichte der reflektierten Welle
$\hat{D}_{xT}, \hat{D}_{yT}, \hat{D}_{zT}$	Amplituden der x-, y-, z-Komponente der elektrischen Verschiebungsflussdichte der transmittierten Welle
$\vec{E}$	Vektor der elektrischen Feldstärke
$\vec{e}$	Polarisationseinheitsvektor
$\vec{e}_x, \vec{e}_y, \vec{e}_z$	Basisvektoren des kartesischen Koordinatensystems
E_n	Normalkomponente der elektrischen Feldstärke
E_t	Tangentialkomponente der elektrischen Feldstärke

E_x, E_y, E_z	x-, y-, z-Komponente der elektrischen Feldstärke
$\hat{E}_{xq}, \hat{E}_{yq}, \hat{E}_{zq}$	Amplituden der x-, y-, z-Komponente der elektrischen Feldstärke der Quellenwelle
$\hat{E}_{xR}, \hat{E}_{yR}, \hat{E}_{zR}$	Amplituden der x-, y-, z-Komponente der elektrischen Feldstärke der reflektierten Wellen
$\hat{E}_{xT}, \hat{E}_{yT}, \hat{E}_{zT}$	Amplituden der x-, y-, z-Komponente der elektrischen Feldstärke der transmittierten Welle
$\lvert e_x \rvert, \lvert e_y \rvert$	normierte Beträge der x-, y-Komponente des Polarisationseinheitsvektors
F	Fläche
$\underline{G}(t_1, t_2)$	Kohärenzmatrix im Zeitbereich (2x2-Matrix)
$\underline{G}(\omega_1, \omega_2)$	Frequenzdarstellung der Kohärenzmatrix (2x2-Matrix)
$\underline{G}_{erw}(t_1, t_2)$	erweiterte Kohärenzmatrix im Zeitbereich (3x3-Matrix)
$\underline{G}_{erw}(\omega_1, \omega_2)$	Frequenzdarstellung der erweiterten Kohärenzmatrix (3x3-Matrix)
$\underline{G}_{erw}^d(t_1, t_2)$	diagonale erweiterte Kohärenzmatrix (3x3-Matrix) im Zeitbereich
$\underline{G}_{erw}^d(\omega_1, \omega_2)$	diagonale erweiterte Kohärenzmatrix (3x3-Matrix) im Frequenzbereich
$G(\omega)$	Verstärkung eines faseroptischen Verstärkers
$G_z(t_1, t_2)$	z-Komponenten-Kohärenzfunktion im Zeitbereich
$G_z(\omega_1, \omega_2)$	z-Komponenten-Kohärenzfunktion im Frequenzbereich
$G_z^d(t_1, t_2)$	z-Komponenten-Kohärenzfunktion im Zeitbereich bei diagonaler erweiterter Kohärenzmatrix
$G_z^d(\omega_1, \omega_2)$	z-Komponenten-Kohärenzfunktion im Frequenzbereich bei diagonaler erweiterter Kohärenzmatrix
$\vec{H}$	Vektor der magnetischen Feldstärke
H_n	Normalkomponente der magnetischen Feldstärke
H_t	Tangentialkomponente der magnetischen Feldstärke
H_x, H_y, H_z	x-, y-, z-Komponente der magnetischen Feldstärke
$\hat{H}_{xq}, \hat{H}_{yq}, \hat{H}_{zq}$	Amplituden der x-, y-, z-Komponente der magnetischen Feldstärke der Quellenwelle
$\hat{H}_{xR}, \hat{H}_{yR}, \hat{H}_{zR}$	Amplituden der x-, y-, z-Komponente der magnetischen Feldstärke der reflektierten Welle

$\hat{H}_{xT}, \hat{H}_{yT}, \hat{H}_{zT}$	Amplituden der x-, y-, z-Komponente der magnetischen Feldstärke der transmittierten Welle
I	Elektrischer Strom
$\langle I \rangle$	Erwartungswert der Intensität bei stationären ergodischen Prozessen
$I(t)$	Intensität eines optischen Signals
$\langle I(t) \rangle$	Erwartungswert der Intensität
I_z^d	z-Komponenten-Intensität bei stationären ergodischen Prozessen und diagonaler erweiterter Kohärenzmatrix
$\langle I_z^d \rangle$	Erwartungswert der z-Komponenten-Intensität bei stationären ergodischen Prozessen und diagonaler erweiterter Kohärenzmatrix
$I_z^d(t)$	z-Komponenten-Intensität bei diagonaler erweiterter Kohärenzmatrix
$\langle I_z^d(t) \rangle$	Erwartungswert der z-Komponenten-Intensität bei diagonaler erweiterter Kohärenzmatrix
i_{ph}	Photostrom
$\underline{J}$	Jones-Matrix (2x2-Matrix)
$\underline{J}^d$	diagonale Jones-Matrix (2x2-Matrix)
$\underline{J}_{erw}$	erweiterte Jones-Matrix (3x3-Matrix)
$\underline{J}_{erw}^d$	diagonale erweiterte Jones-Matrix (3x3-Matrix)
$\underline{J}_{erw}^R$	rechtsseitige erweiterte Jones-Matrix (3x3-Matrix)
$\underline{j}_n^{erw}$	erweiterte Fourier-Matrizen (3x3-Matrizen) der Ordnung n
$J_n(\gamma)$	Bessel-Funktion der Ordnung n vom Argument γ
j_{zn}	z-Komponenten-Fourier-Koeffizienten
j_{zn}^d	z-Komponenten-Fourier-Koeffizienten bei diagonaler erweiterter periodischer Matrizenfunktion
$\vec{k}_q$	Wellenvektor der Quellenwelle
$\vec{k}_R$	Wellenvektor der reflektierten Welle
$\vec{k}_T$	Wellenvektor der transmittierten Welle
L	Länge

N, N_o	Windungszahlen
$\vec{n}$	Flächennormale, Eigenvektor
$\vec{n}' = \vec{n}$	Eigenvektor nach der Schwankung
n	optische Brechzahl
n_x, n_y, n_z	Hauptbrechzahlen
n''_x, n''_y, n''_z	Hauptabsorptionszahlen
Q	Elektrische Ladung
q	Ortskreisfrequenz
$\underline{R}(\tau)$	Kohärenzmatrix im Zeitbereich bei stationären ergodischen Prozessen (2x2-Matrix)
$\underline{R}(\omega)$	Kohärenzmatrix im Frequenzbereich bei stationären ergodischen Prozessen (2x2-Matrix)
$\underline{R}_{erw}(\tau)$	erweiterte Kohärenzmatrix (3x3-Matrix) im Zeitbereich bei stationären ergodischen Prozessen
$\underline{R}_{erw}(\omega)$	erweiterte Kohärenzmatrix (3x3-Matrix) im Frequenzbereich bei stationären ergodischen Prozessen
$\vec{r}$	Ortsvektor
$R_z(\tau)$	z-Komponenten-Kohärenzfunktion im Zeitbereich
$R_z(\omega)$	z-Komponenten-Kohärenzfunktion im Frequenzbereich
$R_z^d(\tau)$	z-Komponenten-Kohärenzfunktion im Zeitbereich bei diagonaler erweiterter Kohärenzmatrix
$R_z^d(\omega)$	z-Komponenten-Kohärenzfunktion im Frequenzbereich bei diagonaler erweiterter Kohärenzmatrix
$\underline{S}$	Streumatrix
$\vec{S}$	Vektor der elektrischen Stromdichte
$\vec{S}_p$	Poyntingvektor für das Gesamtfeld
$\vec{S}_{p\sigma}$	Poyntingvektor für das Ladungsträgerfeld
S_n	Normalkomponente der elektrischen Stromdichte
$S(\omega)$	Leistungsspektrum für stationäre ergodische Prozesse
S_E	Photoempfindlichkeit
S_t	Tangentialkomponente der elektrischen Stromdichte
$\underline{T}_{erw}$	erweiterte Transfermatrix
$\vec{t}$	Tangenteneinheitsvektor

T	Relaxationszeit
T_x, T_y, T_z	Übertragungsfunktionen für die x-, y-, z-Komponente der jeweiligen elektrischen Feldgröße
$T_z^d\left(t_2, t_1\right)$	z-Komponenten-Impulsfunktion
$\left|T_z\right|^2$	Betragsquadrat der z-Komponenten-Übertragungsfunktion
$T_{xR}^{ai}, T_{yR}^{ai}, T_{zR}^{ai}$	Reflexionsfaktor
$T_{xT}^{ai}, T_{yT}^{ai}, T_{zT}^{ai}$	Transmissionsfaktor

für die x-, y-, z-Komponente der elektrischen Feldgrößen am Übergang isotrop $\rightarrow$ anisotrop

$T_{xR}^{ia}, T_{yR}^{ia}, T_{zR}^{ia}$	Reflexionsfaktor
$T_{xT}^{ia}, T_{yT}^{ia}, T_{zT}^{ia}$	Transmissionsfaktor

für die x-, y-, z-Komponente der elektrischen Feldgrößen am Übergang anisotrop $\rightarrow$ isotrop

t	Zeitvariable
$\underline{V}_{erw}(t)$	erweiterte periodische Matrizenfunktion vom Argument t (3x3-Matrix)
$\underline{V}_{erw}^d(t)$	diagonale erweiterte periodische Matrizenfunktion (3x3-Matrix)
$\underline{V}_o$	konstante 3x3-Matrix
V	Verdet-Konstante
w_E	Energiedichte des elektrischen Feldes
α	Faraday-Winkel
β'	Phasenkonstante der einfallenden Welle
β_x'	Phasenkonstante der einfallenden Welle für den H_0-Mode
β_y'	Phasenkonstante der einfallenden Welle für den E_0-Mode
γ	Eigenwert der Jones-DGL
γ_x	Eigenwert der Jones-DGL für den H_0-Mode
γ_y	Eigenwert der Jones-DGL für den E_0-Mode
γ_x'	Eigenwert der Jones-DGL für den H_0-Mode nach der Schwankung
γ_y'	Eigenwert der Jones-DGL für den E_0-Mode nach der Schwankung

$\Delta\vec{B}$	magnetische Flussdichte	des Photonenenfeldes
$\Delta\vec{D}$	elektrische Verschiebungsflussdichte	des Photonenenfeldes
$\Delta\vec{E}$	elektrische Feldstärke	des Photonenenfeldes
$\Delta\vec{H}$	magnetische Feldstärke	des Photonenenfeldes
$\Delta\vec{S}$	Stromdichte	des Photonenenfeldes
$\Delta\vec{S}_p$	Poynting-Vektor für das Photonenfeld	
$\Delta\vec{S}_\sigma$	Vektor der Flächenstromdichte	
ΔS_σ	Flächenstromdichte	
Δw_E	Wechselwirkungsenergiedichte des elektrischen Feldes	
Δw_M	Wechselwirkungsenergiedichte des magnetischen Feldes	
$\Delta\vec{\sigma}$	Vektor der Flächenladungsdichte	
$\Delta\sigma$	Flächenladungsdichte	
$\Delta\Phi$	Phasenrauschdifferenz	
$\Delta\omega$	Frequenzschwankung	
δ	Doppelbrechung	
$\delta_{n,k}$	Kroneckersymbol	
$\delta(t)$	Dirac-Impuls	
$\underline{\varepsilon}$	Dielektrizitätstensor	
ε	Dielektrizitätskonstante	
ε_o	Dielektrizitätskonstante des Vakuums	
ε_n	Dielektrizitätskonstante in Normalenrichtung	
$\varepsilon_x, \varepsilon_y, \varepsilon_z$	Hauptdielektrizitäten	
$\underline{\varepsilon}_x, \underline{\varepsilon}_y, \underline{\varepsilon}_z$	komplexe Hauptdielektrizitäten	
Θ	Erhebungswinkel	
$\underline{\kappa}$	Leitfähigkeitstensor	
κ	Leitfähigkeit, komplexer Eigenwert	
κ_n	Leitfähigkeit in Normalenrichtung	
$\kappa_x, \kappa_y, \kappa_z$	Hauptleitfähigkeiten	
λ	Eigenwert des Dielektrizitätstensors	
λ'	Eigenwert des Dielektrizitätstensors nach der Schwankung	
λ_o	Mittenwellenlänge	
μ	Permeabilität	
μ_o	Induktionskonstante	

$\pi = 3{,}14159$		
ρ	Raumladungsdichte	
ρ_K	Kernradius	
$\tau = t_1 - t_2$	Zeitdifferenz	
φ	Einfallswinkel	
φ_x	Einfallswinkel des H_0-Modes	
φ_y	Einfallswinkel des E_0-Modes	
φ_{out}	Brechungswinkel	
χ'_e	Eigenpolarisation	
χ'_{in}	Polarisationsvariable auf der Eingangsseite	
χ'_{out}	Polarisationsvariable auf der Ausgangsseite	
$\psi = \psi'$	Winkeldifferenz im Polarisationseinheitsvektor	
$\psi_x = \psi_{x'}$	Polarisationswinkel der x-Komponente	der elektrischen Verschiebungsflussdichte
$\psi_y = \psi_{y'}$	Polarisationswinkel der y-Komponente	
ω	Kreisfrequenz des Lichtes	
ω_o	Mittenkreisfrequenz	
ω_m	Modulationsfrequenz	
ω_x	Kreisfrequenz des H_0-Modes	
ω_y	Kreisfrequenz des E_0-Modes	
$\vec{a}'$	transponierter Vektor von $\vec{a}$	
$*$	konjugiert komplexer Wert	
$\int$	Integral	
$\oint_F \circ \, d\vec{F}$	Flächenintegral über eine Hüllfläche	
$\oint_r \circ \, d\vec{r}$	Umlaufintegral	
$\int_V \circ \, dV$	Volumenintegral	
$\frac{d\circ}{dt}, \frac{d\circ}{dy}$	gewöhnliche Differentation nach der Zeit t, dem Ort y	
$\frac{\partial\circ}{\partial t}, \frac{\partial\circ}{\partial y}$	partielle Differentation nach der Zeit t, dem Ort y	
$\vec{a} \times \vec{b}$	Vektorprodukt zwischen den Vektoren $\vec{a}$ und $\vec{b}$	
$\vec{a} \cdot \vec{b}$	Skalarprodukt zwischen den Vektoren $\vec{a}$ und $\vec{b}$	

Sachwortverzeichnis